스트레스는
어떻게 나를 바꾸는가

정신과 의사가 알려주는 스트레스의 모든 것

스트레스는
어떻게 나를 바꾸는가

하지현
지음

breathing
stress
zero
stress
hormone
relationship
time poor
sleepless

어크로스

"요새 스트레스 많으신가 봐요."

진료를 마친 치과 의사가 위로의 말을 건넸다. 그즈음 간간이 이가 시린 느낌이 들긴 했다. 정기적으로 방문하는 병원이다 보니 입안만 봐도 컨디션을 가늠할 만큼 눈썰미가 생겼나 보았다. 아니면 그저 위로의 프리 패스처럼 '스트레스'라는 말을 꺼낸 건지도 모른다.

타인에게 "스트레스가 많다"는 말을 들은 건 꽤 낯선 경험이었다. 치과에서 나와 집에 돌아오는 도중, 근래 잠을 잘 못 자고 있다는 게 생각났다. 정부의 의과대학 증원 선언 이후 전공의들이 집단으로 사직해 병원을 떠난 지 몇 달이 지난 시점이었다. 매일 진료실에서 환자들에게 "잠자리에는 휴대폰을 가져가지 말라"고 하루에도 여러 번 말하곤 했지만, 정작 나 자신은 병동에서 오는 전화를 받느라 침실에서도 휴대폰을 내려놓지 못한 지 오래였다. 짧은 통화 한 통으로도 다시 잠들기 어려웠다. 처음엔 한두 달이면 상황이 바뀌리라 예상했는데, 기약 없는 대치가 이어져 나 역시 체력이 소진되었다. 어느 순간 '이젠 익숙해졌다'는 착각이 위안처럼 느껴질 정도였다. 하지만 만성화된 스트레스는 결국 내 치아 건강에도 불리하게 작용하고 있었다.

내 어금니의 앞날을 알 수 없는 것, 전공의들이 언제 돌아올지 기약할 수 없는 것은 삶의 예측 가능성을 떨어뜨린다. 치과 치료실에 누워 무엇 하나 마음대로 할 수 없는 짧은 시간은 자기조절능력이 바닥나는 순간이다. 예측 불가능성과 통제 상실, 이 둘은 스트레스를 높이는 대표 요인이다. 나 같은 정신건강의학과 전문의조차 스트레스에서 자유로울 수 없다. 이런 일이 반복되면 우리는 어떻게 달라질까? 스트레스는 우리 인생에 어떤 영향을 끼칠까?

통계청에서는 주기적으로 우리 국민의 스트레스 정도를 파악한다. '지난 2주간 일상생활에서 스트레스를 얼마나 느꼈는가'라는 질문에 2024년 38.4%가 '어느 이상 느낀다'고 답했다. 남성 약 36%, 여성 약 40%로 여성의 비율이 높았고, 연령별로는 40~50대가 가장 높았다.

산다는 건 100년 전이든 지금이든 언제나 팍팍하다. 그런데 왜 "스트레스 때문에 더 힘들다"고 말하는 사람은 늘어났을까. 그 이유는 '세상의 확장'에 있다.

스트레스는 환경 변화에 적응하기 위한 시스템이다. 머릿속 시계를 100년 전으로 돌려보자. 그때의 사람들에게는 자기가 사는 마을에서 벌어지는 일이 가장 큰 사건이었다. 나라 밖에서 전쟁이 터져도 모르고 지내는 사람이 더 많았을 테고, 당연히 일상에서도 별다른 영향을 받지 않았을 것이다.

하지만 지금은 어떤가. 미국 대통령의 한마디가 한국 경제를 흔들고, 러시아-우크라이나 전쟁이나 미중 관계 악화가 실시간으로 환율과 원유가를 통해 개개인의 일상에 스며든다. 인간의 스트레스 시스템은 '내 주변'에 적응하도록 진화했는데, 지난 100년 사이 우리를 둘러싼 환경의 범위는 개인이 조절하거나 예측할 수 없는 크기로 넓어졌다.

미래도 이전보다 더 불투명하다. 인공지능, 전기차, 자율주행 같은 변화는 '내 생애 이후의 일'이라 여겼는데, 몇 년 만에 눈앞의 현실이 됐다. 인간의 뇌는 대체로 걷는 속도로 변화를 예측하지만, 과학과 산업의 발전은 달리다가 전력 질주하는 듯한 속도로 빨리 다가온다. 그러니 돌아봐야 하는 환경의 확대와, 가속도가 붙은 시간의 흐름은 현대인의 일상이 되어 스트레스의 기본값을 끌어올렸다. 하루를 불편한 긴장으로 시작하는 사람이 늘어날 수밖에 없는 상황이다.

우리는 "스트레스 없는 세상에서 살고 싶다"고 말하지만, 스트레스는 본래 생존과 적응을 위해 몸과 마음의 에너지를 동원하는 시스템이다. 면역력과 비교하면 그 중요도를 이해하기 쉽다. 면역력이 제로라면 감염에 취약하고 과도하면 자가면역에 문제가 생길 수 있듯이, 스트레스도 '0'이라고 반드시 좋지만은 않고 '과다'여도 문제다. 그럼에도 많은 사람들은 스트레스 때문에 일상이 무너진다고 여기며 살아간다.

30년 넘게 진료실에서 환자들을 만날 때마다 그들 대부분이 스트레스를 용의자로 지목하는 것을 목격했다. 우울증이나 공황장애 같은 정신질환뿐만이 아니다. 관절염을 앓는 할머니는 평생 남편에게 당한 스트레스 때문이라고 말했고, 암에 걸린 남성은 직장 스트레스를 원인으로 지목했다. 스트레스는 억울할 것이다. 실체를 모르니 일단 "너 때문이야"라고 말하는 셈이니까.

하지만 어떤 증상도 100% 스트레스 때문에 생겼다고 단정하기 어렵고, 반대로 0%라고 말하기도 어렵다.

스트레스 반응은 '상황 그 자체'보다, 내가 그 상황을 어떻게 판단하고 대응하느냐에 따라 달라진다. 스트레스를 무조건 없

애야 할 적으로 여기고 과도하게 반응하면 견디기 어려운 긴장의 악순환에 빠진다. 반대로, 필요한 만큼만 대응하고 감당 가능한 범위를 넘지 않도록 조절하면, 스트레스는 나를 건강하게 유지하는 선순환의 핵심으로 작동한다.

그래서 나는 스트레스가 심해 괴롭다고 호소하는 사람을 만나면 '이 일에 스트레스가 몇 %쯤 개입했을까'를 가늠하는 습관이 생겼다. 동시에 '이 과정을 잘 거치고 나면 이 사람의 대처 능력이 얼마나 단단해질까'도 상상한다. 실제로 더 튼튼해지는 사람을 많이 봤다.

10대 후반의 여성이 진료실을 찾아왔을 때였다. 전신에 근육통이 있고, 고음을 내기 어렵다고 호소했다. 고음이라고? 알고 보니 데뷔를 준비하는 걸 그룹의 멤버였다. 몇 년 전부터 멤버들과 합숙하며 연습해왔다. 드디어 사전 활동을 시작해서 작은 무대에서 공연하게 되었는데, 평소와 달리 고음이 제대로 나오지 않아 엄청 당황했단다. 며칠 쉬면 좋아지겠지 했는데 좀처럼 나아지지 않았고, 이비인후과에서는 성대에는 이상이 없다고 했다. 감기도 잘 안 걸릴 정도로 건강한 편이었는데, 어쩐 일인지 계속 온몸이 아프고 진통제를 먹어도 잘 나아지지 않는다고 했다. 지나온 이야기를 담담하게 하는 걸 보고 있노라니 나이에 비해 책임감이 강해 보였다.

나는 케이팝 산업의 아이돌 훈련 경험을 정신 건강 측면에서 긍정적으로 보는 편이다. 그들은 여러 해 동안 단체생활을 하며 규율을 엄격히 지키고 지겨운 반복훈련도 마다하지 않는 사람들이다. 또래와는 비교할 수 없이 높은 수준의, 흡사 오랫동안 프로선수 생활을 한 사람이 가질 법한 인내력과 자기 절제력을 체득한 것이다. 그만큼 스트레스에 대한 대응력도 좋은 편이라 데뷔 후에도 극한의 스케줄을 견디면서 웃음을 잃지 않고 무대에 설 수 있는 게 아닌가 생각한다.

그 여성도 그랬다. 오랜 연습생 생활 동안 쉴 틈 없이 반복되는 노래와 춤 연습을 기꺼이 해냈다. 게다가 합숙생활까지 하니 자기가 하는 일에 대한 책임감이 더해졌다. 그러는 동안 하나하나 쌓이던 스트레스가 자신도 모르게 선을 넘은 것이다. 그 결과 온몸에 힘이 들어가고 견디기 어려운 수준으로 긴장하게 되었다. 고음 구간에서 음이탈을 겪지 않으려고 더욱 신경 쓰다 보니 도리어 성대가 순간 조여졌던 것이다. 한 번의 실수는 더 큰 무대에서의 실수로 이어질 것이라는 예기 공포를 일으켜 근육의 긴장은 풀리지 않은 채 지속되었다. 마치 프로선수가 순간적으로 실수를 저지른 후 입스(운동선수가 특정 동작을 수행하는 능력을 갑자기 잃어버리는 현상)가 생기고 나면 쉽게 풀리지 않듯이 말이다.

그 여성은 긴장도를 낮추는 훈련과 약물 치료를 병행했고, 우리는 스트레스를 다루는 법에 대해 이야기를 나누었다. 지금의 스트레스는 너무나 당연한 것이라는 점, 긴장이 과도하게 쌓여 선을 넘어선 부분이 있다는 점, 안타깝게도 그런 건 미리 알아볼 수 있는 계기판 같은 게 없어서 넘어봐야 겨우 감을 잡을 수 있다는 점 등을 알려주었다. 합숙을 꼭 해야 하는 게 아니라면 부모님과 함께 집에서 지내보기를 권했다. 스트레스로 인한 긴장의 기본값을 최대한 낮춰야만 본격적인 활동 시 감내해야 할 새로운 스트레스를 감당할 수 있을 것 같았다.

그 여성은 몇 차례 진료를 받고 처음보다 훨씬 상태가 나아져서 이제는 진료실에 오지 않는다. 그때의 경험이 있기에 스트레스를 감당할 수 있는 선을 넘지 않기 위해 조심하면서도 여전히 최선을 다하고 있을 것이 분명하다. 진료실을 다시 찾지 않는다는 것은 스트레스 대응 능력이 한결 좋아진 덕분일 거라 짐작하고 있다.

이 책은 스트레스 자체가 나쁜 것이 아니라, 우리가 스트레스를 어떻게 보고 다루느냐에 따라 도움이 되거나 해가 될 수 있다는 양면성을 이해하고, 이런 점을 적절히 활용하기를 바라는 마음에서 집필했다. 스트레스의 성질을 이해하고 활용하다 보면 스트레스를 견디는 능력은 저절로 좋아진다. 이는 오랜 시간 환자들을 만나며 절실하게 확인해온 사실이다.

그러기 위해서는 스트레스에 대한 정확한 이해가 선행되어야 한다. 이 책에서는 먼저 스트레스라는 개념이 의학과 생리학에서 어떻게 만들어졌고, 현대사회에서 어떻게 일상의 영역으로 들어오게 되었는지를 역사적 흐름에서 짚어보겠다. 다음으로 생물학, 진화학, 뇌과학, 심리학, 유전학 등 광범위한 영역에서 밝혀진 스트레스의 비밀을 알아볼 것이다. 같은 상황인데도 사람마다 다른 반응을 보이는 이유, 스트레스를 겪은 후 회복이 빠른 사람의 특성, 과도한 스트레스가 건강에 미치는 영향, 그 외에도 스트레스와 번아웃, 기억력, 집중력의 연관성 등을 다룬다. 더 나아가 사회구성원으로서 겪는 개인의 스트레스 특성을 살펴보고, 왜 우리가 외로움을 느끼면서도 타인을 피하고 싶을 때가 있는지도 설명할 것이다.

책의 후반부에서는 불안 사회에서 스트레스를 잘 다루는 여러 방법 중 근거가 명확하고 효과가 검증된 방법들을 소개하고자 한다.

앞으로의 세상은 이전보다 더 예측이 어렵고 변화무쌍할 것이다. 평온한 생을 보낼 확률은 점점 더 낮아질 게 분명하다. 이런 사회에서는 스트레스가 언제, 어디서, 어떻게 다가올지 알 수 없다. 하지만 그 양면성을 이해하고 대응하는 방법을 준비해둔다면, 스트레스로 인해 무너질 일은 훨씬 줄어들 것이다.

요트는 바람을 정면으로 맞서지 않는다. 돛의 각도를 비스듬히 조정해 사선으로 오가며 앞으로 나아간다. 맞바람이 불어올 때는 간혹 위험할 수 있지만, 방향을 잘 잡으면 바람은 오히려 더 빠르게 전진하는 힘으로 바뀐다.

스트레스를 '강한 맞바람'이라고 생각해보면 어떨까? 니체의 말처럼, "나를 죽이지 못한 것은 나를 더 강하게 만든다." 스트레스를 거쳐가는 과정은 힘들지 몰라도, 결국 자신을 더 단단하고 강하게 만들 것이라는 기대가 오늘의 우리를 다독이고 내일을 더 힘차게 준비하게 해줄 것이다.

차례

1부

스트레스 바로 알기

스트레스의 기초 개념

스트레스의 탄생

우리는 종종 "스트레스 받아", "스트레스 때문에 견디기 힘들어" 또는 "스트레스만 없었으면 좋겠어" 같은 말을 하곤 한다.

이처럼 스트레스stress라는 단어는 우리에게 참으로 친숙한 외래어다. 너무 자연스럽게 입에서 튀어나와서 마치 인류의 역사와 함께해온 아주 오래된 단어같이 느껴질 정도다. 그러나 우리가 이 단어를 쓰게 된 것은 100년이 채 되지 않았다. 원래는 물리학에서 물체에 가해지는 힘을 기술할 때 쓰던 단어인데, 한 의사가 생리학적 설명을 하면서 가져다 쓴 것이 계기가 되었다. 바로 내과 의사 한스 셀리에Hans Selye(1907~1982)다.

1936년 셀리에는 포유류에 어떤 자극을 주면 심박수가 올라가는 것과 같은 반응을 보이는지를 관찰했다. 그런데 여러 종류의 포유류에게서 공통된 반응이 나타나는 것을 보고는 이를 포유류의 일반적 반응으로 설명하면서 '스트레스'라는 단어를 처음 사용했다.

스트레스는 '외부 환경이나 내부 요인이 인간에게 신체적·정신적 긴장을 유발할 때 발생하는 생리적·심리적 반응'으로 정의한다. 정확히 말하면 스트레스는 밖에만 있는 게 아니라, 외부와 내부에 위협이 될 만한 자극에 대응하기 위해 자기 안의 자원을 동원할 때 나타나는 반응 시스템을 총체적으로 말하는 것이다.

그렇다면 권위적인 팀장이 말도 안 되는 이유로 업무에 트집을 잡는 것뿐 아니라, 음식을 잘못 먹고 배가 살살 아픈 것도 모두 스트레스를 불러일으키는 일이다. 심지어 좋은 일도 스트레스의 원인이 된다. 상을 받기 위해 단상에서 대기하고 있을 때 가슴이 콩닥콩닥 뛰는 것도, 결혼식장에 입장하는 신랑 신부의 가슴이 두근거리는 것도 몸의 반응은 동일하게 나타난다. 그래서 스트레스를 두 가지로 나누기도 한다. 좋지 않은 일로 경험할 때는 디스트레스distress, 좋은 일로 경험할 때는 유스트레스eustress라고 한다.

이렇듯 스트레스는 그저 몸의 반응 시스템일 뿐이다. 그 시스템이 잘 작동하면 우리는 스트레스 원인에 적절히 대응하고, 어떻게든 생존해서 그 상황에 적응하기 위해 최선의 노력을 기울인다. 그러므로 그 자체로 '좋다', '나쁘다'라고 판단할 대상이 아니다.

그럼에도 우리는 스트레스 자체가 없어지기를 바란다. 어찌 되었건 스트레스 반응은 평온한 몸과 마음의 상태를 흔들어놓으니 말이다. 그걸 사람들은 잘못 이해해서 '스트레스를 불러일으킨 원인'이 주변에서 사라지면 스트레스로 인한 고통도 모두 사라질 것이라 기대한다. 하지만 이는 헛된 기대일 뿐이다.

스트레스를 바라보는 관점

스트레스라는 단어를 심리학적으로 처음 사용한 것은 100년 전이지만, 그렇다고 해서 우리가 전혀 알지 못하던 개념이 그때 갑자기 뚝 떨어진 것은 아니다. 멀리 고대 그리스 시대부터 의학적 관점에서 이와 유사한 이야기들이 있었다. 아픈 사람에게서 질병의 원인을 찾으려고 노력할 때, 지금의 스트레스 개념에서 살펴본 선구자들이 있었다. 물론 지금의 개념과 정확히 일치하지는 않지만, 꽤 비슷하게 설명한 기록들이 전해지고 있다.

당시 그들은 몸과 마음이 내외부의 자극에 대해서 '항상성'을 유지함으로써 안정적 상태를 잃지 않으려고 노력한다는 측면을 강조해서 보았다. 조화와 평형을 중요하게 본 것이다. 의학의 아버지 히포크라테스(BC 460?~BC 377?)는 건강은 모든 것이 조화롭게 작동하고 있는 것이며, 질병은 조화가 깨진 상태라고 판단했다. 동양의학에서도 기의 흐름이 좋지 않은 것, 음과 양의 조화가 깨진 것이 건강상태에 영향을 미친다고 보았으니, 둘은 일맥상통한 면이 있다.

조금만 신경 쓰면 배가 아파서 설사하는 사람이 있다고 하자. 히포크라테스 시절에는 이런 경우를 몸의 균형이 깨진 상태라고 보았을 것이다. 현대 스트레스의 관점에서 본다면 자율신경계의 반응이 적절하지 않고 스트레스 원인에 대해 과잉 반응하거나 상황을 과도하게 위험하다고 인식하는 것 또는 교감신경계가 지나치게 활성화되어 있는 상태로 해석한다. 만일 비슷한 증상으로 한의원에 가면 "기의 흐름이 좋지 않군요"라는 말을 들을 수도 있다. 스트레스라는 단어가 설명하는 내용들이 별다른 부연 없이도 쏙쏙 이해되는 이유는 그 증상과 인식에 대해 이렇게 오랜 역사가 있어서이고, 또 동양의 전통의학에서 설명하는 질병 메커니즘과 유사한 면이 있어 친숙하기 때문인 듯하다.

이제 시간을 1500년쯤 뛰어넘어 근대과학의 세계로 가보자. 20세기 초반으로 넘어오면 미국의 월터 캐논Walter Cannon (1871~1945)이라는 생리학자를 만나게 된다. 그는 1932년에 항상성homeostasis이라는 개념을 소개했다. 항상성은 '외부 환경의 변화에도 불구하고 내부 환경을 안정적으로 유지하려는 능력'

이라고 정의한다. 인간을 포함한 모든 생명체가 생존을 위해 체온, 혈당, 혈압, 체내 수분량, pH, 산소 농도 등을 일정 범위 내에서 유지하려는 자동적인 조절 과정이다. 덕분에 우리는 일정한 범위 안에서 체온과 혈압을 안정적으로 유지한다.

우리 몸은 환경 변화에 따라 다음과 같이 반응한다.

외부 온도가 올라가면 체온을 유지하기 위해 땀이 나와서 피부에 물기를 준다. 마치 스프링클러를 트는 것과 같다. 이 반응으로 체온이 내려간다. 추워지면 피부가 위축되고 소름이 돋으면서 노출되는 반경을 줄여서 열기가 빠져나가는 것을 막는다. 한편 열이 나서 체온이 올라가면 피부 근처의 혈관을 확장해 열기를 배출해서 체온을 최대한 낮춘다.

캐논은 이 모든 과정이 생명체가 항상성을 유지하기 위한 목적으로 이루어지는 것이라고 분석했다. 특히 체온을 유지하는 것은 매우 중요한 항상성 유지 기능인데, 인간을 포함한 포유류가 항온동물homeotherm로 진화하면서 만든 피드백 시스템과 깊은 연관이 있다. 내외부에서 어떤 변화가 와도 일정한 온도를 지키는 것이 생명을 유지하는 데 중요하다. 반면 파충류, 양서류, 어류 및 곤충류는 외부 온도에 따라 체온이 바뀌는 변온동물poikilotherm이다. 파충류에서 포유류로 넘어오면서 생긴 가장 큰 진화적 변화 중 하나다. 그러므로 인간의 스트레스 반응 시스템의 가장 중요한 목적이 무엇이냐고 묻는다면 '체온을 포함한 맥박, 호흡 등 인간의 생리 시스템이라는 내부 환경의 안정적 유지'라고 대답하는 것이 옳다.

연구가 계속되면서 이후의 과학자들은 스트레스에 대한 생리적 반응을 다음과 같이 체계적으로 분류했다.

1. 자극stimulus: 변화의 원인(예: 더운 날씨)

2. 감지기receptor: 변화 감지(예: 피부 온도 수용기)

3. 조절 중추control center: 명령 내림(예: 뇌의 시상하부)

4. 효과기effector: 실제 조절 실행(예: 땀샘 → 땀 배출)

5. 피드백feedback: 조절 결과를 다시 감지하여 반복

스트레스를 없애는 것만이 중요한 게 아니다. 항상성을 유지하기 위한 반응, 즉 어떻게든 안정과 평형을 찾으려는, 사전에 정해놓은 기준값으로 돌아가려는 노력이 스트레스 반응의 모든 것이다. 이러한 관점이라야 스트레스를 온전하고도 정확하게 바라볼 수 있다. 인간을 포함한 포유류의 뇌와 신경계, 그리고 내분비계의 작동 시스템은 모두 항상성을 유지하기 위해서 발전했다.

이를 통해 궁극적으로 얻는 것은 무엇일까? 바로 자신을 건강한 상태로 지켜내는 것이다. 숨을 쉬는 것, 체온이 유지되는 것, 심장이 안정적으로 뛰는 것까지, 이 모든 것이 보이지 않는

항상성 유지를 위한 스트레스 반응의 결과다. 즉, "항상성은 생물체나 세포가 온도나 pH와 같은 내부 환경을 조절하여, 외부 환경이 변화하더라도 건강과 기능을 유지하려는 경향이다."[1]

성실한 '똥손' 의사의 발견

과학에 있어 혁신적 발견은 비슷한 시대사적 고민과 지식의 축적 속에서 동시다발적으로 일어나고는 한다. 그러니 비슷한 고민을 하는 사람들이 같은 시기에 다른 장소에 있기 마련이다.

캐나다 맥길대학교의 내분비내과 의사 한스 셀리에는 오스트리아에서 태어나 미국 존스홉킨스대학교에서 공부한 후 추가 연구와 진료를 위해 몬트리올로 갔다. 난소 추출물의 작용에 흥미를 느꼈던 그는, 쥐에게 난소 추출물 용액을 주사한 뒤 쥐의 혈액과 조직의 변화를 관찰하기로 했다. 손재주가 좋지 못했던 '똥손' 셀리에는 발버둥 치는 쥐를 여러 번 찌르고 놓치기를 반복했다고 한다. 그러나 특유의 성실함으로 결코 포기하지 않았다. 몇 주 동안 쥐에게 주사를 놓으며 실험을 성공적으로 마치고, 마침내 쥐의 배를 갈랐다.

쥐를 해부해보니 위에 궤양이 생겼고, 콩팥 위의 작은 기관인 부신이 커져 있었으며, 면역 조직은 줄어들어 있었다. 난소 추출물이 쥐의 몸에 이런 변화를 가져온 것이라고 여긴 셀리에는 난소 추출물을 주사한 쥐와 생리식염수를 주사한 쥐를 두 집단으로 나눠서 확인해보기로 했다. 그는 몇 주 동안의 두 번째 실험을 마치고, 또 다시 쥐의 배를 갈랐다.

셀리에가 실험 설계에서 기대한 대로라면, 난소 추출물을 주사한 쥐에게서만 변화가 있어야 했다. 그러나 생리식염수를 주사한 쥐에게서도 난소 추출물을 주사한 쥐의 장기에서 일어난 변화가 똑같이 나타났다. 도대체 무슨 일이 일어났던 것일까?

한마디로 몇 달의 실험이 수포로 돌아가버린 것이었다. 젊은 의사이자 연구자인 셀리에는 얼마간 망연자실의 시간을 보내다가 문득 완전히 다른 관점에서 이 사건을 바라보게 되었다.

'이건 난소 추출물의 효과가 아니라, 내가 두 집단의 쥐 모두를 괴롭혔기 때문 아닐까?'

셀리에는 방향을 완전히 틀어서 세 번째 실험을 진행했다. 그는 한겨울에 쥐들을 지붕 위에 두어서 추위에 떨게 했고, 강제로 운동을 시켰으며, 뜨거운 보일러실에 있게 했다. 이렇게 다양한 방식으로 괴롭히며 몇 주의 시간을 보낸 후 배를 갈라 보았다. 드디어 그의 아이디어가 맞았음이 확인되었다. 모든 쥐에게서 위궤양이 생겼고 부신이 부어 있었다. 그는 도대체 왜 위에 궤양이 생겼고 부신이 커졌는지 연구했고, 그 결과물을 1936년 학술지 〈네이처〉에 〈여러 가지 위해한 물질로 만들어진 증후군〉[2]이라는 제목으로 발표했다. 여기서 처음으로 스트레스란 단어가 의학적으로 쓰였다.

스트레스를 꾸준히 연구한 셀리에는 자신의 이론을 정교하게 다듬어서 1947년 〈일반 적응 증후군과 적응의 질환〉이라는 논문으로 발표했다.[3] 지금도 일반적으로 통용되는 이 이론에서 셀리에는 스트레스에 대한 반응을 다음과 같이 3단계로 나눈다.

우리 몸은 처음에는 스트레스가 되는 원인들에 적극적으로 반응한다. 아드레날린이 분비되고, 스트레스호르몬인 코르티솔이 분비되어 혈압이 오른다. 또 심박수가 빨라지고, 근육으로 피가 이동하며, 혈당이 올라가기도 한다. 코르티솔은 부신에서 만들어지기 때문에 몇 주가 지난 후 셀리에의 실험에서 부신이 커진 것이고, 아드레날린에 의해서 위산의 분비가 촉진되니 그 영향으로 위궤양이 생겼던 것이다. 이 시기가 '경고기'다.

그러나 이 반응은 영원히 지속될 수 없다. 한 개체가 갖고 있는 자원에는 한계가 있기 때문이다. 한계에 다다르면 이전만큼 적극적으로 반응하기는 어려울 수밖에 없다. '저항기'에 진입한 것이다. 자극이 반복되면 해당 개체는 서서히 지치기 시작하고, 같은 자극에도 전보다 덜 반응한다. 자극에 적응한 것이다. 상황도 같고 벌어진 일도 똑같은데, 전과 달리 반응이 늦다.

예를 들어 장사를 하는 사람 중에는 손님이 많아서 주문이

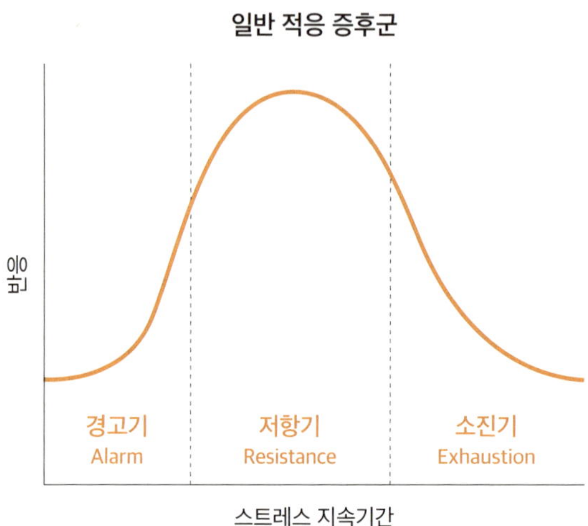

1. 경고기: 초기 반응(아드레날린, 코르티솔 분비)
2. 저항기: 적응하려는 시도
3. 소진기: 장기적 스트레스로 인한 에너지 고갈

늘어나면 바짝 집중하다가 그런 상태가 지속되면 전과 달리 자잘한 실수를 하거나 주문을 놓치는 경우가 있다. 한마디로 내 몸이 '이제는 더 이상 그렇게는 못하겠다'면서 태업을 하듯 저항을 보이는 것이다. 그나마 다행인 것은 이 시기에 충분히 휴식을 취하면 완전한 회복이 가능하다는 점이다. 또, 일을 전혀 해내지 못할 정도로 기능이 떨어지지는 않는다.

그런데 이후에도 지속적 스트레스 원인이 이어진다면 어떻게 될까? 결국 갖고 있는 에너지가 다 고갈되어서 더 이상 반응하지 못하는 '소진기'에 접어든다. 이 단계에 이르면 에너지가 완전히 소진되어서 스트레스로 인식될 자극이 주어져도 적절하게 반응하는 일이 어렵다. 이전과 달리, 쉬어도 회복하지 못한 채 에너지가 바닥난 상태에 오랫동안 머무른다. 꽤 오랜 시간이 지나야 회복되어 이전의 '경고' 반응을 하는 상태로 돌아갈 수 있다. 현대에서 이 시기를 지칭하는 용어가 바로 '번아웃burnout'이다.

이렇게 스트레스 반응을 단계적으로 나누고 평생의 업으로 삼아 지속적으로 연구한 셀리에는 1974년 스트레스란 좋은 것도 나쁜 것도 아닌 그저 '어떤 부담이 될 만한 것에 대한 신체의 일반적 반응'이라고 재정의하면서, 실은 좋은 일이나 나쁜 일이 모두 스트레스의 원인이 된다고 설명했다. 좋은 일을 유스트레스, 나쁜 일을 디스트레스라고 이름 붙인 것도 셀리에의 업적 중 하나다.

생리학에서 심리학으로

여기까지는 스트레스를 의학이나 생리학의 영역, 즉 신체의 작동 원리를 중심으로 일반적 반응 시스템으로 좁혀서 본 모델이다. 다시 말해 생리 반응은 쥐나 사람이나 똑같고, 또 사람이라면 성별이나 인종에 상관없이 똑같을 것이라는 가정을 기반으로 한다. 그런데 1960년대에 들어서면서 스트레스를 다른 각도에서 바라보는 사람들이 등장했다.

그 시작은 사람마다 스트레스 반응이 다르다는 가정이었다. 만일 스트레스가 보편적 생리 반응이라면, 모든 사람이 같은 자극에 대해 같은 반응을 하는 것이 맞다. 그런데 함께 차를 타고 가다가 교통사고가 난 후 어떤 사람은 악몽에 시달리며 운전하는 것을 두려워하게 된 데 반해, 어떤 사람은 더 많이 다쳤는데도 그런 후유증이 생기지 않은 경우도 있다. 또 어떤 사람은 외국에서 살아본 경험이 있어서 외국어로 대화하는 것이 수월한데, 다른 사람은 같은 경험이 있음에도 외국어로 대화하는 것이 가장 큰 스트레스라고 말하며 피하려고만 한다. 이런 건 어떻게 설명할 수 있을까?

이제 심리학이 등장할 차례다. 미국 UC 버클리의 리처드 래저러스Richard Lazarus는 1966년 《심리적 스트레스와 대처 과정Psychological Stress and the Coping Process》이라는 책에서 '인지 평가 이론'을 내놓으면서, 스트레스는 자극에 대한 일반적 반응이 아니라 '개인이 상황을 어떻게 인식하고 있는가'에 따라 다르게 나타나는 반응이라고 설명했다.

래저러스는 사람들이 스트레스를 두 단계의 평가 과정을 통해 인식하게 된다고 소개했다. 1차 평가 기준은 '이 상황이 자신에게 위협이 되는가'로, 생존과 연관해서 위협이 될 만한 상황인지 아닌지 판단하는 것을 최우선으로 한다. 그런데 그 평가는 그 사람이 과거에 어떤 경험을 했는가에 따라 달라진다. 평소 시험 성적이 뛰어난 우등생과 낙제 위기에 처한 열등생이 기말시험이라는 스트레스를 바라보는 평가는 다를 수밖에 없지 않은가.

2차 평가의 기준은 '자신이 이 상황에 잘 대처할 수 있는가'다. 자신이 갖고 있는 능력이나 시간과 같은 자원을 이용해서 현재 스트레스 상황에 잘 대처할 수 있을지 미리 평가하는 것이다. 시험 준비를 충분히 했다면 담대할 것이고, 충분하지 못하다고 여기면 큰 스트레스로 경험할 것이다. 낙제할 위험이 있는(1차 평가) 상황에 공부도 부족하다면(2차 평가) 심한 스트레스로 경험할 것이고, 낙제할 위험은 있지만(1차 평가) 한 달 동안 충분히 공부해서 대비했다면(2차 평가) 스트레스를 덜 느낄 것이다. 한편 우등생이(1차 평가) 공부도 충분히 했다면(2차 평가) 스트레스가 있더라도 그것은 도리어 도전하고 잘해보려는 동기부여 수준일 것이다.

래저러스는 스트레스를 이렇게 두 단계로 평가한 다음 적절하게 대처하는coping 것이 중요하다고 설명했다. 여기서 대처는 '스트레스 상황을 잘 관리하기 위해 생각하고 행동하는 과정'이다. 그는 대처 전략 역시 '문제 중심 대처'와 '정서 중심 대처'의 두 가지로 나누어 사용한다고 보았다. 문제 중심 대처는 필요한 정보를 모으거나 계획을 짜는 것 같은 형태다. 정서 중심 대처는 스트레스 상황을 위협으로 인식해 불안과 같은 감정 반응이 몰려올 때, 상황을 피하거나 호흡을 가다듬으면서 긴장을 풀어 보려고 하거나 그 외 다른 노력을 하는 것이다.

이처럼 래저러스는 동물의 스트레스 반응과 달리 사람은 성향이나 과거 경험에 따라 개인차가 있으므로 상황을 인식하고 평가하는 것, 대처 전략을 잘 세우는 것이 필요하다고 주장했다. 래저러스의 이론은 후에 스트레스에 대한 인지치료나 대응 전략 상담이 발전하는 계기가 되었다.

이 두 가지 측면, 즉 생리적·의학적 측면에서 보는 스트레스와, 인간 개개인의 경험에서 비롯된 심리적 평가 및 그 대응 과정의 측면에서 보는 스트레스가 통합되면서 현대의 스트레스 이론은 본격적으로 발전했다.

현대인의 질병으로
만들어지다

우리에게 익숙한 일본 애니메이션 〈알프스 소녀 하이디〉의 원작은 스위스 작가 요한나 슈피리Johanna Spyri가 1880년에 발표한 아동소설 《하이디Heidi》이다. 소설의 내용은 이렇다. 알프스산맥의 한 마을에 있는 하이디네 집에 프랑크푸르트의 부잣집 소녀 클라라가 함께 지내기 위해 온다. 무슨 일 때문인지 걷지 못하게 된 클라라를 어떤 의사도 진단하거나 치료하지 못하자, 보다 못한 클라라의 아버지가 맑은 공기를 쐬면 좋아질 것이라고 생각해 딸을 그곳으로 보낸 것이었다. 그곳에서 클라라는 하이디, 목동 피터와 친하게 지냈고, 어느 순간 휠체어에서 일어나 걷고 뛸 수 있게 되었다.

기적이 일어나자 하이디와 쌓은 우정 덕분에 좋아진 것이라 여긴 아버지는 클라라가 프랑크푸르트로 돌아올 때 하이디도 함께 오게 했다. 그런데 이번에는 하이디에게 문제가 생겼다. 몽유병에 걸린 듯 한밤중에 돌아다니거나 시름시름 앓았는데, 그 원인을 알 수 없었던 것이다. 결국 하이디는 시골로 돌아가고, 클라라도 다시 알프스로 돌아가 하이디와 재회하면서 이야기는 끝을 맺는다.

어릴 때 TV에서 본 이 애니메이션은 나에게 감동적인 우정에 관한 이야기였는데, 지금 다시 보니 도시 생활의 스트레스로 인한 전환장애conversion disorder를 다루는 이야기였다. 심리적 갈등이나 스트레스로 인해 갑자기 팔이나 다리가 마비되거나 말하지 못하는 증상이 발생하는 것을 전환장애라고 한다. 이는 신경에 실제로 이상이 생기는 게 아니라, 심리적 원인으로 뇌의 감각과 운동회로가 제대로 기능하지 못해서 생기는 병이다. 클라라는 어떤 스트레스로 인해 하지가 마비된 것인데, 알프스에서 지내는 사이에 무의식적으로 억압하던 스트레스가 사라지자 자연히 증상이 좋아졌다. 이후에 도시로 가게 된 하이디는 스트레스로 인해 몽유병에 걸려버렸다.

새로운 정신질환의 등장

앞서 설명했듯 스트레스는 생명체가 생존 가능성을 높이고 환경에 잘 적응하기 위해 일으키는 반응이다. 그런데 인구가 늘어나고 사회가 변화하면서 사람들이 스트레스라 여기는 것들이 갑자기 생겨났다. 과거에는 진짜 정글만 위협이 되었는데, 이제는 복잡한 세상 자체가 정글이 되어버렸다.

이러한 변화가 본격적으로 시작된 요인을 산업혁명과 도시화로 본다. 그 전까지 수천 년간 이어져온 농경사회의 삶은 단조로웠다. 1년은 계절의 변화와 함께 이어졌고, 농사짓고 목축하는 삶에는 매년 같은 일이 반복되었다. 이때는 갑작스러운 날씨 변화, 병충해나 지진 같은 예상하지 못한 재난, 전염병의 창궐 등이 스트레스의 원인이었지만, 그리 흔한 일은 아니었다. 그 외의 삶은 단순하고 예측 가능했다. 그리고 어쩌다 벌어진 이런 재난은 신의 뜻이라고 여기고 담담히 받아들였다.

그러다 18세기 산업혁명과 함께 세상이 바뀌었다. 1769년 제임스 와트가 증기기관의 비효율을 혁신적으로 개선하고 그 무렵 방직기계가 도입되면서 공장제 기계공업이 시작되었다. 농촌에 살던 사람들이 도시로 몰려와 공업 중심의 경제로 전환되기 시작했으며, 도시 인구가 급격히 늘어났다. 이로 인해 예전과 달리 신경 쓸 것이 무척 많아졌다.

삶의 변수가 많아지니 예측하기 힘든 일도 늘어났다. 인구밀도가 높아진 만큼 소소한 갈등도 증가했으며, 도시의 삶이 각박해지는 만큼 스트레스가 늘어났다. 도시의 삶은 클라라나 하이디 같은 어린 소녀에게까지 좋지 않은 영향을 미쳐서 당시로서는 원인을 알 수 없는 괴이한 병이 생긴 것이었다. 1880년에 출간된 원작소설에서 작가는 그렇게 묘사할 수밖에 없었을 것이다. 왜냐하면 프로이트가 정신분석으로 인간의 무의식이 정신병리를 만들 수 있다는 걸 처음 알린 것이 1895년《히스테리 연구》를 펴냈을 때니 말이다.

산업혁명과 도시화 이전까지 정신질환은 오직 '광인'의 역사에나 있었다. 현실감각이 없고 괴이한 언행을 하는 중증의 광인을 치료하는 방법은 사회에서 배제하고 시설에 수용하는 것이었다. 그러다가 1800년대 이후 도시화가 이루어지면서 새로운 정신질환이 등장했다. 클라라처럼 팔다리가 마비되거나 갑자기 말을 할 수 없게 되었고(프로이트의《히스테리 연구》에 등장하는 '안나 오'처럼), 불면이나 불안 증상으로 일상생활이 어려워지기도 했다. 광인의 증세를 '정신증'이라고 한다면, 이제 이런 질환을 '신경증neurosis(독일어로 노이로제)'이라고 불렀다. 아마도 신경이 약해져서 그런 것이라고 여겨서 '신경쇠약'이라고 부르기도 했다. 이런 증상을 지금의 언어로 표현하자면 '스트레스성 질환'이다. 이 질환을 치료하기 위해 사람들은 클라라가 그랬듯이 물 좋고 공기 좋은 곳으로 갔다. 그런 치료법은 어떻게 생각해낸 것일까?

도시에서의 빡빡한 삶이 불안이나 불면의 원인이라고 여긴

부유한 사람들은 백여 년 전 귀족들이 이와 유사한 증상을 치유하기 위해서 무엇을 했는지 보았다. 바로 온천 요양이었다. 온천을 찾아가 몇 달간 좋은 물에 목욕하면서 심신을 쉬게 하면 좋아진다는 것이 그들의 경험이었다. 클라라의 아버지 같은 신흥 상공인들도 귀족들의 경험을 따르게 되었지만, 이는 결코 쉬운 일이 아니었다. 도시에서 온천이나 공기 좋은 산으로 가는 데만도 한두 달씩 걸렸으니 말이다.

때마침 유럽 전역에 철도가 깔리기 시작했다. 전에는 몇 주에 걸쳐 마차를 타고 가야 했던 곳을 이제는 하루이틀이면 갈 수 있게 되니 '조용하고 물 좋은 곳에서 휴양하는 것'을 실천할 수 있는 문턱이 낮아졌다. 그만큼 효과를 본 사람이 늘었을 것이다.

스트레스로 인한 신경증의 치유는 클라라가 그랬듯 휴양하는 것이었다. 지금도 우리는 도시의 스트레스로 지칠 때 어딘가 공기 맑고 조용한 곳에 가서 쉬고 와야 회복될 것이라 믿는데, 그런 생각이 시작된 것은 겨우 200년 전의 일이다. 그런데 휴양할 여유나 겨를이 없는 사람이라면 어떻게 했을까? 그들은 도시에서 치료를 받아야 했고, 그 수요 덕분에 말로 하는 상담으로 신경증을 치유하는 정신분석이 등장했다.

시간 강박, 스트레스의 새 원인

철도가 유럽 전역으로의 이동을 가능하게 해주면서, 이전 시대의 사람들에게는 없던 새로운 스트레스의 원인이 등장했다. 바로 '시간'이다.

철도가 등장하기 전까지는 사람들의 삶에서 시간이 끼치는 영향이 미미했다. 해가 뜨면 집에서 나와 일하고, 해가 지면 집으로 들어가 쉬는 삶이었다. 하루에 몇 번 교회에서 종을 치면 그것으로 하루의 흐름을 인식할 정도였다. 그러던 것이 철로가 깔리고 기차를 타고 어딘가를 오가면서 새로운 라이프스타일이 사람들의 마음 안에 자리 잡기 시작했다. 촘촘하게 짜인 열차 시간표가 등장한 것이다. 전에는 교회 종소리를 들으며 하루가 얼추 지나가는 것을 느낌으로 알았지만 이제는 12시 25분에 도착하고 30분에 떠나는 기차를 놓치면 안 되는 일이 벌어진 것이다. 보이지는 않지만, 우리가 스스로 정해놓은 시간이 처음으로 사람들의 삶을 규정하게 된 순간이다.

'늦으면 안 돼.'

'시간을 어기면 안 돼.'

'기차 놓칠까 봐 걱정돼서 일찍 왔어.'

철도가 생기기 전에는 이런 생각을 하거나 이런 상황을 스트레스로 인식하는 사람이 극소수였을 것이다. 그러나 이제는 대부분의 사람에게 시간이라는 개념이 중요한 변수가 되었고, 시간을 정확히 지키고 늦지 않기 위해 노력하는 것이 새로운 스트레스로 자리 잡았다. 부자들은 그 스트레스로부터 자유롭기 위해 자기 집에 거대한 괘종시계를 들여놓았다. 1510년 독일의 피터 헨라인Peter Henlein이 주머니에 쏙 들어가는 회중시계pocket watch를 처음 발명했을 때만 해도 시계는 진기한 기계일 뿐이었다. 기술이 발달하면서 시계는 더 작고 가벼워졌으며 오차가 줄어들었다. 19세기 이후 기차 시각에 정확히 맞추려는 사람들로 인해 수요가 늘어나면서 회중시계가 널리 보급되었다. 사람들은 언제든 시간을 손쉽게 확인하고 머릿속에 그 개념을 간직한 채 지내기 시작했다.

1865년 루이스 캐럴은 《이상한 나라의 앨리스》를 발표했다. 이 소설에는 독특한 캐릭터가 등장한다. 신사풍 복장을 하고 회중시계를 든 하얀 토끼다. 토끼는 연신 "이런, 이런, 너무 늦겠어!"라는 말을 되풀이하면서 회중시계를 들고 뛰어다닌다. 빅토리아시대의 신사 계급을 풍자하는 모양새이지만, 루이스 캐럴의 눈은 이전에 보지 못했던 사람들의 새로운 행동을 포착해냈다. 바로 '강박 증상'이다. 틀릴까 봐, 놓칠까 봐, 제대로 해내지 못할까 봐, 순서가 뒤죽박죽될까 봐 불안해서 과도하게 통제하는 사람들의 모습 말이다.

시간에 쫓긴다는 강박은 지금은 꽤 흔하게 볼 수 있지만 그

때는 무척이나 기괴하고 생경한 모습이었을 것이다. 시간이란 개념이 낯설게 세상에 이식되고, 스트레스의 새로운 원인이 시간이라는 걸 작가의 본능으로 표현한 것으로 보인다. 시간이 불안과 강박, 초조의 원인이 된 것은 이때부터다.

3

스트레스를 좌우하는 두 가지 요소

스트레스가 전혀 없이 산다면 그야말로 운이 좋은 것일 텐데, 사실 그런 상태가 꼭 좋은 것만은 아니다. 작은 스트레스에도 바로 무너져버릴 위험이 있기 때문이다. 온실 속의 화초를 밖에 내놓으면 하룻밤 사이에 바로 시들거나 얼어버리는 것같이 말이다. 그런 면에서 보면, 스트레스는 면역력과도 유사하다. 백신을 맞고 나면 본 질환에 감염될 위험에 대항해 몸이 방어할 능력이 생기듯이, 적당한 스트레스는 그런 면에서 필요하다. 온실 속 화초보다 길바닥 잡초가 추위나 병충해에 강하다는 사실을 떠올려보자.

그렇다고 해서 스트레스 상황을 피할 수 없다면 무조건 "즐겨라", "의지력으로 극복해야 한다", "더 강해지라고 일어나는 일이야"라고만 말해서는 안 된다.

스트레스가 우리에게 도움이 되기는 하지만 사람마다 견딜 수 있는 한계가 다르고 각자 다른 반응을 보이기 때문에, 내 관점에서는 별것 아닌 일이 상대에게는 죽을 것 같은 괴로움일 수 있다는 점을 알아야 한다. 그러므로 스트레스에 대해 말하기 전에 우선 잘 알아둘 필요가 있다. 스트레스에 영향을 미치는 두 가지 요소가 있다. 이 요소들을 처음 밝힌 고전적 연구부터 알아보자.

학습된 무기력 연구

제이 바이스Jay Weiss라는 심리학자는 1968년과 1971년에 걸쳐서 쥐를 상대로 전기충격을 주고 난 다음에 어떤 일이 벌어지는지 관찰했다. 바이스는 세 그룹으로 쥐를 나눴다. A그룹은 정상적인 상태로 지내게 했다. 케이지 안에 있는 쥐들에게 급수를 했고, 규칙적으로 먹이를 주었다. B그룹은 케이지 조건은 동일한데 바닥에 전기가 흐르게 했다. 불규칙한 간격으로 전기를 흘려서 쥐들을 괴롭혔다. 그런데 B그룹의 케이지 천장에는 작은 레버가 달려 있어서 쥐가 매달려서 건드리면 전기가 멈췄다. 쥐들은 전기가 흐르면 이리저리 날뛰다가 레버를 터치하면 전기가 멈춘다는 것을 알게 되었다. C그룹은 케이지 바닥에 전기가 흐르지만 레버는 없었다. 쥐들이 아무리 날뛰어도 전기가 흐르는 걸 멈출 수 없었다. 흥미로운 것은, B그룹에서 쥐가 레버를 건드리면 C그룹 케이지의 전기가 같이 멈춘다는 것이었다. 그런 면에서 B와 C가 전기충격을 받는 시간은 동일했다. 즉, 스트레스를 받는 양은 같다고 볼 수 있었다. 하지만 B그룹의 쥐는 레버를 건드리면 멈출 수 있었고, C그룹의 쥐는 B그룹이 멈춰줘야 고통에서 자유로워졌다.

바이스는 일정 기간 동안 이런 상태로 자극을 주고 난 다음, 세 그룹이 먹이를 먹는 양과 쥐들에게 생긴 위궤양의 크기를 비교했다. 당연하게도 A는 멀쩡했다. 실은 B와 C의 변화를 구별하는 게 이 연구의 목적이었다. 고통을 받는 양은 동일한데도, 위궤양의 크기는 B그룹과 C그룹이 차이가 났다. C그룹이 제일 좋지 않았다. B그룹에도 위궤양이 있었지만 현격히 차이가 났다. 여기서 놀라운 것은 A·B·C그룹을 위궤양 크기 순서대로 줄 세우면 B그룹이 A그룹에 더 가까웠다는 점이다. 즉 A---BC가 아니라 AB---C의 순서로 결과가 나타났다.[4]

이 연구로 같은 스트레스 상황에 처한다고 하더라도 '내가 상황을 조절할 수 있다'고 여기거나 그 방법을 알고 있다면, 그것을 스트레스로 여기지 않거나 최소한 잘 견딜 수 있다는 것을 알 수 있었다. 그에 반해 '나는 이 상황을 조절할 수 없고 무방비로 당하는 수밖에 없어'라고 여기는 것은 대단한 스트레스일

수밖에 없다. 여기서 학습된 무기력learned helplessness의 개념이 나
온다.

후속 연구로 이어진 두 번째 실험을 살펴보자. 이번에는 전기
자극을 주기 전에 '이제 전기가 들어간다'는 신호를 주었다. 케
이지에 설치한 전구의 불이 켜진 다음, 바닥에 전기를 흐르게
한 것이었다. 이렇게 마음의 준비를 할 여지를 주었더니 B·C그
룹의 결과에 차이가 생겼다. 이번에도 C그룹이 무방비로 당하
거나 조절할 수 없기는 마찬가지였지만, B그룹과 C그룹에 생
긴 위궤양의 크기에 차이가 나지 않았다. 어떤 일이 벌어질지
예측할 수 있다면 그 스트레스는 견딜 만해진다는 것이다. 예측
가능성은 스트레스와 연관이 있었다.

스트레스와 관련해 가장 중요한 두 가지 요소는 바로 '조절
가능성'과 '예측 가능성'이다. 스트레스는 피할 수 없으며 많든
적든 우리 삶에 영향을 미친다. 그렇지만 이때 자신이 이 상황
을 조절할 수 있는 상태라고 여긴다면, 예를 들어 '여기 아니어
도 갈 데는 많다', '그만하겠다', '난 내가 멈추고 싶을 때 멈출
수 있다'고 여기거나 실제로 그럴 수 있다면, 무방비 상태에 스
트레스 상황을 당해서 휩쓸려버린다는 절망감이나 무력감을
덜 경험하게 된다. 또 무척 힘든 일이 눈앞에서 벌어지더라도
만약 예측 가능한 시점에 몰려온다면, 또는 거기에 맞춰서 준비
를 단단히 할 수 있다면, 스트레스 상황도 꽤 견딜 만해진다는

것이다.

초행길이라 얼마나 시간이 걸릴지 모르는 곳을 방문할 때는 꽤 피곤하고 오래 걸리는 듯하지만, 여러 번 가게 되면 같은 거리를 가더라도 전보다 피곤함을 덜 느낀다. 예측 가능성이 올라간 덕분이다.

예측할 수 없는 일 vs 조절할 수 없는 일

이렇게 스트레스가 되는 상황을 만나면, 예측과 조절 중 어떤 것이 더 영향을 미치는지 살펴볼 필요가 있다. 그러면 한 발짝 더 나아가보자. 만일 예측 가능성과 조절 가능성 중 하나를 고르라고 한다면 어떤 것이 더 중요할까?

멸종위기의 코끼리를 두 그룹으로 나눠서 추적 관찰한 연구가 있다. 1960년부터 2004년 사이에 유럽의 동물원에서 사육하는 4500마리의 코끼리와 케냐의 야생 코끼리 1089마리, 그리고 버마의 야생 코끼리 2905마리를 추적 관찰하면서 생존율을 본 연구였다. 그 결과가 2008년 12월 〈사이언스〉라는 유명 학술지에 실렸다.

동물원 코끼리의 삶은 예측 가능성이 아주 높다. 정해진 시간에 먹이를 먹고, 우리에서 나와 운동을 하며, 아프면 수의사가 돌봐준다. 반면 야생의 코끼리는 유전자가 다른 아시아 코끼리나 아프리카 코끼리나 공히 예측 가능성이 떨어지는 삶을 산다. 밀렵꾼의 위협에 시달리고, 먹을 것과 물이 떨어질 수 있으며, 아플 때는 맹수의 표적이 되기 쉽다. 하루하루가 불확실성일 뿐이다.

예측 가능성만을 두고 본다면 동물원 코끼리가 더 오래 살아야 하지 않을까? 결과는 그렇지 않았다. 아프리카 코끼리 중 동물원 코끼리는 평균 16.9년을 산 데 반해, 야생 코끼리는 35.9년을 살았다. 아시아 코끼리는 18.9년 대 41.7년으로 야생 코끼리가 훨씬 오래 살았고, 사망률도 절반 이하로 낮았다.[5]

무엇 때문에 차이가 난 것일까? 바로 조절 가능성이 예측 가능성보다 우위에 있었기 때문 아닐까. 동물원 코끼리는 비록 안락하고 풍부한 환경에서 살았지만 자신이 결정할 수 있는 게 없었다. 그에 반해 야생 코끼리는 먹고 싶지 않을 때는 먹지 않을 수 있었고, 움직이고 싶을 때 움직이고 머무르고 싶을 때 머무를 수 있었다. 야생 코끼리는 비록 먹을 것이 넉넉지 않아서 하루에도 많은 시간을 걸어다녀야 하고 밀렵꾼이나 다른 포식자들의 위험에 노출되어 있었지만, 이동하거나 먹기, 잠자기 등 활동 반경을 선택할 수 있는 자유를 온전히 갖고 있었다. 그러니 긴 기간을 통해 살펴보면 더 오랫동안 건강하게 살아남는다는 사실을 확인할 수 있었다.

이 연구 결과를 본 다음에 예측 가능성과 조절 가능성 중 하나를 선택하라고 하면 조절 가능성 쪽에 손을 들어주고 싶어진다. 물론 두 가지 모두를 어떻게든 갖기 위해 노력하는 게 최선이겠지만 말이다.

이 부분을 우리의 삶에 대입해보자. 내 환자 중에는 우울증으로 휴학을 여러 번 반복하다가 겨우 기운을 차려서 복학하는 학생들이 간혹 있다. 개강 초에는 의욕을 갖고 수업에 들어가지만 개강 후 두 달쯤 지나 5월 중간고사 기간이 되면 큰 고비를 맞는다. 중간고사를 잘 못 치르고 나면 휴학하고 싶다며 나를 찾아와서 상담을 청할 때가 있다. 그럴 때 나는 학기 초의 기대만큼 잘 해내지는 못하고 있는 게 안타깝지만, 무엇보다 중요한 것은 '완주의 경험'을 해보는 것이라 조언한다. 두 과목 정도 포기해서 부담을 많이 줄인 다음에 이번 학기를 다 보내보자고 설득한다.

그렇게 한 학기를 마치고 나면, 신기하게도 그다음 학기는 한결 수월하게 넘어갈 수 있다. 한 학기에 해당하는 석 달의 시간 동안 오르락내리락하는 공부의 요구도를 한 번 체험하고 난 다음이라 예측 가능성이 증가한 덕분이다. 공부하는 양이 똑같아도 예측 가능성이 증가하면 한층 수월하게 넘어갈 수 있다. 같은 산을 두 번, 세 번 오르면 처음 오를 때보다 덜 힘들게 느껴지는 것과 같다.

먼 거리를 차로 이동할 때, 내가 직접 운전하는 것보다 다른 사람의 차에 동행했을 때 목적지 도착 후 더 피로하다고 느끼는 경우가 종종 있다. 스트레스의 관점에서 설명하면 이렇다. 조수석에 앉아 있으면 운전자와 시야가 같아서 전방을 주시하게 되는데, 다른 차가 끼어들 때나 내가 탄 차가 차선을 바꾸거나 속도를 올리고 내릴 때면 본능적으로 운전자처럼 반응하게 된다. 그러나 운전대를 잡고 있지 않으니 실제로 차의 속도와 방향을 바꿀 수 없다. 결과적으로는 직접 운전하지도 않는데 신경이 쓰이고 긴장이 된다. 바로 '조절 가능성'이 떨어지는 상황이어서 스트레스가 증가했기 때문이다. 그래서 나는 장거리 이동을 할 때는 가급적 내가 직접 운전하겠다고 말한다. 짐짓 선의를 베푸는 것 같은 느낌은 덤이다.

4

월요일의 나와 금요일의 나는 무엇이 다를까

월요일 아침, 업무를 시작한다. 주말 사이 들어온 주문이 꽤 많이 쌓여 있지만 무리 없이 처리하고, 전화로 들어온 발주처의 클레임에 친절히 대응하면서 하루를 보낸다. 수요일, 목요일이 지나고 금요일 오후가 된다. 갑자기 대량 발주가 쏟아지고, 주말을 앞두고 야근을 해야 할 상황이다. 피곤한 상태에도 바짝 긴장하려고 하지만, 의외의 실수를 저지르는 일이 잦아진다. 최선을 다하려고 애써도 집중력은 도리어 떨어진다. 내 머리에 무슨 일이 일어난 것일까?

스트레스에 대한 반응이 영원히 우상향하지 않기 때문에 벌어지는 현상이다. 앞서도 이야기했듯이, 스트레스에 대한 반응은 상황에 대응하기 위해 자기 안의 자원을 동원하는 것이다. 자동차로 비유한다면, 속도를 내거나 언덕에 오르기 위해 액셀을 밟는 것과 같다. 액셀을 밟으면 엔진으로 더 많은 연료가 주입되고 이와 함께 출력이 높아져 속도가 올라가면서 언덕을 오를 동력을 얻는다. 마찬가지로 스트레스 반응이 일어나면 아드레날린이나 코르티솔이 분비되어 심장에서 맥박수가 올라가고, 근육에 긴장도가 증가하면서 반응 속도가 빨라지거나 근력이 향상된다.

우리 몸이 기계와 유사하게 반응하는 면이 있다는 것, 그리고 학습에 의해 반응하는 정도가 달라질 수 있다는 것이 알려지기 시작한 것은 19세기 후반 근대과학이 발달하고 찰스 다윈의 진화론이 받아들여지면서부터다. 1890년 러시아 생리학자 이반 파블로프가 '고전적 조건 학습'이라는 학습이론을 확립하게 된 것도 여기에 영향을 미쳤다. 파블로프는 개에게 먹이를 주면서 종을 울리면 다음에는 종을 울리기만 해도 개가 먹이를 기대하면서 침을 흘린다는 것을 확인했다. 이 시기부터 연구자들은 동물을 이용해서 자극이나 보상을 주는 것으로 개체의 반응이 어떻게 달라지는지 확인하는 실험을 많이 실행했다. 그리하여 그것을 인간에게도 적용할 수 있으리라 유추했는데, 그중 하나가 스트레스의 중요한 개념과 연관되어 있다.

여키스-도슨 법칙

1908년 미국의 심리학자 로버트 여키스Robert M. Yerkes와 존 도슨 John D. Dodson은 쥐가 미로를 찾는 실험을 하면서 전기자극을 주면 미로 찾기 과제를 더 빨리 완수하는지를 관찰했다. 적은 양의 자극을 주면 별다른 차이가 없었는데, 중등도의 전기를 주니까 쥐가 화들짝 놀라 미로를 벗어나기 위해 달려가서 가장 빠른 속도로 미로의 출구를 찾아갔다. 하지만 매우 높은 전기충격을 주면 쥐는 망연자실해서 미로 찾는 것을 포기하거나 너무 놀라서 실수를 자주 했다.

이 실험은 쥐에게 전기충격을 준 초기 실험 중 하나로, 양적으로 다른 자극을 주었을 때 어떤 반응을 하는지 정량적인 측정을 하였다는 측면에서 역사적으로 의미 있는 연구였다. 연구자들은 쥐들의 반응 차이를 분석해서, 자극에 의해 반응이나 각성도의 정도가 달라지기는 하지만 지속적으로 증가하는 것이 아니라 어느 선을 넘어서면 도리어 능력치가 떨어지는 현상을 보인다는 것을 밝혀냈고, 1908년 〈비교신경학과 심리학〉이라는 학술지에 〈습관 형성에서의 자극의 강도와 속도의 관계〉라는 논문으로 발표했다.[6]

이후 스트레스의 개념이 정립되면서, 스트레스가 될 자극에 대한 반응이 스트레스 정도에 따라 다르고, 수행 능력의 결과가 거꾸로 놓은 U자형 커브를 그린다는 개념이 만들어졌다. 이 개념은 처음으로 실험한 두 사람의 이름을 따서 여키스-도슨 법칙Yerkes-Dodson Law이라 불린다. 여키스-도슨 법칙은 아래와 같은 그래프로 그려볼 수 있다.

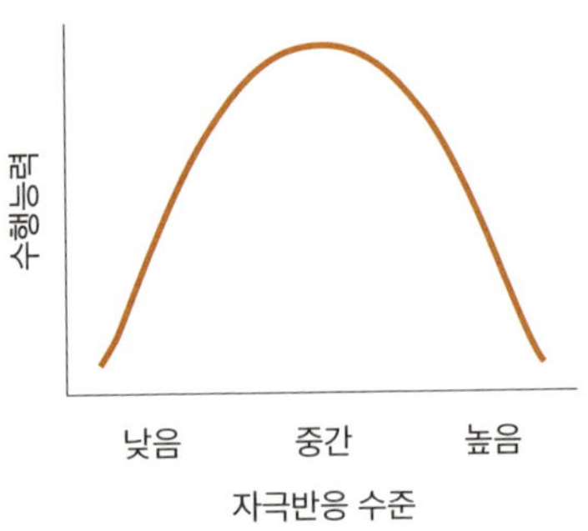

이를 일상생활에 적용해보면, 다음의 그림같이 몸에는 다른 반응이 온다.

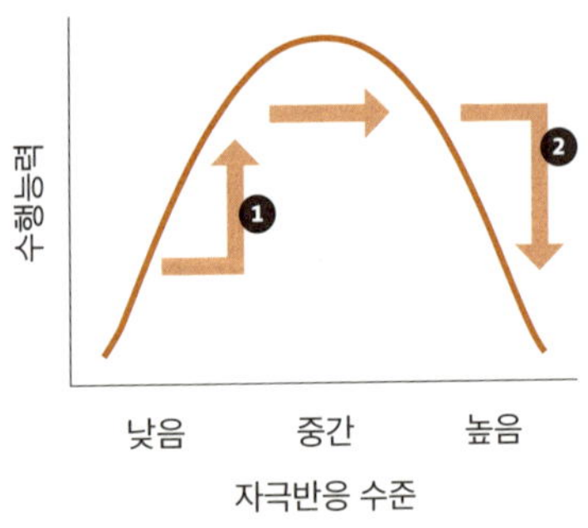

스트레스가 적은 평소 상황 ①에서는 긴장할 일이 생기면 작

업 수행 능력이 좋아진다. 시험 직전 바짝 긴장한 상태에서 막판에 들여다본 메모 내용들이 시험에 그대로 나오면 기분이 매우 짜릿하다. 주관식 문항이라면 그대로 복사라도 해놓은 듯 줄줄이 외워서 쓸 수 있다. 만일 같은 내용을 전날 밤 멍하니 졸린 상태에서 보았다면 아마 그만큼 잘 쓰지 못할 것이다. 그런데 스트레스를 받는 기간이 오래되거나, 지속적으로 반복해서 스트레스를 받는다면 ②의 상황으로 옮겨간다. ①의 상황에서는 바짝 긴장하면 기억력과 집중력이 향상되는 것을 경험하는데, ②의 상황이 되면 도리어 이제는 수행 능력이 떨어진다. 집중력이 떨어지고, 기억하려고 애를 써도 머리에 들어오지 않는다. 실수가 많아지니까 더 긴장하게 되어 집중하기가 더 힘든 악순환에 빠진다.

우리는 실험쥐와 다르지 않다

우리의 삶은 여키스와 도슨이 실행한 실험에 등장한 쥐의 삶과 다르지 않다. 한 주가 시작되어 처음으로 바짝 긴장하는 월요일 오전에는 액셀을 밟으면 차의 속도가 올라가지만, 금요일 오후가 되면 꼭짓점을 넘어서서 하강곡선을 그리기 시작한 상태이므로 똑같이 액셀을 밟는다고 해도 이전같이 속도가 올라가거나 언덕을 오를 동력을 얻지 못한다. 월요일 오전과 금요일 오후의 컨디션이 다른 이유나, 같은 정도의 스트레스가 될 만한 일이 닥쳤을 때 반응이 달라지는 것도 이 그래프로 이해할 수 있다.

많은 사람이 만성적으로 스트레스가 누적된 채로 살고 있다. 그러다 보니 하루의 시작이 ①의 상태가 아닌 ②의 상태인 경우가 많고, 조금만 무리하거나 일이 지속되면 집중이 안 되고 멍해져 실수를 저지르곤 한다. 그래서 20~30대는 자신을 ADHD라고 판단하고 50~60대는 치매라고 확신하며 정신과를 찾는다. 하지만 모두 틀렸다. 스트레스 누적으로 인한 집중력과 기억력 저하일 뿐이다.

만일 내가 ②의 상태에서 하루를 시작하고 있다면, 약간의 휴식을 통해 여유 공간을 만듦으로써 ①의 상태로 리포지셔닝하면 된다. 우리 몸은 아주 잘 만든 기계가 아니라서 레버를 오른쪽으로 돌린다고 영원히 우상향하지는 않는다. 한계치가 있어서 그 한계를 넘어서면 도리어 역량이 떨어진다. 우리 몸이 이런 곡선을 그린다는 걸 이해하고 자신의 한계치를 잘 알고 있어야 할 것이다.

2부

스트레스는 뇌와 몸을 어떻게 변화시킬까

스트레스의 과학

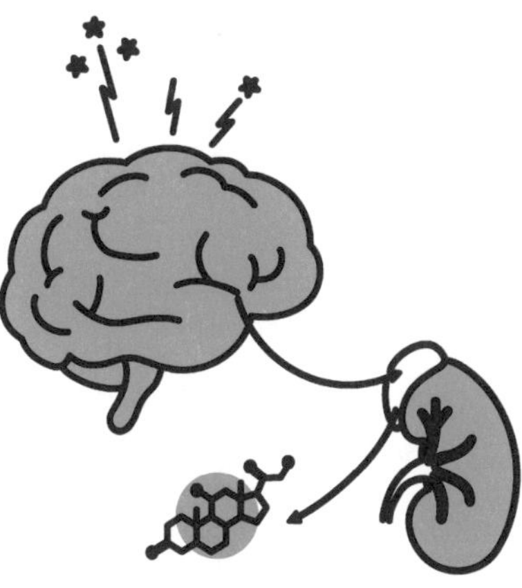

스트레스 반응과
교감신경

스트레스 상황에 처했다고 상상해보자. 가슴이 두근두근, 입안이 바짝 타거나 손발이 저릿하기도 하고, 속이 살짝 싸하거나 가슴이 답답하다. 소변을 보러 가고 싶은 마음이 들기도 한다. 대체 이런 현상은 왜 생기는 것일까.

먼저 대뇌에서 스트레스를 감지해 위험하거나 위협이 왔다고 편도가 인식하면, 시상하부hypothalamus라는 곳에서 부신피질자극호르몬방출호르몬corticotropin-releasing hormone, CRH을 분비한다. 그리고 그 호르몬은 뇌하수체pituitary gland를 자극해서 부신피질자극호르몬adrenocorticotropic hormone, ACTH을 분비하고, 이어서 콩팥 위에 붙어 있는 작은 기관인 부신의 피질을 자극해서 스트레스호르몬인 코르티솔을 분비하는 과정을 거친다. 이 과정을 통틀어 시상하부–뇌하수체–부신 축hypothalamic-pituitary-adre-

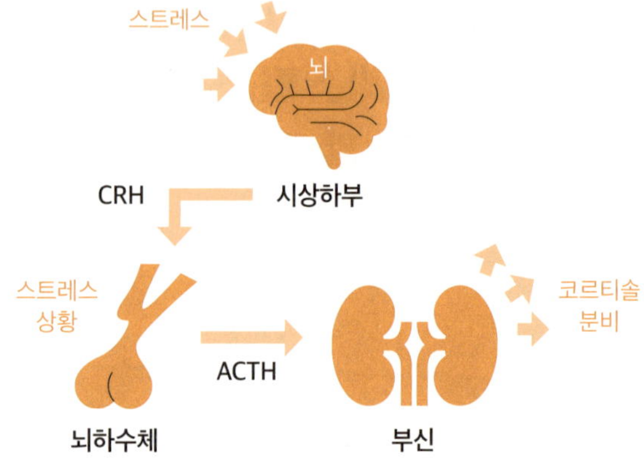

nal axis, HPA 축이라고 부르는데, 이는 가장 기본적인 중추 시스템이며 모든 포유류가 공통으로 가진 시스템이다.

가장 먼저 몇 초 안에 일어나는 것은 교감신경계의 반응이다. 시상하부의 자극으로 교감신경계가 활성화되면서 부신피질이 아닌 부신수질adrenal medulla을 자극해 아드레날린이 분비되어 심박수가 증가하고, 혈압이 상승하며, 근육으로 피가 몰리면서 근긴장이 되는 변화가 수 초 내에 일어난다. HPA 축의 변화는 그보다 살짝 늦은 몇 분 이후에 일어난다. 아무래도 여러 단계를 거치는 과정이기 때문인데, 늦는 대신 상대적으로 오래 지속된다. 코르티솔이 분비되면 아드레날린의 효과를 지속시키고 수용체 감수성을 증가시켜서, 교감신경의 반응이 더 민감해지고 한번 오른 혈압이 유지된다.

노르아드레날린은 부신을 제외한 다른 교감신경의 말단에서 분비된다. 교감신경은 우리 몸이 위험하다고 여길 때 바로 반응하고 활성화되어서 '싸울지 도망갈지fight or flight' 반응한다고 일컬어진다. 한마디로 상대를 보고 도망가는 게 나을지 확 달려들어서 싸우는 게 나을지 감을 잡는데, 이를 위해 일단 몸의 엔진을 켜서 부릉부릉 최고조로 반응 속도를 올리는 신호를 보낸다는 것이다. 교감신경계의 항진은 전투력을 향상시키는 방향으로 진행하며, 이때 우리 몸은 다음과 같이 변화한다.

인간을 숲에 사는 토끼라고 가정해 이 상황을 정리해보자.

토끼가 열심히 풀을 뜯어 먹고 있는데 저기서 늑대가 달려오는 것을 발견한다. 토끼가 해야 할 일은 늑대가 달려오는 방향의 반대 방향으로 최선을 다해 달려가는 것이다. 교감신경계는 급격히 자극되어 상승한다.

최대한 빨리 달리기 위해 엔진인 심장으로 피가 몰리고 심박수가 최대치로 오른다. 피에 최대한 많이 산소를 담기 위해 기관지가 확장되고 폐활량도 올라가며 호흡도 빨라진다. 근육으로 피가 몰리고 산소를 최대한 많이 근육에 공급해 조금이라도 더 빨리 달려갈 수 있게 돕는다.

토끼가 늑대를 겨우 피해서 이제는 덤불에 숨어서 숨 죽이고 있다. 늑대가 근처에서 어슬렁거리고 있는 게 분명하다. 조금이라도 빨리 늑대가 가까이 오는 걸 알아차리려면 어떻게 해야 할까? 먼저 늑대가 오는 냄새와 소리를 제일 빨리 민감하게 알아채야 할 것이다. 그러니 감각기관의 예민도가 증가한다. 센서의 감도를 최대한으로 올려놓는 것이다.

뜯어먹은 풀을 소화시키는 것은 2시간 정도 후에나 도움이 되는 일이다. 토끼는 5분 안에 죽을지도 모르는 절체절명의 상황이다. 그러니 소화와 관련한 곳으로 에너지를 보내는 것은 낭비다. 소화기관은 멈춰버리고 침샘은 분비를 중단하며, 식욕은 뚝 떨어진다. 그나마 먹은 음식은 빨리 소화시키기 위해 위산을 분비해서 녹이려 할 수 있다. 최대한 빨리 도망가야 하니 몸을 가볍게 하는 것이 이득이다. 그래서 소변을 보거나 장을 비우기 위해 설사를 하게 된다.

이 모든 반응이 단번에 자동으로 일어난다. 그래서 우리는 스트레스를 받으면 자율신경계 중에 교감신경계가 항진되고, 식욕이 떨어지고, 입이 바짝 타고, 목이 뻐근해지고, 심장이 벌렁거리고, 가슴이 답답하다. 자꾸 화장실을 들락거리는 사람도 있다.

흔치는 않지만 스트레스가 심하면 손발이 차가워진다는 사람도 있다. 여기에도 토끼의 생존 본능이 작동한 것이다. 다리 하나를 잃더라도 생명은 건지는 것이 이득이라는 계산이다. 우리 몸은 어떤 상황을 스트레스로 인식하면, 손끝이나 발끝과 같

스트레스가 몸에 끼치는 영향

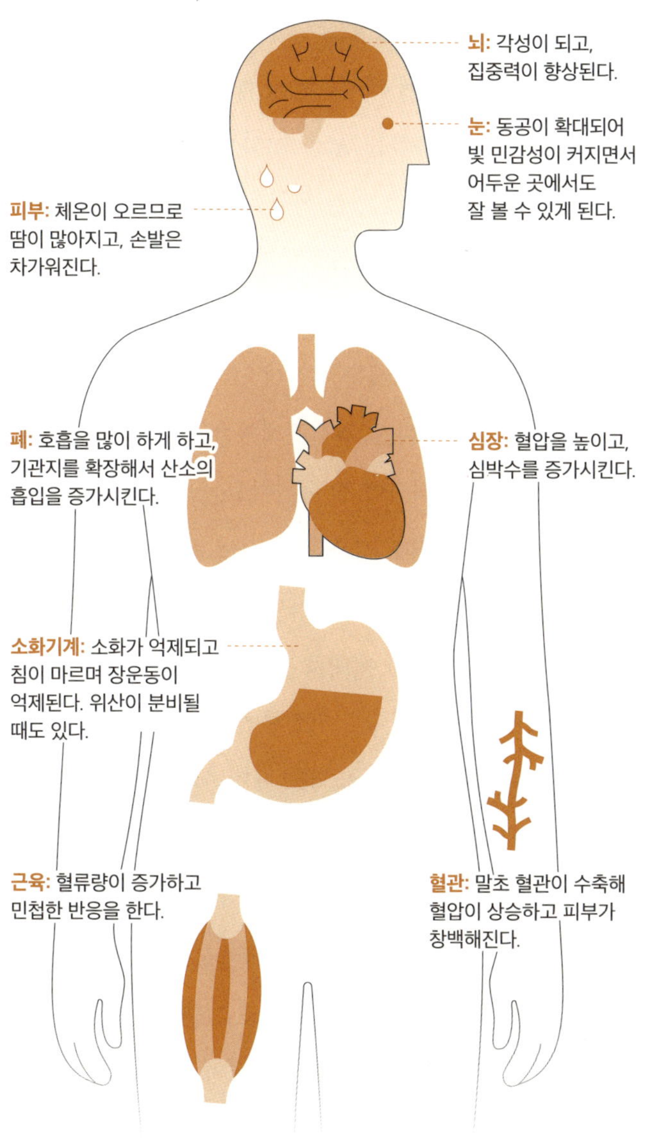

은 말초의 피를 심장을 중심으로 한 몸의 중앙으로 모으는 변화가 일어난다. 최대한 심장으로 피를 몰아 쥐어짜서 더 높은 출력을 발현하는 결과를 가져오면서, 동시에 팔다리 중 하나를 늑대에게 잃더라도 출혈을 줄일 수 있는 부수익도 얻는다. 두 가지 모두 토끼가 생명을 건질 확률을 조금이라도 올릴 수 있는 요령이다. 그래서 스트레스를 받거나 놀라면 손발이 차가워지고, 경우에 따라서는 찌릿찌릿한 느낌까지 경험하는 것이다.

그렇다면 평온한 시기에는 어떨까? 그때는 부교감신경계가 우위를 차지하는 상태다. 교감신경계와는 반대로 작동한다. 소화기로 피가 몰려서 위장이 잘 움직이고, 침이 쉽게 나오며, 근육은 나른하게 이완된다. 기분 좋게 잠이 온다. 하물며 교감신경계가 항진되었을 때와 달리 성욕이 증가한다. 이제 번식을 해도 된다는 평화의 신호가 제대로 온 것이다. 잠을 잔다는 것은 무방비 상태에 놓이는 것이니 위험한 상황이라면 절대 잠이 오면 안 된다. 여기에 감각기 센서도 예민하게 작동하므로 작은 소리에도 쉽게 깬다. 그러나 스트레스에서 벗어난 평화로운 시기라면 근육이 나른하게 이완되고 쉽게 잠이 들며, 자잘한 소리가 들려도 개의치 않고 깊이 잘 수 있다.

이와 같은 변화가 스트레스를 인식했을 때 우리 몸에서 일어나는 단기적 상태의 빠른 반응들이다. 결국 모든 것을 생존이라는 측면에서 바라보면 이해된다. 다만 지금 우리는 정글에 살지도 않고 토끼처럼 매일매일을 생명의 위협 속에서 보내는 것도 아닌데, 뇌는 여전히 스스로를 정글에 던져진 토끼라고 인식하고 있다. 현대인이 만성적 스트레스에 시달리며 살게 된 역설적 현실이다. 왜 우리는 먹이사슬 최상층에 있는 절대 포식자인 사자와 같은 마음을 갖지 못할까. 그래야 대낮에 바위 위에 퍼져서 잘 수 있을 텐데.

스트레스가 오래 지속될 때 호르몬이 하는 일

스트레스에 대한 단기 반응은 교감신경계와 코르티솔이 주도한다. 혈압과 심박수를 올리고 근육에 힘이 들어가게 하는 것같이 몇 초 안에 몸의 기능을 바짝 올려줘서, 도망갈 때라면 한 걸음이라도 빨리, 싸울 때라면 조금이라도 주먹이 상대를 세게 때릴 수 있게 돕는다. 이때 아드레날린은 신경전달물질이면서 호르몬이기도 하다. 부신수질에서 만들어져서 혈액으로 방출될 때는 호르몬이며, 전신으로 퍼진다. 그런데 막상 교감신경계 말단의 시냅스에서 분비되어 뉴런에 신호를 전달할 때는 신경전달물질이라고 한다. 그래서 결국 혈압을 높이고 심장박동수를 증가시킨다.

스트레스에 대한 개념을 이해할 때 간혹 이 두 가지를 혼동하는 건 당연하다. 한 요소가 신경전달물질이나 호르몬의 역할

신경전달물질과 호르몬의 비교

	신경전달물질	호르몬
생성/분비	뉴런	내분비기관
이동/전달	뉴런에서 시냅스 사이 화학신호	혈액으로 장기간
작용 시간	몇 초~몇 분, 일시적	상대적으로 장기간 작용, 변화 유도
영향력	제한적, 일시적	광범위, 오래 지속

을 모두 하는 경우가 왕왕 있기 때문이다. 그렇지만 둘의 작용을 구별하는 것은 적응의 관점에서 중요하다.

신경전달물질이 순간적으로 반응하고 제한적 영역을 변경시킨다면, 호르몬은 그보다 광범위한 영역으로 퍼져서 꽤 오랜 시간 구조적인 변화를 일으킨다.

스트레스가 위협이어서 이에 대해 신체가 반응한다고 하면, 신경전달물질은 기존의 자원을 이용해서 위협에 대응하는 것이다. 적의 위협이 있을 때, 군대가 경비 태세를 갖추고 즉각적으로 방어하는 것과 같다. 스트레스가 일시적인 것이어서 몇 분 안에 상황이 수습되면 신경전달물질의 반응으로도 충분하다. 그렇지만 스트레스가 꽤 오래 지속되어서 보다 지속적인 자원을 요구할 수도 있다. 장기전이 되는 것이다. 적의 위협이 일시적인 것으로 끝나지 않는다면, 생필품을 만들던 공장을 군수품

공장으로 변경하고, 방어벽을 새로 쌓으며, 민방위나 예비군을 언제든 실전에 투입할 수 있도록 병력으로 전환할 준비를 해야 한다. 이와 마찬가지로 스트레스가 장기화되면 몸의 대응 시스템도 변화한다.

그 역할을 하는 것이 스트레스와 관련한 호르몬인데, 일반적으로 안드로겐, 에스트로겐, 프로게스테론, 무기질 코르티코이드, 당질 코르티코이드 등 다섯 가지를 꼽는다.

스트레스호르몬이 하는 일

먼저 무기질 코르티코이드와 당질 코르티코이드를 살펴보자. 이 두 가지를 합쳐 부신피질에서 분비되는 코르티코이드라 부른다.

이 중 스트레스와 직접 연관이 있는 것은 당질 코르티코이드다. 뇌하수체에서 분비가 자극되면 몇 분 안에 당질 코르티코이드가 분비된다. 동시에 췌장에서는 혈당을 높이는 호르몬인 글루카곤 분비가 촉진되고, 교감신경계 말단에서 분비된 아드레날린까지 합세해 이 세 물질이 포도당의 수준을 상승시킨다. 포도당은 에너지를 만드는 가장 직접적인 자원이다. 혈액 내에 당 수준을 올리는 것은 기름을 충분히 공급해서 몸속 기관의 출력

부신피질 코르티코이드

	기능	대표 호르몬
무기질 코르티코이드	전해질과 수분, 염분을 조절한다.	알도스테론
당질 코르티코이드	혈당을 조절하며, 면역 억제 기능이 있다.	코르티솔

을 한껏 높이겠다는 전략적 반응이다.

한편 상황이 좋지 않으면 당질 코르티코이드의 핵심 호르몬인 코르티솔의 반응성이 증가한다. 에너지를 동원하면서 이들은 외친다.

"우리는 내일 죽을 수 있으므로 오늘을 위해 산다."

싸우다 보면 다치기 쉽다. 공격을 당해서 피부가 찢어져 피를 흘리고 있다고 가정해보자. 이럴 때 우리 몸은 면역체계를 총동원해서 외부에서 들어온 병균을 죽이고 몸을 회복시키기 위해 최선을 다한다. 이와 다른 상황도 생각해보자. 지금 모든 힘을 다해서 싸우는 중이다. 전투에서 이겨야 몸을 회복시키는 것이 의미가 있다. 당장 몇 시간 후에 죽을지 모르는 상황이다. 이때 회복과 병 치료에 전념하는 게 옳을까? 감염과 염증에 대한 면역반응에 들어가는 에너지는 꼭 필요한 만큼으로 제한하는 것이 더 합리적인 선택이다. 당장은 싸움에 모든 에너지 배분의 우선권을 주는 것이 옳다. 그래서 코르티솔이 분비되면 도리어 면역반응이 억제된다. 알레르기나 피부염증, 발진이 생겼을 때 바르는 연고가 코르티솔과 유사한 성분인 합성 당류 코르티코이드 제재인 것도 이런 면역억제 능력을 이용한 것이다.

당장 오늘 하루를 위해서만 최선을 다하는 것이다. 가지고 있던 탄수화물을 분해해서 근육이 사용할 에너지를 만들지만, 단백질 합성은 줄인다. 동시에 새로운 것을 학습하는 능력은 줄어들고, 면역체계는 약해진다. 먼 미래를 위해 비축해둔 것을 방출하고, 학습능력이나 기억력처럼 잘 구축해놓으면 좋은 요소에 들어가던 비용을 확 줄여버린다.

가족 중 누군가가 중병에 걸리거나, 계획에 없던 실직이나 이사로 경제적 부담이 생기는 상황이 벌어지면 아무래도 허리띠를 졸라매게 된다. 당장은 상대적으로 덜 필요한 여행비나 의류비와 같은 지출부터 줄인다. 혹은 미래를 위해 들어둔 적금이나 보험을 해지한다. 우리 몸도 이와 같은 반응을 하는 것이다. 위기가 이어지면 선택과 집중을 해야만 한다. 사회적 결정 역시 그렇듯, 우리 몸도 알아서 방향을 바꾼다.

보험이나 저축과 같은 역할을 하는 것이 지방이다. 탄수화물과 단백질이 1g에 4kcal인 데 반해, 지방은 9kcal의 밀도를 갖는다. 그래서 평소 쓰고 남은 에너지를 간에서 중성지방으로 전환했다가 지방세포로 축적해서 고이 모셔놓는다. 스트레스라는 위협 상황이 와서 코르티솔이 분비되면 초기에는 일시적으로 지방 분해가 촉진된다. 에너지가 대방출되는 것이다.

심한 스트레스 상황에 처하면 지방뿐 아니라 단백질도 분해해서 포도당으로 만들어 에너지 자원으로 사용한다. 교감신경이 활성화되어서 심박수, 호흡, 체온을 올리니 에너지 소비량도 늘어난다. 위기 신호에는 식욕이 떨어져서 칼로리 보충이 줄어든다. 스트레스 상황이 오래 지속되면 이 세 가지 요소가 합쳐져서 살이 빠진다. 오래 고생했더니 수척해졌다는 말은 매우 과학적인 설명이다.

성호르몬과 스트레스의 연관성

한편 안드로겐, 에스트로겐, 프로게스테론은 모두 성 관련 호르몬들이다. 스트레스에 성 관련 호르몬이 연관된 이유는 무엇일까?

스트레스가 장기화되면 생식이란 행위가 안전하지 않을 수 있기 때문이다. 이런 시기에 새끼를 낳고 기르는 것은 어미와 새끼 모두에게 위험한 일이다. 임신 중에 어미의 건강을 유지하는 것도 쉽지 않고, 새끼를 무사히 낳는다고 해도 온전히 혼자서 지낼 수 있을 때까지 어미가 도우면서 키우는 일도 평화로운 시기에 비해서 어렵다. 미래를 걱정해서 더 큰 위험이 올 가능성을 아예 예방하는 것이 성호르몬의 역할이다. 미래가 희망차지 않으니 임신과 출산 과정에서 어미의 안전을 보장하지 못할 뿐만 아니라, 태어난 새끼의 성장에도 낙관적 전망을 갖기 힘들다. 그래서 성호르몬은 생식, 임신, 생산의 가능성을 차단하는 방향으로 작동한다. 에스트로겐, 프로게스테론, 안드로겐 등 생식호르몬이나, 성장호르몬과 인슐린의 분비가 억제된다. 당장 더 자라게 하기 위해서 뼈에 양분을 보내는 것보다는 싸우고 방어하는 데 에너지를 동원하는 게 옳고, 인슐린을 줄여서 혈당의 평균치를 높여놓는 것이 좋기 때문이다.

급격한 스트레스를 받은 다음에 혈당을 측정하면 꽤 높게 나올 수 있는데, 이런 결과를 보고 당뇨로 판단하지 않는 것도 같은 이유다. 회사에서 힘든 일을 경험하거나, 성폭행이나 교통사고 이후 가임기 여성에게서 일시적으로 몇 달간 생리가 멈추는 현상이 나타나는 것도 몸이 위험한 상황으로 인식하고 생식기능을 응급으로 멈춘 결과물이다. 진료실에서 외상후스트레스장애 증상으로 내원한 여성 환자에게 꼭 물어보는 것 중 하나가 생리가 유지되고 있는지의 여부다. 만일 생리가 멈췄다고 대답하면 주관적으로 호소하는 것 이상으로 위험한 상황이었고, 몸도 거기에 상응하는 수준으로 반응한 것으로 판단한다.

긴 스트레스로 이어질 만한 시기가 지속되면 이렇게 전체적인 몸의 시스템 변화가 호르몬 변화로 오게 된다. 드디어 스트레스가 될 만한 위협이 사라진다고 해보자. 단기 스트레스 때와 달리 장기 스트레스가 끝나고 나면, 이전의 상태로 다시 돌아오는 데 상대적으로 시간이 오래 걸린다. 군수공장을 뜯어고쳐서 생필품을 만드는 공장으로 되돌리는 게 간단한 일이 아닌 것과 같다. 바꾸는 데 비용이 꽤 많이 든 결정이었기에 위협이 멈추었다고 해서 바로 다음 날 '이제 되돌아가자'고 신호를 보내지는 않는다. 겨울이 몇 달간 이어지다가 하루나 이틀 정도 기온이 영상이라고 해서 겨울이 끝난 것은 아니지 않은가. 그렇기에 먼저 어느 정도 안전하다고 여길 만한 징후가 최소 몇 주는 이어져야 우리 몸은 신호의 방향을 바꾼다. 그러니 이전 상태로의 회복은 더욱더 더딜 수밖에 없다.

남자와 여자의 스트레스 반응은
왜 다를까

지금까지는 스트레스에 대한 일반적인 반응에 대해 알아보았다. 그런데 같은 스트레스에 대해서도 남녀가 다르게 반응하는 양상이 있다는 것이 알려졌다. 처음에는 민감도의 차이거나 개인적 경험의 차이 때문에 생긴 것이 아닌가 했다. 아무래도 사회적 상황에 민감하게 반응하는 여성이 스트레스 반응에도 민감할 테니 코르티솔도 더 많이 분비될 것이라 여겼다. 여성은 스트레스에 취약하다거나 감정적인 존재라는 성 편견에서 비롯한 것이었다. 이후 연구가 쌓이면서 새로운 요인이 발견되었으니, 바로 '옥시토신oxytocin'이라는 호르몬이다. 스트레스에 대한 이론이 그래도 나름 100년 정도의 역사를 가진 것이 비해, 옥시토신이 스트레스와 연관된다는 사실이 알려진 것은 30년이 채 되지 않았다.

원래 옥시토신은 출산과 밀접하게 관련된 호르몬으로 알려져 있었다. 자궁수축을 유도해서 분만을 촉진하고, 출산 후에는 포유류의 유즙분비를 촉진해서 모유수유에 도움이 된다(그러니 의사 중에서도 산부인과를 전공하는 사람이 아니면 별 관심이 없는 호르몬이었다). 그런데 옥시토신이 임신이나 출산과 연관된 시기뿐 아니라 평생 동안 분비되고, 남성의 몸에서도 나온다는 것이 알려졌다. 이상하지 않은가? 분만과 수유에만 관여한다면 분비 시기가 길거나 남성에게서는 분비되거나 할 필요가 없다. 그런데 왜 나오는 것일까?

이런 의문에서 옥시토신의 다른 기능에 대한 관찰과 연구가 이어졌다. 연구자들은 옥시토신이 '사회적 유대 강화social bonding'와 관련이 있고, 가족이나 친구 사이에 유대감을 형성하는 데 도움을 주며, 신뢰와 공감이라는 심리적 요소에 밀접한 연관이 있음을 밝혀냈다. 출산과 수유 다음에 꼭 필요한 것이 무엇이겠는가? 바로 엄마가 아이에게 애착을 느끼고, 아이가 울면 바로 끌어안아 수유를 하며, 추워하면 따뜻하게 해주고 안아줘서 안정감을 갖게 해주는 행동이다. 그래야 아이가 안전하다고 느끼고 잘 자랄 수 있다. 더 나아가 심리학자 에릭 에릭슨Erik H. Erikson의 심리 발달 이론에 따르면, '세상에 대한 기본적 신뢰basic trust'가 형성된다. 이를 애착attachment이 만들어지는 것이라고 한다. 아기를 낳을 때 자궁수축을 유도하거나 아기에게 모유를 수유하는 시기가 아닐 때도 옥시토신이 필요한 이유가 바로 여기에 있다. 게다가 엄마 말고 아빠도 아기를 돌보아야 하니 옥시토신은 필요하다.

생후 1~2년 동안 아이의 안전한 발달과 애착 형성을 위해 옥시토신이 필요하다는 것은 인정한다. 별 필요가 없다면 그 후에는 분비될 필요가 없을 것이다. 우리 몸의 시스템은 투입되는 에너지에 대비해 가성비를 따질 정도로 냉정하고 효율적으로 작동하도록 설계되어 있기 때문이다. 그런데 성인이 된 다음이나 임신이 가능한 시기가 지난 다음에도 여전히 옥시토신은 분비된다.

임신과 출산, 육아의 시기가 아닐 때 분비되는 옥시토신의 기능은 '신뢰'다. 사람들과 함께하며 어울리고 공감을 느끼고, 타인을 신뢰하는 사회적 관계 맺기에 옥시토신이 나름의 역할을 하는 것이다.

한 연구에서는 참가자를 2개의 그룹으로 나누어서 한 그룹은 비강에 옥시토신을 투여하고 다른 그룹은 위약을 투여한 상태에서 신뢰 게임을 했다. A가 B에게 돈을 보내고(신뢰의 지표), B는 그중 일부를 A에게 돌려주었다(신뢰에 대한 보상). 얼마를 주고 얼마를 받을까를 본 것인데, 옥시토신을 뿌린 그룹이 상대에게 준 돈도, 또 돌려받은 돈도 모두 평균적으로 높았다. 친사회성이나 신뢰에 대한 기본 수준이 옥시토신으로 인해 올라간 것

이다.[1]

인위적으로 뿌린 게 아닐 경우, 자연스러운 환경에서는 언제 옥시토신이 많이 분비될까? 놀랍게도 스트레스를 받을 때다. 스트레스는 위험한 상황이라는 신호다. 이때 옥시토신이 분비되는 것은 '싸울까 도망갈까'라는 개인의 결정에만 몰두하지 말고, 함께 힘을 합쳐서 약한 개체를 서로 돕고 똘똘 뭉치도록 유도하기 위해서다. 아기를 안고 달래던 엄마가 아기가 힘들어하는 것을 빨리 알아차리고 젖을 주는 것이 공감의 시초라면, 바로 이런 공감적 반응을 어른이 된 다음에도, 꼭 아기를 돌볼 때가 아니라 해도 더 잘하도록 자극하는 것이 옥시토신의 기능이다.

남성과 여성의 스트레스 대처 방식

UCLA 심리학과의 셸리 테일러Shelley E. Taylor 박사가 2000년 〈사이콜로지컬 리뷰〉에 게재한 〈여성에게 있어 스트레스에 대한 생물행동학적 반응: 싸울까 도망갈까가 아닌 돌봄-관계〉라는 논문에서 처음으로 발표된 내용은 다음과 같다.[2]

남성은 옥시토신 분비량이 여성에 비해 상대적으로 적기 때문에, 스트레스에 대해서 이제까지 알려진 것처럼 아드레날린을 분비하는 '싸울까 도망갈까' 반응을 우선한다. 위협이 있으면 일단 도망가거나 맞서 싸우거나 흥분하는 것이다.

그에 반해 여성은 옥시토신이 더 많이 분비되므로 다른 방식으로 반응한다. 주변의 동료에게 도움을 청하거나 자신의 감정을 표현하고, 공감을 잘해서 타인의 스트레스에도 민감하게 반응한다. 혼자 싸우지 않고 뭉쳐서 집단으로 대응하기를 선호하는 것이다. 남성에 비해 신체적 능력이 약할 수 있다는 물리적 한계를 여성은 서로가 서로를 돌보고 관계를 맺고 도움을 주고받는 것으로 보상해서 스트레스에 적극적으로 대응하도록 발달했다.

이는 일상생활에서도 차이를 보이지 않을까?

일반적으로 남성은 스트레스 상황에 처하면 혼자 끙끙 앓고 어떻게든 알아서 처리하려고 한다. 문제를 이기고 지는 것, 즉 도전과 경쟁의 이슈로 치환하는 것이다. 그래서 맞서 싸우지 못할 문제라면 회피하고 도망간다. 자신만의 동굴로 숨어버리는 도피적 활동을 선택한다. 자기 방에 틀어박히거나 TV만 본다.

그에 반해 여성은 친구를 만나고 대화하면서 문제를 해결하기 위해 노력하고, 다른 친구의 스트레스를 공감하고 서로 위로하면서 스트레스로 인한 어려움을 이겨내려고 한다. 감정을 말로 표현하고, 무엇이 일어나고 있으며 또 어떻게 대처할지를 주변 사람들과 대화하면서 풀어간다. 이기고 지고가 아니라 서로 관계를 맺는 것 자체가 스트레스를 풀어가는 길이기도 하다.

그러므로 스트레스 상황에서 함께 나눌 대상이 없으면 여성은 문제를 더 크게 느끼게 된다. 스트레스를 해결하는 데 사람들과의 관계가 중요하기 때문에 이후에 벌어질 스트레스 상황에 적극 대처하기 위해서라도 평소 관계를 잘 유지하는 것에 큰 우선권을 준다. 그렇기 때문에 다른 사람의 무리한 요구에 맞추며 끌려가다가 에너지를 소진해 지쳐버리거나, 나보다 남을 우선하는 버릇이 들어 지쳐버리는 관계 패턴을 보일 위험이 있다. 그럼에도 옥시토신이 갖는 효과는 분명하다. 서로를 돌보고 공감하며, 신뢰와 친밀감을 높인다. 혼자보다는 함께할 때 위기 상황을 더 잘 넘길 수 있다.

옥시토신은 남녀 모두에게 분비되는 호르몬이다. 스트레스 상황에 대해 '싸울까 도망갈까'의 한 가지 반응만 있는 게 아니라, 내 주변의 관계를 돌아보고 손을 들어 알리고 지원을 요청하는 것이 필요함을 알려준다. 회복력의 중요한 지표 중 하나가 스트레스 상황에 대해 도움을 청할 줄 아는 능력이다. 위험한 일이 벌어지거나 슬픈 일이 생겼을 때 주변에 나눌 수 있는 친구가 있는 것은 큰 위로가 되며 스트레스 수준을 낮추는 효과가 있다. 가족이나 친구가 어려움에 처하면 적극적으로 도와주고 싶다는 동기가 불쑥 생기는 것도 모두 옥시토신이 하는 일이다. 친사회적 스트레스 반응이다. 우리는 혼자 잘 먹고 잘살면 되는 이기적 존재가 아니라, 함께 잘 지내야 하는 사회적 존재다. 이것은 나중에 배우는 것이 아니라, 이렇게 처음부터 뇌에 갖추어져 있다. 다만 남녀 간에 또는 개인마다 차이가 있을 뿐이다.

얼룩말이 위궤양에
걸리지 않는 이유

난 걱정이 많은 편이다. 약속이 있으면 몇 시에 출발하는 것이 좋을지 고민하고, 처음 가는 곳인데 조금 멀다면 운전하기 전에 꼭 두 가지 네비게이션을 비교해보고 결정한다. 내 아이들의 미래에 대해서도 고민한다. 20대가 된 아이들이 앞으로 어떻게 살아가게 될지 걱정하는 것이 나와 내 아내의 대화 주제다. 며칠 전에도 식탁에서 그런 이야기를 하다가 소파 위에서 온몸을 쭉 펼친 채 자고 있는 고양이를 보았다.

"아, 쟤는 진짜 걱정 없고 좋겠다."

이런 말이 절로 나왔다. 굶을 걱정이 있는 것도 아니고, 기껏해야 오늘 먹을 간식이 언제 나올지 그 타이밍만 기다릴 뿐이다. 어떤 때는 솔직히 부럽기도 하다.

고양이나 나나 동물이자 포유류로서 스트레스에 대한 시스템은 똑같다. 집에 물이 샐 때의 내 반응은, 고양이가 문이 열린 틈에 집을 나갔다가 길을 잃고 헤매던 중 모르는 사람을 만났을 때의 놀람과 같다. 아드레날린과 코르티솔이 한껏 분비되어 혈압과 맥박수, 혈당이 올라가고, 숨이 가빠질 것이다. 그러나 상황이 끝나고 나면 몸은 바로 정상으로 돌아오고, 고양이는 자기가 좋아하는 자리로 돌아가 잠이 든다. 그러나 나는 물이 또 새지 않는지, 집의 다른 곳은 괜찮은지 걱정하느라 잠을 자기 어려울 것이다.

사람에겐 있고 얼룩말에겐 없는 것

스트레스 연구의 권위자인 로버트 새폴스키Robert M. Sapolsky는 1994년에 《스트레스》라는 책을 발표했다. 이 책의 원제는 '왜 얼룩말은 위궤양에 걸리지 않는가Why Zebras Don't Get Ulcers'다.

야생의 얼룩말에게 사자가 쫓아오는 것은 생사의 결말이 걸린 위기다. 그 순간에는 엄청난 양의 스트레스와 관련한 신경전달물질과 호르몬이 폭발적으로 분비된다. 겨우 1분 남짓의 시간이 지난 후 얼룩말은 무사히 도망칠 수 있었고, 사자는 근처에서 절뚝거리던 가젤을 잡아먹는다. 1시간도 지나지 않아 얼룩말은 먹이를 푸지게 먹고 식곤증으로 늘어져 자고 있는 사자를 멀찍이 바라보며 풀을 뜯어 먹는다. 얼룩말은 사자가 또 쫓아올까 걱정하지도 않고, 얼마 전 괜히 사자 근처에서 얼쩡거린 자신을 자책하거나 후회하지도 않으며, 조금 아까 물려 죽은 가젤과 친했던 것을 추억하거나 대신 죽게 된 것을 미안해하지도 않는다.

덕분에 얼룩말에게는 만성적 스트레스라는 것이 없다. 그러므로 위궤양도 생기지 않는다. 위궤양이 생기는 것은 오로지 인간이 쥐를 8~12주 동안 괴롭히는 것처럼 인위적 스트레스를 오랫동안 줄 때만 생긴다. 자연환경에서는 위궤양이 만들어지지 않는다. 오직 단기 스트레스만 있을 뿐이다. 만성적 스트레스가 인간 아닌 포유류에게서 발견된 경우는 가뭄과 자연재해로 인해 생긴 장기적 변화가 드물게 나타났을 때다. 그에 반해 인간에게는 만성적 스트레스가 언제나 존재한다. 왜 그럴까? 인간은 걱정을 하기 때문이다. 내가 다 큰 자식의 미래를 걱정하는 것과 같이.

스트레스는 해석하기 나름이다

스트레스 연구의 초기에는 생리학이나 내분비학에 관심이 집중되었다. 그러던 것이 미리 걱정하고 스트레스 받는 것, 즉 인간 아닌 동물은 거의 하지 않는 것에 대해 새로운 눈이 뜨이면서 스트레스 연구는 심리학 영역으로 확장되었다. 처음에는 인지적 측면에서 '개별적 사건도 중요하나, 그 사람이 그 사건을 어떻게 주관적으로 해석하는지'에 따라 스트레스 반응이 달라진다는 것이 밝혀졌다. 그러던 것이 뇌과학의 발전과 함께 전전두엽의 기능이 밝혀지면서 미리 미래에 대해 생각하고 시뮬레이션하는 것, 과거의 경험을 기억하고 있다가 자신에게 주어진 상황을 재해석하면서 더 위중하고 급한 일로 파악하거나 반대로 축소하고 회피하거나 하는 것, 더 나아가 상황을 잘 파악해서 컨트롤할 수도 있다는 것을 알게 되었다. 전두엽이 뇌에서 차지하는 비중이 일반적인 포유류와 무척 다른 덕분이다. 인간은 약 35% 정도인 데 반해서 개는 12% 정도로 작다.

전두엽은 스트레스 상황을 해석한다. 미래를 걱정하는 것뿐 아니라, 지금 자신에게 닥친 일이 어떤 의미인지 이해하는 것의 차이에 따라 스트레스로 받아들이는 정도가 다르다. 이와 관련하여 하버드대학교 심리학과 알리아 크럼Alia J. Crum과 엘렌 랭어Ellen J. Langer는 재미있는 실험을 계획했다.

연구자들은 7개 호텔에서 객실 청소를 담당하는 84명의 여성 직원을 두 그룹으로 나눴다. 이들 중 3분의 1은 평소 전혀 운동을 하지 않았고, 자기가 하는 일이 운동이 된다고 여기는 사람도 3분의 1에 불과했다. 7개 중 4개의 호텔 직원들에게는 그들의 업무가 일종의 운동이 될 수 있는데, 이 일을 하는 것만으로도 미국 보건복지부의 신체 활동 권장 기준을 충족하는 수준의 의미가 있다는 정보를 제공했다. 침구 정돈을 위해 매트리스를 들어 올리는 것은 스콧이나 상체운동이 될 것이라고 설명했다. 또, 바닥에 떨어진 수건을 줍거나 카트를 미는 것, 무거운 진공청소기로 청소하는 것 등이 각각 몇 칼로리의 열량을 소모하는 운동이 되는지를 적은 포스터를 만들어 15분 정도 프레젠테이션을 했다.

4주 후 연구자들은 두 그룹의 신체 지수를 측정했다. 지금 자기가 하는 일이 지겨운 노동이 아니라, 실은 운동이 될 수도 있다는 정보를 얻은 직원은 체중이 줄었고 체지방도 감소했으며 혈압도 낮아졌다.[3]

스트레스를 어떻게 인식하는지에 따라 뇌는 다르게 반응한다. 또, 스트레스에 대한 해석을 다르게 하면 마음가짐이 달라지는 것을 넘어서 몸의 반응도 달라진다. 이전에는 스트레스호르몬이 지속적으로 분비되어 혈당과 혈압이 올랐는데, 실은 이게 운동이고 건강에 도움이 될 수 있다고 생각한 다음에는 같은 활동을 했을 때 혈압이 내려가고 체중도 줄어드는 효과가 있었다. 위협 상황이라고 여기지 않은 덕분이었다. 이는 스트레스 반응이 줄어들었다는 증거이기도 하다.

같은 상황에 처해 있더라도 이를 걱정거리로 생각하는 사람과 그렇지 않은 사람의 스트레스 반응에는 차이가 있다. 이런 차이가 교육, 인지치료와 같은 방법이 효과적인 스트레스 대응 전략이 될 수 있는 이유다.

동물이 아니라 전전두엽이 발달한 사람이기에, 일어나지도 않은 일을 스트레스로 여겨 미리 걱정하고 불안해하며 별의별 경우의 수를 다 상상하고는 진이 빠질 수 있다. 그렇지만 방법만 잘 익히면 남들보다 힘든 일도 의연히 잘 대처해 도리어 위기를 성장의 기회로 만들 수 있다.

스트레스와 도파민

중학교 때의 일이다. 중간고사가 끝나고 학교에서 단체로 영화를 관람하러 갔다. 마침 비슷한 시기에 시험이 끝난 학교들이 있어서 평일 낮의 극장에는 다양한 교복을 입은 학생들로 가득했다. 우리가 보기로 한 영화는 〈13일의 금요일〉이라는 공포영화였다.

수십 년 전 제이슨이란 소년이 물에 빠져 죽은 뒤 폐쇄되었던 캠프를 다시 열었는데 그 캠프의 직원들이 한 명씩 잔혹하게 살해되는 이야기로, 슬래서slasher 영화의 시초였다. 학교에서 왜 중학생들에게 그런 잔혹한 영화를 보라고 권했는지 지금 돌이켜 보면 말도 안 되는 일이었다. 나는 어릴 때부터 무서운 영화를 좋아하지 않았지만, 학교 행사라 참고 볼 수밖에 없었다. 극장을 가득 메운 10대들은 무서운 장면이 나올 때마다 극장이 떠나가라 소리를 질렀고, 앞자리 의자를 붙잡고 보다가 자기도 모르게 의자를 흔들었으며, 그 때문에 앞자리 학생이 뒤를 돌아보며 화를 내기도 했다.

두 시간이 지난 후 우리는 기진맥진해서 나왔다. 극장 문을 나서면서 아직도 환한 하늘을 보는데 이상하게도 후련함과 상쾌함이 느껴졌다. 하지만 어린 마음에서는 '뭐 하러 저런 영화를 만드는 거지?'라는 투덜거림과 함께, '누가 돈을 내고 저런 영화를 보러 가는 거야?'라는 의문이 사라지지 않았다. 놀라운 것은 그 영화를 본 지 40년이 훨씬 지난 지금도 몇몇 장면이 생생하게 기억난다는 사실이다.

공포영화는 안전하다?

살인, 귀신, 신들린 공간이 나오는 공포영화는 스트레스를 유발한다. 놀이동산에서 롤러코스터를 타고 번지점프를 하는 것도 마찬가지다. 그런데도 사람들은 돈을 내고 극장에 가서 공포영화를 보고, 놀이동산에 일부러 가서 롤러코스터를 탄다. 또, 무서워하며 소리를 지른다. 스트레스는 없으면 좋은 것인데, 왜 사람들은 스트레스를 일부러 경험하러 가는 걸까?

스트레스의 관점에서 보면, 공포영화를 볼 때 교감신경계는 한껏 활성화된다. 심장이 두근거리고 숨이 가빠진다. 스트레스 상황에 실제로 처했을 때와 유사한 신체 반응이 생긴다. 하지만 두 가지 차이점이 있다. 첫 번째는 '이건 현실이 아니다'라는 것을 인식하는 상태에서 체험하기에, 안전하다고 신뢰할 수 있는 환경에서 경험하는 스트레스라는 점이다. 두 번째는 짧고 시간이 정해져 있다는 것을 알고 체험한다는 점이다. 잠깐만이라면 기꺼이 그 스트레스를 체험할 동기가 생긴다.

그 이유는 영화가 끝난 후 우리 몸의 상태 때문이다. 영화를 보는 동안에는 무서워서 심장이 두근거리지만, 영화를 다 보고 난 다음에는 뇌에서 도파민과 엔도르핀 같은 신경전달물질이 분비되면서 스트레스에서 벗어난 다음에 잘 완수했다는 쾌감의 보상이 온다. 평소보다 훨씬 높은 수준의 각성은 덤이다. 찬물 샤워를 하고 난 직후의 수준이다(혹은 아이스버킷 챌린지를 하고 난 직후를 상상해보자). 여기에 더해 상황이 종료되면 긴장했던 몸과 마음이 순식간에 안심이 되고, 심박수가 떨어지고 호흡이 느려지는 전신 이완을 경험한다. 일종의 카타르시스로 작동한다. 내가 그때 극장 문을 나서며 경험했던 후련함이나 상쾌함이 바로 그런 느낌이었다.

어떤 학자는 극장에서 함께 공포영화를 보면서 소리를 지르고 공동의 두려움을 다 같이 경험하는 것은 옥시토신 분비를 자극해서 사회적 유대감과 끈끈한 집단의식을 만드는 데 도움이 된다고 설명하기도 한다.

이처럼 적당한 수준의 스트레스는 공포나 위협이 아닌 일종의 쾌감으로 작동하기도 한다. 덴마크의 심리학자 마르크 안데르센Marc Andersen은 '귀신의 집'에 들어간 사람들의 스트레스 수준을 측정해보았다. 50개의 코스로 구성된 귀신의 집을 통과한 참가자들의 호르몬 분비와 심박수 등을 관찰해보니, 공포감이 주는 자극이 적당한 수준이라면 참가자들은 무서움보다 즐거움을 느꼈다. 전혀 무섭지 않으면 지루하게 느꼈고, 너무 과한 경우에는 아무리 가상의 상황이라고 해도 위협적이고 괴롭다고 받아들였다. 그래서 공포라는 스트레스가 적당히 재미있는 수준의 쾌감이 되는 데에는 일종의 최적 포인트인 '스위트 스폿sweet spot'이 존재한다는 결과를 제시했다.

2019년 미국 피츠버그대학교의 연구자들은 262명의 성인을 대상으로 '유령의 집' 방문 전후의 뇌파와 인지, 감정 과제에 대한 반응을 평가해보았다. 지루한 일상을 보내던 사람은 유령의 집에서 체험한 공포가 감정 상태를 향상시키는 긍정적 결과를 가져왔다. 이들에게 유령의 집을 방문한 이후에 인지적으로 부하가 걸리는 과제(예를 들어 수학 문제를 푸는 것)를 주고 뇌파를 측정했는데, 뇌가 위협 상황으로 인식할 때 보이는 반응이 적게 나타났다. 스트레스에 대한 대처 능력도 좋아진 것이다. 비록 스트레스를 주는 불쾌한 일이지만 적당한 수준의 부정적 각성 경험을 자발적으로 해보는 것은, 스트레스 상황에 대한 대처 능력을 향상시킬 수도 있다는 의미다. 군인들이 매우 가혹한 상황을 상정하고 평소에 훈련하는 것도 나중에 실전에 투입되었을 때 당황하지 않고 잘 대처할 수 있게 하려는 의도가 담긴 것이다.[4]

나에게는 롤러코스터를 탄 것이 끔찍하다면 끔찍한 경험의 하나다. 20대 때는 몇 번 재미있게 타기도 했는데, 십여 년이 지난 후 아이와 함께 탔을 때는 그리 좋지 않았다. 그 사이에 기계의 속도와 난이도가 발전해서 롤러코스터가 더욱 빨라졌고 회전 각도는 더 거칠어졌는데, 나의 평형감각은 전보다 무뎌졌고 타고 난 이후의 회복 속도도 느려졌다. 3분 정도의 시간이 그렇게 길 줄 몰랐다. 다시는 타지 않겠다고 결심했는데, 처음 탄 10대 아이는 너무 재미있다고 한 번 더 타겠다며 곧바로 줄을 서러 달려갔다.

겁도 많고 신중한 성격의 아이가 깔깔 웃으면서 또다시 롤러코스터 대기 줄로 달려가게 된 것은 '단기간에 끝날 것이 분명하고, 안전한 장치 안에서 강한 스트레스를 받는 것이 꽤 괜찮은 느낌인 데다 도리어 쾌감을 준' 덕분이었다. 롤러코스터가 어떻게 움직일지 알 수 없고 직접 멈출 수도 없으니 예측이 어렵고 통제도 불가능한 상황이다. 이럴 때는 스트레스가 최고조에 이를 수밖에 없다. 그런데도 이것이 단발성의 일시적인 놀이라는 약속이 있기에 그 스트레스를 자발적으로 찾아가게 한다. 작게는 기계의 동선이 급격히 꼬이고 기계가 중력을 거슬러 움직여서 내 몸의 통제조차 어렵지만, 더 큰 틀에서 보면 확실한 통제와 예측 가능성 안에 있다는 사실이 주는 안도감이 있다.

번지점프를 하는 것도, 바닥이 투명유리로 되어 있는 고층 빌딩 전망대를 걷는 것도, 깊은 계곡에 있는 흔들다리를 지나가는 것도 이와 비슷한 목적으로 스트레스를 자발적으로 찾아가는 일들이다. 매운 비빔냉면을 먹거나 사우나에 들어가 땀을 빼는 일도 비슷하다.

스트레스가 주는 쾌감

스트레스 상황이지만 큰 틀의 안전함이 확인된다면, 롤러코스터를 탈 때처럼 일정 수준까지는 스스로 통제하는 일을 자발적으로 포기하기도 한다. 스트레스를 받아들이고 허용하는 것인데, 이는 결국 놀이가 되어 쾌감의 원천이 된다.

한 번 학습되면 도파민은 미리 분출된다. 즐거움이 되는 사건이 일어나고 난 다음에 도파민이 분비되는 것보다, '와, 재미있는 일이 생길 것 같아'라는 기대와 예측으로 미리 도파민이 분비되는 것이 더 큰 영향을 미친다.

공포영화, 롤러코스터, 번지점프 모두 오래 지속되는 것이 아니다. 단기간의 자극이 안전한 환경에서 이루어질 것이라는 약속이 있기에 기대되는 일이 되어 찾아가는 것이다. 적절하고 일시적인 코르티솔의 증가는 도파민의 분출을 유도하고, 무섭다고 느끼는 편도의 자극도 도파민을 방출한다. 아드레날린이 분비되면서 동시에 뇌로 향하는 포도당과 산소가 증가하니 집중력이 한껏 올라간다. 감각이 예민해지면서 짧은 시간에 이루어지는 일들이 파노라마같이 훨씬 다채롭게 인식되고, 생동감이 느껴지며 기분에 활력까지 생긴다. 더 나아가 기억에 쏙쏙 남는다. 마치 내가 40여 년 전에 극장에서 본 영화를 아직도 생생히 기억하는 것처럼 말이다.

문제는 뇌의 보상 중추가 도파민으로 자극을 받아서 평소에 못 느끼던 쾌감을 경험한 만큼 더 자극적인 것을 찾는 경우도 있다는 것이다. 다행히 그런 경우는 무척 드물다. 이 모든 것이 비록 스트레스에 처하는 일이 없으면 좋다고 여기면서도 어떨 때는 일부러 돈을 내서라도 스트레스를 찾아가는 이유다.

내 몸의 비상 장치:
반추, 회피, 해리, 경직

만일 납치를 당하거나 집에 강도가 들어와 위협을 당하는 것같이, 지금 맞닥뜨린 스트레스가 상상 이상으로 압도적이어서 도저히 감당할 수 없으리라고 여겨진다면? 그림으로 상상해보면, 계기판의 바늘이 흔들리더니 바로 레드존으로 넘어가 끝을 세차게 반복해 때리다가 결국 계기판 자체가 고장나 바늘이 멈춰버리는 것과 같다. 지진 강도가 너무 높아서 지진계의 측정 영역 밖으로 나가버리는 그런 상황 말이다. 재난영화의 한복판에 던져진 느낌일 수도 있다.

이전에는 경험해보지 못한 이런 엄청난 스트레스를 만나면, 우리는 다음과 같은 몇 가지 특징적인 반응을 보이기도 한다.

반추

위기 상황이 끝난 다음에도 그 일에서 벗어나지 못하고, 기억을 되짚고 되짚어 다시 생각하고 또 생각하는 것을 반추rumination 라고 한다. 그 일이 일어난 이유를 캐묻기도 하고, 다른 해결책은 없었는지 자신에게 되묻기도 한다. 이제 그 상황이 지나가서 자신은 안전한 상태라는 것을 이성적으로는 이해하지만, 너무나 놀랍고 무서운 경험이었기에 몸과 마음이 진정되지 않은 채 그 상태에 아직도 머무르는 것같이 느낀다. 그 일과 조금이라도 연관되어 있을 법한 정황이나 조각 신호가 오면, 바로 그 순간으로 돌아가 같은 수준의 각성이 일어난다. 그만큼 빨리 대처해야 이전처럼 타격을 받지는 않을 것이라 믿기 때문이다.

도돌이표 같은 되새김질은 잠을 자는 동안에도 멈추지 않아서 그 사건에 대한 악몽을 꿀 수도 있다. 낮에 잠시 방심하고 있을 때 플래시백처럼 사건의 이미지가 떠오르기도 한다. 모든 걸 잊어버리고 다음으로 나아가고 싶지만 스트레스 사건이 껌같이 머리에 붙어서 좀처럼 떨어지지 않는다. 다시 떠올릴 때마다 기억은 더 또렷할 뿐이다.

회피

생각에 셧다운이 일어나서 그 일이 일어났다는 사실을 아예 잊어버리는 것을 회피avoidance라고 한다. 정신분석적으로는 '부정'의 방어기제라고 하기도 한다. 혹은 스트레스와 연관될 만한 공간이나 맥락이 있는 요소를 보면서, 지난 일을 다시 연상시킬 만한 곳은 적극적으로 피하며 가지 않으려고 한다.

터널 안에서 교통사고를 당했는데 한참 후에야 소방관이 구조해줘서 빠져나온 적이 있는 사람은, 이후 터널에 들어가는 것을 두려워할 수도 있다. 버스에서 공황 증상을 경험한 사람 중에는 명절에 고향에 갈 때 아무리 힘들어도 자동차를 몰고 가지 고속버스를 타려고 하지 않는 경우도 있다.

회피의 다른 기능은 스트레스 상황에서 벗어나 안전거리를 확보하는 것이다. 보이지 않는 존재가 되고 싶어한다. 억울하고 말이 안 되는 상황에 처해도 갈등 상황에 맞서기보다 그냥 지나친다. 순응의 단계로 넘어가는 경우도 있다.

남편의 칼에 찔려 병원에 실려 온 여자에게 왜 그렇게 오랫동안 맞고 살았냐고 물었을 때, "가끔 술을 마실 때는 때리지만, 그러지 않을 때는 좋은 사람이에요. 내가 신고하지 않겠다는데, 왜 선생님이 경찰을 부르겠다는 거예요?"라며 도리어 반문하는 경우도 있다. 스트레스에 압도된 학대 피해자가 거리를 두며 상황을 회피하다가, 그 상황에 오랫동안 순응해서 산 결과였다.

해리

스트레스에 의한 반응은 주로 몸으로 느껴진다. 심박수가 올라가서 심장이 벌렁벌렁해지고, 호흡이 가빠지며, 손발이 저릿하는 마비 증상도 경험한다. 그런데 스트레스의 정도가 너무 강해서 심장이 터질 것 같거나 숨이 막혀 곧 죽어버릴 것 같다면?

그럴 때는 아예 스트레스 자극과 내 반응 사이의 연결 고리를 끊어버리는 것이 낫다. 전기오븐으로 케이크를 구우면서 바로 옆의 전자레인지를 같이 돌리고, 덥다고 에어컨까지 켜면 두꺼비집이 자동으로 작동해서 집 전체의 전원이 꺼져버리며 모든 전기기구가 멈추는 것과 같다.

이를 심리학 용어로 '자신의 생각, 기억, 감정, 신체감각 등이 정상적으로 통합되지 않고 분리되는 현상'인 해리dissociation라 한다. 의식과 기억, 정체성, 지각 등이 자기 자신과 단절되어 분리되는 심리적 상태를 경험하는 것이다. 자기 자신이 아닌 것 같은 느낌이 드는 이인화depersonalization, 처음 와보는 낯선 곳에 던져진 듯 현실이 영화 속 한 장면같이 느껴지는 비현실감derealization, 특정 시간과 장소에 대한 기억상실도 해리의 증상 중 하나다. 감당할 수 없는 고통에서 벗어나기 위해 뇌가 '현실에서 자신을 분리시켜버리는' 상태로 스스로를 피신시키는 것이다.

어릴 때 심한 학대를 당한 사람, 전쟁 중 포로로 잡혀 고문을 받은 사람, 성폭력을 당한 사람 등은 해당 상황 중에도 이런 경험을 하지만, 상황이 끝난 다음에도 일상에서 경험하는 스트레스가 어느 수준 이상이 되면 반복적으로 해리를 경험한다. 계속 두들겨 맞으면서 공포와 고통을 경험하느니, 현실과 마주해서 고통을 인식하는 뇌와 자기 몸 사이의 연결을 일시적으로 중단해버리는 응급조치가 바로 해리다.

경직

어떤 사람의 경우에는 개나 쥐와 마주쳤을 때 너무 놀라 그 자리에 멈춰 선 채 도망가지도, 쫓으려고 덤벼들지도 못한다. 해리가 일종의 '유체 이탈'이라면, 경직freezing은 그냥 사고능력이 멈춰버려서 몸에 더 이상 명령을 내리지 못하는 컨트롤타워의 마비 상태다.

더 나아가 생존과 연관된 반응으로 해석하면, '차라리 죽은 척하는 것이 낫다'는 전략이다. 이때는 우리 몸 안의 미주신경이 역할을 한다. 과도한 스트레스가 오면 미주신경이 작동해서 근육을 마비시키고, 감정을 차단해서 움직이지 않게 한다. 고통도 덜 느끼고 비명도 지르지 않으며 발버둥 치지도 않는 무감각 상태가 되면, '죽고 나서 꽤 시간이 지난 사체'로 보고 포식자가 그냥 둘 가능성도 있기 때문이다.

편도에서 위협을 감지하면 교감신경계를 통해 부신에서 아드레날린이 분비되는 방식으로 스트레스 상황에 대응하는데, 일반적인 '싸울까 도망갈까'의 수준을 넘는다면 제3의 길을 선택한다. 싸우거나 도망가는 것으로는 생존확률이 높지 않을 것이라 여기면, 위협에 반응해 즉각적인 방어 행동을 하는 자율신경계 제어 중추인 중뇌의 배측수도주위회백질dorsal periaqueductal gray이 작동해서 차라리 셧다운을 하는 게 낫다고 여기고 모든 시스템을 세워버리는 경직 반응이 일어난다. 실제로 심박수가 줄고 호흡이 느려지며, 근육은 경직되어 죽은 것처럼 보인다. 죽은 동물은 상했을 수 있으니 포식자가 그냥 지나칠지도 모른다는 실낱 같은 희망이 현실화된 것이다. 생각도 멈춰서 아무것도 할 수 없다는 인식에 꽂힌다. 괜한 판단으로 움직여서 도망가거나 덤비는 것을 아예 못하게 머리를 셧다운해버린다. 최악을 피하기 위한 차악의 선택인 셈이다.

이런 전략적 동물 반응은 인간의 영역에서도 일어난다. 머리가 서버려 아무 생각이 나지 않는다고 할 때다. 인지적 경직이 일어난 셈이다. 그 정도까지는 아니지만 낮은 수준에서도 경험할 수 있다. 멍하고, 상황 파악이 안 되며, 결정을 내리기 어려운 것과 같은 상태다.

너무 어이없는 상황에 처하거나 스트레스가 반복되면, 처음에는 분노하고 가슴이 벌렁거리며, 화가 나거나 눈물이 찔끔 나고, 친구에게 이야기해서 함께 대처하자며 소리를 높인다. 그러나 스트레스 수준이 올라가서 도저히 감당할 수 없다고 생각되고 자신이 갖고 있는 모든 에너지가 바닥을 드러내고 있다고 여긴다면, 뇌는 생존을 위해 본능적으로 차라리 죽은 듯이 있는 게 낫겠다는 선택을 내린다. 이럴 때는 모든 일에 무감각해지고, 외부에서 벌어지는 사건에 감정이 느껴지지 않으며, 거리를 두고 보기만 하면서 무관심한 상태가 된다. 처음에는 감각이 곤두서서 잠이 오지 않았는데, 이제는 자도 자도 졸려서 그냥 잠만 자고 싶은 욕구가 강해지며, 귀나 코, 눈과 같은 감각기관이 둔해진다. 이 시기를 지나고 나면 결국 남는 감정은 무력감, 절망, 체념이다.

만일 지금 궁지에 몰려서 반추 또는 회피 상태이거나, 해리를 경험하거나, 아예 사고 자체가 전혀 되지 않는 경직의 상태라면 무척 위험한 수준의 스트레스에 처했고, 현재 자신의 대응능력이 한계에 매우 가까운 수준의 위협을 경험하고 있다고 봐야 한다. 그럴 때 동원하는 비상 장치들이기 때문이다.

유전자에 각인된 스트레스

날 때부터 전기를 두려워하는 사람, 말하자면 '전기 공포증'이 있는 사람을 본 적 있는가? 아마 들어본 적 없을 것이다. 그렇다면 평생 뱀에게 물리거나 뱀 때문에 놀란 적 없는데도 뱀이 싫고 무섭다는 사람은? 흔히 본다. 왜 그럴까?

진화론적 설명은 이렇다. 조류나 포유류가 새끼일 때 뱀이나 도마뱀과 같은 파충류를 만나면 죽을 확률이 높다. 그래서 한번 경험한 것을 학습해서 다음에 피하면 된다고 여기는 전략은 효과적이지 않다. 이미 죽거나 심각한 상처를 입은 다음이기 때문이다. 그러니 조류나 포유류는 어린 새끼 수준의 미약한 존재일 때부터 파충류를 천적이라고 인식하는 것이 낫다. 왜 위험한지 경험하고 학습하는 것보다는 이유는 모르지만 그냥 위험하다고 느끼고 반응하도록 하는 게 안전하다. 그래서 한마디로 유전자에 각인한 채 태어나는 것이다.

어딘가에 갇히거나 높은 곳 또는 병원처럼 피를 자주 보는 장소에 가는 것을 극도로 두려워하는 사람들이 있다. 이 역시 경험해보지 못했지만 동물에게 위협을 알리는 신호라고 태어날 때부터 입력된 장치들이다. 사람에 따라 이런 신호에 민감한 사람과 그렇지 않은 사람이 있다. 민감한 사람이 우연히 갇히거나 높은 곳에서 놀랄 일을 겪고 나면 폐소공포증이나 고소공포증이 생길 수 있다. 폐소공포증 때문에 MRI 기기 안에 들어가지 못하는 사람, 폐소공포증과 고소공포증이 합쳐져서 비행기 타기를 극도로 두려워하는 사람이 생각 외로 무척 많다. 심지어 놀랄 일이 한 번도 없었는데 생긴 경우도 흔하다.

하지만 전기 공포증은 존재하지 않는다. 전기가 우리 일상에 들어온 것은 100년이 조금 넘었을 뿐이다. 그래서 심한 감전사고가 있어도 전기 공포증이 있는 사람은 잘 생기지 않는다.

만일 이렇게 수천 년 동안 진화적으로 이득이라 여겨져 갖고 태어나게 해줄 만한 일은 아니지만 매우 혹독한 상황이 반복되며 장기적으로 이어질 것으로 믿어 의심치 않는다면, 매번 새롭게 스트레스 반응을 하기보다는 아예 몸과 마음에 구조적 변화를 주도록 살아가면서 전반적인 기본 입력값을 바꾸자고 결정하게 된다.

어린 시절의 학대가 더 위험한 이유

아주 어릴 때 반복적으로 학대를 당했거나 방임된 채 오랜 시간을 보냈다면, 이런 매우 위험한 상태가 오래 지속될 것이라 여긴 아이의 뇌는 이 극심한 스트레스에 대처하거나 회피하는 방향으로 회로를 재배열한다.

우리는 모든 유전자 세팅이 100% 정해진 채 태어난다고 여긴다. 하지만 태어난 다음에도 DNA의 표현은 작은 화학구조의 변화를 통해, 원래 갖고 태어난 유전자가 프로그램된 결과물과는 다른 방향으로 작동할 수 있다. 그중에 하나가 DNA의 유전자 프로모터 부위에 메틸기라는 작은 요소를 탈부착하는 '메틸화methylation'다. 메틸화를 통해 특정 유전자의 작동을 멈추게 하거나, DNA가 감겨 있는 단백질(히스톤)의 구조를 바꿔 그 유전자의 발현을 억제하거나 촉진한다. 이를 후성유전학적 변화epigenetic changes라고 한다. 타고난 염기서열의 변화 없이 유전자의 발현을 조절하는 생물학적 메커니즘이다. 아주 어릴 때 학대와 방임을 경험한 경우, 이 기전이 작동해서 유전자 발현이 변화되어 청소년기 이후에 우울증이 발생할 확률이 올라간다.

이런 메틸화에 민감하고 취약한 시기가 있는데, 특히 어린 나이일 때다. 이때 환경적으로 장기간 스트레스를 받게 되면 스트레스 관련 유전자(GD, FKBP5)에 후성유전학적 변화가 생긴다.

또 스트레스 조절 유전자인 BDNF 등의 발현이 메틸화로 억제되고 그 결과 스트레스 해소 능력이 감소하여 사소한 자극에도 과잉 반응한다(학대가 지속되니 처음부터 과하게 적극적으로 방어하겠다는 구조적 전략을 세운 것이다). 그리고 이를 막아오던 전전두엽의 억제 기능은 약화된다.

BDNF 유전자가 메틸화되면 뇌의 신경가소성이 저하되면서 회복 능력이 떨어지고, 전전두엽과 해마 사이의 연결이 약화되어 감정조절을 잘 못 하게 된다. 그 결과 성인기가 되면 학대가 다 사라진 다음인데도 불구하고, 다른 사람에 비해 일상의 스트레스에 과도하게 반응하고 충동을 잘 억제하지 못해서 자살사고와 같은 극단적 생각이나 행동으로 쉽게 이동한다.

후성유전학적 변화가 아주 어릴 때 빈번한 이유를 생각해보면 이렇다. 유전자 세팅을 잘 해서 태어났는데, 막상 세상으로 나와 보니 세팅했던 것에 맞지 않는 힘든 일들이 마구 생긴다. 거기다가 몇 년 동안 이어지고 있다. 앞으로 남은 시간 동안 이 환경에 적응해서 생존하려면 단지 스트레스의 반응성을 조절하는 것만으로는 부족하다. 그러니 아예 기본 프로그램을 재구성하는데, 이는 유전자 수준까지 내려간다. 단기적이고 일시적으로 반응하는 것이 아니라, 구조적으로 어떤 상황에도 이제는 반응을 달리 하도록 기본 설정을 바꾸는, '환골탈태'를 하는 것이다.

문제는 청소년기, 성인기에 이르러서는 상황이 나아질 수도 있다는 점이다. 어릴 때 생존능력을 높이기 위해서 메틸화로 미세조정을 한 유전자 발현의 변화가 도리어 정신질환의 원인으로 작동하는 불행한 일이 벌어지는 것이다. '그때는 맞고 지금은 틀리다'는 명제가 작동한다. 당시에는 살기 위해서 부착한 메틸이 성인이 된 다음에는 반대로 부정적 요소가 되어버릴 수 있다.

2009년 캐나다 토론토대학교 세포시스템생물학부 패트릭 맥고완Patrick O. McGowan 등은 자살한 성인 24명의 해마 조직을 어릴 때 학대당한 경험이 있는 사람과 없는 사람으로 나눠서 비교 분석했다. 그 결과 학대당한 그룹에서 해마의 NR3C1 프로모터 유전자의 메틸화가 증가해서 NR3C1 유전자의 발현이 현저히 감소된 것을 발견했다. 그로 인해 뇌의 스트레스 반응 조절 기능이 약화되어 코르티솔의 수용체 기능이 감소되어 있었다. 그래서 스트레스에 민감하게 반응하고 정서 조절이 안 되어 자살에 이르렀을 것이라 보았다.[5]

대대로 이어지는 스트레스

이렇게 어릴 때 겪은 장기 스트레스가 성인기에까지 이어지는 것을 넘어서, 엄마의 스트레스가 태아를 통해 대를 이어 다음 대로 이어지기도 한다.

1998년 1월 캐나다 남부 도시인 몬트리올 부근에 있는 몽테리지 등에 5일 동안 엄청난 양의 얼음비가 내려서 나무가 쓰러지고 전주가 넘어지면서 전력선이 끊기는 일이 발생했다. 그 결과 300만 명 이상이 사는 지역에 대규모 정전이 일어나 수천 명이 대피소 생활을 하였고, 한겨울에 최장 45일간 전기 없이 생활해야 했다. 콩코디아대학교와 맥길대학교의 연구진은 '프로젝트 아이스 스톰Project ice storm' 팀을 구성해서 그 당시 임신 중이던 여성들을 찾아내어 그들이 출산한 아이들의 변화를 장기간 추적해보았다.

10여 년이 지난 2014년의 발표에 따르면 이때 임신 중이던 여성들은 극심한 스트레스를 장기간 경험했는데, 이 스트레스가 태어난 아이의 유전자를 메틸화한 것으로 보였다. 면역기능과 관련한 유전자에서 메틸화가 일어나 스트레스 반응에 대한 면역 및 대사 기능이 달라져서 천식, 비만, 당뇨의 위험성이 증가했다. 더욱이 이후 아이들이 자라는 과정에서 어머니의 주관적 스트레스와 자녀의 유전자 메틸화는 연관이 없었다. 혹한기 재난이 메틸화에 영향을 미친 것이다. 프로젝트 아이스 스톰 팀의 연구는 임신 중 환경 스트레스가 후성유전학적 변화를 통해 자녀의 평생 건강에 영향을 미칠 수 있음을 세계 최초로, 대규

모로 입증한 연구로 평가받는다.[6]

스트레스 상황이 비교적 단기간이라면 우리 몸은 자율신경계와 내분비계를 이용해 적극적으로 방어한다. 그러나 환경이 오랫동안 가혹한 방향으로 전개되어 장기전을 해야 한다면, 우리 몸은 구조를 바꾸는 결정을 한다. 그리고 그 결정은 이후 수십 년 동안 이어지고, 엄마의 배 속에서 그 경험을 한다면 태아는 인식한 환경에 맞춰서 태어난 다음에 살아갈 준비를 한다. 그 구조는 태아가 세상에 나온 후 삶에 지속적으로 영향을 준다. 그래서 예로부터 어른들이 엄마 배 속에서부터 생명이 시작되는 거라며 태교를 중요하게 여겼고, 프로이트는 정신분석에서 어릴 때의 외상 경험이 어른의 정신세계에 영향을 준다고 경험적으로 설명했던 것이다.

3부

스트레스에 휘둘리는 사람 vs 스트레스 안 받는 사람

스트레스 심리학

1

나는 스트레스를
잘 받는 성격일까

스트레스란 내외부에서 일어난 사건이나 상황에 대해 생존확률을 높이고 적응을 잘하기 위한 자기 자신의 반응이다. 외부에서 일어난 스트레스 사건이 얼마나 중차대한 일인지 혹은 위협적인지의 여부뿐 아니라, 자신이 그 사건을 어떻게 인식하는지, 또 평소 어떤 태도로 대응하는지도 스트레스 사건에 대한 반응을 결정한다.

"애는 밖에서 난리가 나도 코 골면서 잘 것 같아"라는 평을 듣는 사람이 있는가 하면, 포항에서 지진이 일어나도 서울의 고층 빌딩에서 그 여진을 느끼는 사람도 있다. 전자가 성격적으로 스트레스에 둔감한 사람이라면, 후자는 매우 민감한 사람이다. 스트레스에 둔감한 것이 무작정 좋은 건 아니다. 마치 이가 썩고 잇몸이 무너지고 있는데도 치아 상태를 모른 채 지내다가 치과에 가서 "왜 이제 왔어요? 다 빼고 임플란트 하셔야겠어요"라는 말을 듣는 사람과 같다. 금강불괴같이 단단한 몸도 꼭 좋은 것만은 아니다. 그러다가 부러져버리니까 말이다.

하지만 아무래도 삶이 불편한 사람은 스트레스에 민감한 사람일 것이다. 한가로이 풀을 뜯어 먹던 토끼가 저 멀리서 바스락 소리만 나도 먹는 것을 멈추고 귀를 쫑긋 세운 채 혹시 늑대가 나타난 것이 아닌지 한참 두리번거린 다음에야 겨우 다시 먹는 모습을 상상해보자. 5분마다 한 번씩 먹다 말고 안전을 확인해야 한다면 언제 풀을 먹고 배를 채우겠는가. 게다가 긴장을 일정 수준 이상으로 하고 있으니 장운동도 원활하지 않을 터라 애써 배로 집어넣은 풀도 다른 토끼들과 달리 제대로 소화시키지 못해 영양 공급도 잘되지 못할 위험이 있다.

이와 같이 성격 특성은 왜 누구는 스트레스에 민감하게 반응하고 누구는 그렇지 않은지 그 개인차를 만드는 데 영향을 미친다.

빅5 성격유형

아주 어릴 때부터 관찰되고, 자라면서도 사라지지 않고 꾸준히 유지되는 성격유형을 5개로 나누어 설명하는 '빅5 성격유형

big 5 personality'이라는 것이 있다. 대문자 약자를 사용해 'OCEAN 모델'이라고 쓰기도 하는데, 개방성Openness to experience, 성실성Conscientiousness, 외향성Extraversion, 친화성Agreeableness, 신경증Neuroticism 등 5가지로 나눈다. 사람의 유형을 5가지로 나누는 것이 아니라, 각각의 성격요소들이 조합을 이루는 것이라고 보면 좋다.

성격은 타고나는 것일까, 자라면서 만들어지는 것일까? 흔히 '천성과 양육' 중 어느 것이 더 주도적인 힘을 갖는 것인지는 여전히 논쟁거리다. 스트레스에 대한 반응도 성격에 따라 개인차가 있고, 그중 가장 많이 알려진 것이 이 빅5 성격유형이다. 1940~50년대에 심리학자 레이몬드 카텔Raymond B. Cattell이 통계적 요인분석으로 16가지 성격요인을 찾아낸 다음에, 이후 1960년대에 대체로 5가지 정도 커다란 범주로 나눌 수 있다는 이론을 확립했는데, 1980년대에 NEO-PI 등의 측정도구가 개발되며 지금의 5가지 유형으로 정해졌다.

첫 번째는 경험, 아이디어 등에 열린 마음을 갖는 개방성이다. 개방성이 높으면 호기심과 상상력이 많은 편이고, 낮으면 실용적이고 익숙한 것을 선호하는 성향을 갖는다.

두 번째는 자기조절능력과 관련한 성실성이다. 성실성이 높으면 끈기와 계획성이 높고, 낮으면 충동적이고 마무리를 잘하지 못한다.

세 번째는 대인관계와 관련한 외향성이다. 외향성이 높으면

빅5 성격유형

성격 요인	관련 개념	높을 때	낮을 때
개방성	새로움에 대한 수용도	호기심, 상상력 풍부, 새로운 시도	실용적, 보수적, 익숙한 것 선호
성실성	자기조절 능력	끈기, 계획성, 철저한 마무리	충동적, 마무리 부족
외향성	대인관계	사교적, 활기참, 에너지가 넘침	조용함, 혼자 있기를 선호
친화성	타인과의 협력	공감 능력, 타인을 신뢰함, 친절	경쟁적, 독단적, 자기중심적
신경증	부정적 정서, 불안	불안감, 감정 기복이 큼	정서적 안정, 침착함

사교적이고 활기찬 데 반해, 낮으면 조용히 혼자 있기를 선호한다.

네 번째는 타인과의 협력과 연관된 친화성이다. 친화성이 높으면 공감 능력이 좋고 타인을 쉽게 믿으며 대체적으로 친절하다. 낮으면 경쟁적이고 독단적이기 쉽다.

다섯 번째는 부정적 정서, 민감성과 관련한 신경증 성향이다. 이 성향이 높으면 불안감이 많거나 감정기복이 크며, 낮으면 정서적으로 안정적이다.

현재도 이 5가지 요인은 간결하지만 상당히 그 사람의 성격을 잘 예측한다고 평가된다. 또한 다양한 언어와 문화권에서 일관적인 특성을 보이고 있어 인간의 보편적 성격특성으로 인정받고 있다. 이 성격유형에서 타고난 천성의 영향은 40~60% 정도인 것으로 알려져 있고, 일반적으로 나이가 들수록 성실성-친화성은 올라가고, 신경증 성향은 적어진다고 한다.

스트레스와 가장 관련이 높은 것은 이름에서 드러나듯 신경증 성향이다. 신경증 성향이 강하면 작은 일에도 과도하고 민감하게 반응하고, 불안하고 우울한 감정을 쉽게 경험한다. 한편 대인관계와 연관된 친화성이 높은 사람은 자기주장을 하기보다는 친한 관계를 유지하려는 욕구로 인해 무리가 되어도 타인의 요구를 거절하지 못하고 같은 상황에서도 남들보다 더 스트레스를 받는다.

성실성이 낮은 경우에는 치밀하게 계획 세우는 것을 어려워하거나 스트레스 대처에 전략적이지 못해 우왕좌왕하기 쉽다.

외향성이 떨어지는 경우 감정표현을 잘 하지 못하고 좀처럼 주변에 도움을 청하지 못해 스트레스에 취약할 가능성이 있다. 친화성이 너무 낮아도 사람들과 관계 맺는 것을 어려워하고 외곬로 지내다가 큰 스트레스에 무너질 위험이 있다.

마지막으로 개방성은 창의성이나 새로운 경험에 대한 호기심과 관련되어 있는데, 5가지 성격유형 중에서 스트레스와의 직접적 관련은 가장 적다고 알려져 있다.

이런 성향은 3~5세 시기의 낯가림이나 작은 감정기복, 새로운 것에 대한 호기심 등을 통해 아주 초기에 관찰이 가능하고 초등학교 저학년부터는 대략 측정할 수 있는데, 이때 평가한 성격유형은 청소년기에 안정적으로 자리 잡아 어른이 되면 거의 비슷한 구조로 확립된다.

성격유형은 20대 후반이나 30대 초반에 거의 그 상태로 완성된다고 보고 있다. 20대 초반에는 사회에 나가서 경험하는 일들이 영향을 줘서 내향적인 사람에게 외향성이 강화되기도 하고, 좋은 친구를 만나는 경험을 하면서 대인관계의 개방성이 늘어나기도 한다. 하지만 30~40대에는 경험이 성격에 영향을 주는 일은 제한적이어서 기존의 성격이 안정적으로 유지되어, 대체로 노년기까지 이어진다.

스트레스와 가장 연관이 많은 신경증 성향은 중장년기 이후 노년기로 가면서 다소 낮아지는 경향이 있다. 세상 경험이 늘고 자기 성찰을 많이 하면서, 더 나아가 자율신경계의 반응성이 어느 정도 감소하면서 일어나는 결과인 듯하다.

나이가 들면서 친화성과 성실성은 증가하고, 외향성과 개방성은 다소 감소한다. 성실해지고, 세상에 대해 허용적이고 여유가 생기며, 새로운 것에 대한 호기심은 줄어들고, 만나던 사람과 익숙한 공간에서 안정적으로 지내는 것을 선호하는 것이 나이 들기의 특성이다. 그러므로 젊을 때에 비해서는 같은 스트레스 상황을 만나더라도 덜 놀라거나 무서워하며, 담대하게 대응하거나 유연하게 대처하며, 가까운 이들에게 기꺼이 도움을 청하면서 상황을 견뎌내고 넘어간다.

스트레스에 취약한 성격유형

빈틈없이 자기가 맡은 일을 잘 해내고, 실수를 용납하지 않고 주도면밀하게 일처리를 하는 사람을 보면 내심 부럽다. 그런데 완벽주의적 성향을 가진 사람도 스트레스에 민감하다고 알려져 있다.

한 연구에서는 독일의 중등학교에서 근무하는 118명의 교사를 모집해서 이들의 완벽주의적 성향과 '완벽해야 한다'는 자기 압박감, 그리고 실수에 대한 부정적 반응을 조사해보았다. 참가자들은 경력 20년에 평균 나이가 47세였다.

완벽을 추구하는 것은 활동적으로 대처하고 위협을 덜 느끼는 데 도움을 주지만, 실수에 대해 부정적인 반응을 강하게 보이면서 완벽함이 훼손되었다고 느끼는 경향이 컸다. 완벽을 추구할수록 외부 자극을 강한 스트레스로 느끼며 위협으로 인식해서 회피하려는 성향이나 번아웃의 위험이 높았다.[1]

이런 경향의 사람들은 "60점만 넘으면 됐어"라는 만족주의를 용납하지 못한다. 모든 일에 100점을 받아야 하며, 95점도 실패라고 여긴다. 실수를 두려워하고 실패의 정의가 너무 편협해서 한두 개의 감점 요인도 참을 수 없어한다. 이와 비슷한 유형이 통제광이다. 이 역시 완벽주의에서 파생된 특성이라고도 할 수 있는데, 이들은 자기가 하는 일이나 주변 관계가 처음 계획한 대로 이루어지고 진행되어, 원하는 결과가 나와야 한다고 굳게 믿는다. 그래서 진행 중에 계획에 없는 돌발 상황이 생기면 유연히 대처하거나 받아들이기보다는 당황스러워하거나 주변을 원망하면서 책임을 타인에게 돌린다. 돌발 상황을 일어날 만한 일이 일어났다고 보기보다는 계획의 실패나, 통제하지 못해 생긴 대혼란의 시초로 보고 큰 스트레스로 인식한다.

양심적인 사람도 의외로 스트레스를 많이 받는다. 정신분석적으로 말하자면 초자아가 강하게 작동하는 경우다. 일반적으로 우리는 '잘되면 내 덕, 안 되면 상황 탓'을 하는 약간의 자기애를 가지고 세상을 살아간다. 그렇지만 초자아가 강한, 매우 양심적이고 착한 사람은 일이 잘못되면 미리 알아보지 못한 것에 대한 책임으로 죄책감을 느끼기 쉽고, 실은 자신과 무관하거나 자신에게 거의 영향을 미치지 않은 일인데도 불구하고 책임을 통감하며 자책한다. 참 착하고 양심적이며 남에게 해코지하지 않는 좋은 사람이지만, 책임감이 강하다 보니 주변에서 일이 제대로 굴러가지 않는 것에 대해서도 쉽게 스트레스로 인식하고 힘들어하는 경향이 있다. 책임질 필요가 없거나, 연관되긴

했지만 직접적이지 않은 일도 결과가 나쁘면 자기 때문이라고 여기는 경향이 강할수록 스트레스를 많이 받는다. 자신보다 타인이나 조직을 먼저 생각하는 것은 사회적으로 좋은 태도이지만, 당사자는 힘들 수밖에 없다.

다른 사람의 입장에서 느끼고 생각하는 공감 능력이 좋은 것도 꼭 바람직한 것만은 아니다. 스트레스로 작동할 때도 많기 때문이다. 도리어 남에게 무관심하고 자기만 아는 사람이 스트레스를 덜 받는다. 자기애로 똘똘 뭉친 사람은 남이 어떻게 되든, 상황이 어떻게 빠그라지든 자기 이익이 침해되지만 않으면 되니, 그런 손익의 측면이 아니면 관심을 끄고 살아서 스트레스에는 대범한 편이다. 그에 반해 평소 타인의 감정을 잘 읽고 느끼고 반응하는 데 익숙하고, 주변 분위기가 싸늘해지면 먼저 느끼고 '남의 처지를 자신의 것으로 인식해 남의 관점으로 보는 데' 익숙한 공감 능력이 좋은 사람은 쉽게 스트레스를 느낄 수 있다. 그런 사람은 TV 다큐멘터리를 보다가도 어렵게 사는 사람이 나오면 눈물을 흘리며 펑펑 울기도 하고, 직장에서 다른 동료들끼리 갈등이 생겨 분위기가 험악해지고 긴장감이 감돌면 자신과 상관이 없는 일인데도 불구하고 얹히거나 토할 듯한 기분이 들고 가슴까지 두근거린다. 공감을 잘하는 것이 스트레스의 측면에서는 마냥 좋은 것만이 아니다.

이와 같이 성격 특성은 어릴 때부터 스트레스에 대한 인식과 반응성에 영향을 준다. 그렇다면 어떤 생각과 판단, 반응이 스트레스에 취약하고 민감하다고 할 수 있을까? 여러 체크리스트 중에서 공통적으로 제시되는 것들을 추려보면 다음과 같다.

스트레스 민감도 체크리스트

1	작은 일에도 자주 걱정이 많아진다.	0 1 2 3
2	일이 조금만 계획과 달라져도 크게 불안해진다.	0 1 2 3
3	실수나 실패에 대해 쉽게 자신을 비난한다.	0 1 2 3
4	피드백이나 지적을 받으면 과도하게 상처받는다.	0 1 2 3
5	스트레스 상황에서 회피하거나 미루는 일이 많다.	0 1 2 3
6	자주 긴장되고, 근육이 뻣뻣해지거나 두통이 생긴다.	0 1 2 3
7	'완벽하게 하지 못하면 의미 없다'는 생각을 자주 한다.	0 1 2 3
8	내 감정을 남에게 잘 표현하지 않고 억누르는 편이다.	0 1 2 3
9	스트레스를 받으면 수면, 식욕에 변화가 생긴다.	0 1 2 3
10	나 자신을 긍정적으로 바라보기가 어렵다.	0 1 2 3

만일 총점이 20점 이상이면 평소 일상적인 자잘한 스트레스도 불편할 정도로 인식하면서 불안 증상이라고 할 만한 것을 경험하는 사람일 가능성이 높다.

민감한 사람의 좋은 점

약간 다른 측면에서 주목받는 성격유형이 있다. '매우 민감한 사람highly sensitive person'을 뜻하는 HSP이다. 1990년대 엘레인 아론Elaine N. Aron이 제안한 개념으로, 다른 사람보다 훨씬 민감하게 타인의 감정, 환경에서 오는 자극, 사회적 상황에 반응하는 타고난 기질을 가진 사람을 일컫는다.

이런 유형의 사람은 점심을 같이 먹으러 가자고 제안했는데 직장 동료가 바쁘다고 거절하면 '많이 바쁜가 보네'라고 여기지 못하고 '혹시 내가 실수한 게 있나' 하고 깊이 생각한다. 그러면서 상대가 자신을 대할 때 표정이 굳었고 눈을 0.5초 정도 적게 맞췄다고 분석한다. 이렇게 찰나의 순간이라 놓칠 수도 있는 감각정보를 많이 해석하고, 복잡하게 처리하며, 디테일에 집착하는 유형을 '감각처리 민감성'이 있다고 말한다. 이런 사람은 붐비는 장소에서 생활소음이 많으면 다른 사람들에 비해서 쉽게 불편해한다. 냄새, 소리, 빛과 같은 일상적 수준의 감각 신호들에 과자극되는 것이다. 그러니 그냥 노출된 것만으로도 지쳐버리기 일쑤다. 타인의 기분에 남들보다 강하게 반응하고 감정이입해서 감정 반응을 한다. 예술, 음악, 문학 작품에 아주 쉽게 몰입하고 감동한다. 다른 사람은 무심하게 넘어가는 분위기, 목소리의 변화, 주변 공기의 변화를 잘 포착한다.

HSP는 위에서 언급한 신경증적 성향, 내향인과 비슷하지만 이들 중 30%는 외향적 성향을 가진 사람들도 있다. 이건 기질적인 부분으로 치료가 필요한 진단명은 아니다. 그렇지만 무던한 사람들에 비해서 자잘하게 넘어가도 될 만한 것들을 의미 있는 정보로 인식하면서, 하나하나 평가하고 해석하며 반응하니 쉽게 피곤해지고 늘 긴장을 늦추지 못할 것이기는 하다.

평소 민감한 기질이라 주변 환경의 작은 변화를 잘 인식하고 반응하는 사람은, 사는 게 조금 불편하겠지만 인간관계에서 눈치 빠르게 행동하고, 무모하고 충동적이기보다 신중하게 판단하고 행동하며, 안전을 우선으로 하는 장점이 있다.

이렇게 자잘한 일상의 스트레스도 생명의 위협이 되는 일이라고 여기면서 쉽게 긴장하고 잘 놀라는 타입의 사람을 진료실에서 만나면 나는 소박하게나마 이런 위로의 말을 전한다.

"지금은 사는 게 답답하겠지만, 전쟁이나 재난이 생기면 제일 먼저 알아차리고 가장 멀리 도망가서 깊은 곳에 끝까지 숨어 있다가 마지막에 밖으로 나올 겁니다. 제일 안전하실 거예요."

무의식은 어떻게
스트레스를 방어할까

세상에서 벌어지는 일에 대해 우리가 모두 제대로 인식하고 파악해서 판단하고 반응하는 건 아니다. 그냥 느낌만으로 일단 반응부터 할 때가 있다. 흔히 '감이 좋다', '촉이 온다', '쎄하다'라고 표현하는 경우다. 흥미롭게도 영어로는 장에서 느껴진다는 의미로 'gut feeling'이라고 표현한다. 객관적 용어로는 '직관in-tuition'이라고 하는데, 라틴어로 '안쪽in'을 '바라본다tueri'라고 하는 것으로 보아 비슷한 맥락에서 만들어진 단어로 보인다.

이 직관 혹은 감은 스트레스 상황에 닥쳤을 때 '뭐라고 설명하기는 어렵지만 위험으로 느껴져서 일단 피하고 보자'고 판단을 내리는 데 도움을 주기도 한다.

스트레스를 걸러내는 직관의 힘

1984년 에베레스트 등정에 도전한 존 뮤어는 마지막 정상 도전을 목전에 두고 이유 없이 울렁거리고 몸이 처지는 기이한 경험을 했다. 지금 멈추면 올해의 등반이 실패로 끝나지만 그는 하산을 결정하고 팀원들에게 통보했다. 그의 제안을 반대한 팀원 두 명은 등반을 계속했는데, 이후 강한 바람에 미끄러져 사망하고 말았다. 뮤어의 결정은 '무의식적 정보를 학습하고 생산적인 방식으로 활용해 더 나은 결정이나 행동을 끌어내는 능력'인 직관이 뇌를 거쳐 내부 수용감각에 신호를 보낸 것에 반응한 덕분이었다.

이렇게 스트레스인 줄 모르고 왠지 싸하게 느껴지는 것에도 주의를 기울여야 한다. 생존을 위해 직관이 먼저 이야기하는 신호는 자칫 모르고 넘어갈 위험에서 자신을 안전하게 지켜준다. 이 사례를 소개한 조엘 피어슨Joel Pearson의 《더 좋은 결정을 위한 뇌과학》은 더 나은 직관을 갖추기 위한 방법을 제안한다.

피어슨은 직관의 규칙을 '자기 인식, 숙련도, 충동, 낮은 확률, 환경'을 지칭하는 단어의 앞 글자를 따서 'SMILE'이라는 약어로 정리했다.

- **S**　Self-awareness (자기 인식)

- **M**　Mastery (숙련도)

- **I**　Impulses (충동)

- **L**　Low probability (낮은 확률)

- **E**　Environment (환경)

간단히 설명하면 이렇다. 먼저 감정이 우리의 판단에 영향을 미친다는 것을 인정해야 한다. 흥분, 두려움과 같은 감정에 따른 판단을 직관으로 오해하면 안 된다. 피어슨은 차분한 감정 상태를 먼저 확인하고, 그때 오는 직관의 신호에 귀를 기울이라고 조언한다. 체스 마스터들은 설명하지 않고 실행하고, 복잡한 경기를 오랜 시간이 지나도 복기할 수 있다. 그만큼 숙달된 것들은 직관적 판단이 가능하다.

자신의 전문 분야는 이미 숙달된 것이니 직관이 잘 작동할 수 있으나, 다른 영역에서도 그만큼 직관이 통할 거라고 자만해서는 안 된다. 술이나 단것과 같이 도파민적 보상을 주는 것에 대한 갈망을 직관과 혼동해서도 안 된다. 자신에게 익숙한 환경이나 경험적 맥락의 친숙함은 직관적 판단에 영향을 준다. 환경이 바뀌면 재학습이 필요할 수 있다.

스스로 전문가라고 자신하는 사람일수록 이처럼 직관에 다양한 요소가 영향을 미친다는 것을 받아들여야 불필요한 실수를 줄일 수 있으며, 괜한 고집을 부리다가 큰 손해를 보는 일을 피할 수 있다. 나이가 들수록 자기 경험을 일반화하지 말아야 하고, 재빠른 판단을 조심하며, 자신이 틀릴 수 있다는 생각을 잊지 말아야 하는 이유이기도 하다. 직관은 언제든지 '편견'이 될 수 있기 때문이다.

무의식과 스트레스

이런 직관적인 반응을 더 깊이 들어가 고전적으로 설명한다면 정신분석이 된다. 결국 무의식이 작동해서 스트레스에 반응하는 것인데, 이를 방어기제defense mechanism라고 한다.

방어는 자아가 외부의 현실 세계에서 자신에게 벌어진 일, 그리고 내면에서 초자아의 요구와 충동적 욕구 사이에서 발생하는 갈등에 대처하기 위해 무의식적으로 작동하는 시스템이다. 지금 우리가 다루고 있는 내용으로 치환하면, 스트레스로 인식할 만한 내적·외적 상황이 발생한 것이다. 이때 프로이트는 '신호 불안signal anxiety'이라고 하는 시그널이 생기고, '의식에서 불안을 인식하는 것'이 아니라 신호 불안에 대한 반응으로 적절한 방어기제를 가져온다고 설명했다.

여기서 신호 불안은 불안이 느껴지는 게 아니라 불안할 만한 일이 벌어질 것 같다는 신호를 느끼는 것이다. 그리고 그 불안을 막기 위해 방어기제를 동원하는데, 적절하게 방어하지 못하면 그때 우리는 불안을 경험한다. 잘 방어하면 우리는 불안처럼 스트레스도 불편해하지 않고 넘길 수 있다. 물론 가장 쉽고 강력한 것은 스트레스나 불안으로 인식하지 않는 것으로, 프로이트는 이를 억압repression이라고 했다. 아마도 우리가 살면서 경험하는 스트레스의 90%는 의식 영역으로 올라오지 않고 억압되어 무의식 영역에 남은 채 상황이 종료될 것이다.

이렇게 프로이트가 이야기한 방어기제 개념은 그의 딸 안나 프로이트에 의해 심화·발전되었다. 그녀는 1936년에 출간한 《자아와 방어기제》에서 다양한 방어기제를 분류하고 체계화했다. 정신분석 용어에서 비롯해 일상에서 자주 사용되는 '부정, 승화, 합리화'와 같은 방어의 이름이 이 책에 정리되어 있다.

성숙한 방어기제, 미숙한 방어기제

한 사람의 성격은 '그 사람이 주로 사용하는 방어기제의 총합'이라고 정의하기도 한다. 그만큼 사람들은 각자 스트레스를 경험할 때 꺼내 쓰는 방어의 레퍼토리가 다르다. 어떤 사람은 주로 몸이 아파서 여기저기 쑤신다고 호소하는데, 실은 어딘가에 병이 생긴 게 아니라 지금 스트레스를 경험하고 있다는 의미다.

어떤 사람은 일단 화부터 내면서 소리를 지른다. 또 어떤 사람은 무척 억울하고 당황스러운 일을 겪었는데도 웃으면서 넘어간다.

이렇게 각자 방어기제를 활용하는 데 차이가 나는 이유가 혹시 성숙함과 연관된 게 아닐까 의문을 제기한 학자가 있었다. 1938년 미국 하버드대학교 의과대학의 알리 복Arile Bock 교수가 하버드대학교 재학생 268명을 모아서 일정 기간마다 평가했고, '무엇이 한 사람을 행복하고 건강한 인생으로 이끄는가'를 추적 관찰했다. 그들은 주로 백인이고 중산층 출신 남성이었다. '하버드 종단 연구Harvard Grant Study'라고 이름 붙여진 이 연구는 놀랍게도 지금까지 이어지고 있다. 연구를 재정적으로 지원한 백화점 재벌 윌리엄 그랜트William T. Grant의 이름을 따 '그랜트 연구'라고도 불린다. 1966년부터 이 연구를 맡은 하버드대학교 정신과 교수 조지 베일런트George E. Vaillant는 참가자들의 의료 기록, 심리검사, 인터뷰, 가족, 직업 등의 데이터를 꾸준히 모아서 사회적 적응과 삶의 만족도 등을 평가하고 분석하고 있다.

그 과정에서 연구진은 참가자들이 방어기제를 어떻게 쓰는지 관찰하고 평가했는데, 삶의 질과 성공은 당사자의 지능, 가정환경과 같은 출신보다는 방어기제의 성숙도와 더 연관이 많다는 걸 발견했다. 즉, 건강하고 잘 적응하는 사람일수록 그들이 분류한 성숙한 방어기제를 더 많이 썼고, 실패를 반복하거나

방어기제 성숙도의 4단계

성숙도 단계	주요 방어기제	특성
1단계 (병리적)	부정, 왜곡, 망상	현실 왜곡, 정신병 수준
2단계 (미성숙)	투사, 수동 공격, 신체화, 행동화	정서 조절 미숙, 대인 갈등 초래
3단계 (신경증적)	억제, 반동 형성, 전치, 지식화, 감동의 고립	비교적 적응적이지만 불완전
4단계 (성숙한)	승화, 유머, 이타주의	건강하고 생산적인 적응 방식

조지 베일런트, 《성공적 삶의 심리학》 참조.

스트레스로 인해 여러 가지 정신질환이 생긴 사람들은 미숙한 방어기제를 많이 썼다. 이 과정에서 베일런트는 방어기제를 다음의 4가지로 분류했다.

1단계인 병리적 수준의 방어를 주로 사용하는 경우는 자아의 기능이 약한 상태로 판단한다. 정신분석적으로 볼 때, 자아는 본능, 초자아, 외부 현실 사이의 힘겨루기를 잘 조절하며 적절한 수준에서 타협하는 역할을 한다. 병리적 수준의 방어를 하는 사람은 매우 강한 공격적 충동이 올라왔을 때 그걸 막아낸 결과가 '누가 나를 해치려고 한다'는 피해망상을 경험하는 방식으로 인식되는 것이다. 그래서 '자아 기능이 약하다'고 말한다.

이런 경향의 사람들은 현실을 부정하고 왜곡한다. 더 나아가 경우에 따라서는 상식에 기반해서 합리적 수준의 설명을 해도 흔들리지 않는 굳은 신념 수준으로 발전한 망상을 만들기도 한다. 현실에서 멀리 떨어져서 왜곡된 생각을 갖고 지내는 수준의 자아 기능이다.

2단계인 미성숙한 방어기제는 자기 잘못이라고 인정하지 못하고 남에게 책임을 넘기는 '투사'를 한다. 다섯 살 아이가 혼자서 뛰어가다가 돌부리에 걸려 넘어지면 엉엉 울면서 엄마가 잡아주지 않아서 그랬다고 화를 내는 것과 같다.

직장에서 일할 때 힘든 점이 많은데도 시스템이나 관계의 문제를 적극적으로 지적할 엄두를 내지 못하는 사람 중에는 누군가 일을 시키면 "네, 알겠습니다"라고 대답해놓고 정해진 기한 안에 일을 마치지 않고 마감일을 넘기는 경우가 있다. 이를 '수동-공격적 방어'라고 한다. 스트레스를 느끼지만 수동적으로 미적거리고 태업하는 것으로, 실은 못마땅하다는 심리를 표현하는 것이다.

스트레스로 인식하면 그게 어디서 온 무엇이고 어떤 상태인지 성찰하고 인식하기보다는 일단 아프다고 하는 사람도 있다. 배가 아프다거나 화장실에 가서 설사를 하기도 하고, 특정되지 않은 몸 여기저기가 아프다고 호소한다. 신기하게도 쉬는 날에는 별 증상이 없다. 이를 '신체화'라고 한다.

3단계인 신경증적 방어의 대표적인 것이 '억압'이다. 여기부터는 의식은 되는 경우가 많다. 어느 정도 현실 인식이 되고 사회적으로 기능을 하는 상태에서 스트레스를 불편하게 경험하지만, 그래도 적응은 해낸다.

화가 날 일이 있지만 꾹 참고 넘어가고(억제), 분통이 터지지만 회의실에서는 참고 나와서 집에 가는 길에 길가에 놓인 쓰레기통을 발로 차는 것같이, 직접 반응하지 않고 그보다 덜 위험한 수준인 쓰레기통이라는 무해한 곳에 분풀이를 한다(전치). 스트레스를 직접 감정적으로 느끼면 감당하기 어려우니 지적으로 설명하려 애쓰거나(지식화), 혹은 반대로 어떤 감정도 느끼지 않은 듯 로봇같이 감정과 기억을 분리하기도 한다(감정의 분리).

이에 반해 4단계인 성숙한 방어기제는 현실을 왜곡하지 않고, 스트레스를 감정적으로 잘 다루며, 갈등을 건강하고 창의적으로 해결한다. 미운 놈에게 떡 하나 더 주면서 '다 이유가 있겠지'라고 수용하면서 인정하는 '이타주의', 웃으면서 농담을 하고 넘어가는 '유머', 봉사활동이나 기부를 하는 이타적 행동으로 스트레스를 해결하는 '승화'와 같은 것들은 그저 좋은 일을 하는 게 아니라 실은 성숙한 이들이 스트레스를 해결하는 방법인 것이다.

이처럼 방어기제에 단계가 있다는 것은, 한 사람이 주로 사용하는 방어기제의 목록을 작성하는 것으로 그 사람의 마음의 건강함 혹은 자아의 기능 수준을 평가할 수 있다는 의미다. 스트레스 상황에서 주로 병리적이거나 미숙한 방어기제를 사용하는 사람과 성숙한 방어기제를 사용하는 사람은, 스트레스에 대응하고 적응하는 능력에서 큰 차이가 있다.

또, 평소 신경증적 방어기제를 사용하던 사람이라 해도, 무척 힘든 상황에 몰리거나 스트레스가 장기간 이어져서 정신적으로 소진되는 상황이 오면, 더 낮은 단계의 방어기제가 동원되기도 한다. 예를 들어 이런 경우가 있다.

회사 동료 A가 내 뒷담화를 하고 다닌다는 말을 듣게 되었다. 나와 갈등이 있을 만한 관계가 아닌데도 내 험담을 하고 다니는 것이다. 지난달 내가 승진했을 때 A가 승진 못 한 것이 아마도 영향을 미친 것 같다는 추측을 하게 되었다. 이때 웃으면서 "내가 부러웠나 보네"라고 혼잣말하고 넘어가거나, '욕을 먹었으니 오래 살겠어. 승진 턱을 내야 할까? 미운 놈 떡 하나 더 준다는데'라고 생각한다면 성숙한 방어기제를 사용하는 것이다. 그에 반해 'A가 나를 쫓아내려고 하는구나. 팀장과 같은 학교를 나왔으니 팀장도 한통속일 거야. 오늘 아침에 팀장이 내 인사를 받지 않은 것도 A와 같은 생각이기 때문이야'라는 망상적 사고를 하는 것은 병리적 방어에 해당된다. 누가 나를 미워한다는 불편감에 속이 쓰리고 소화가 안 되어서 내과를 찾아가게 되었다면 신체화 방어라는 미숙한 방어기제를 사용하는 것이다. 어느 것이 더 건강한 자아 기능을 발휘하는 것일까? 또 같은 사람이라도 평소에는 웃고 넘어가거나 이타적 생각을 했지만, 몹시 지쳐 있거나 신체 통증 등으로 스트레스가 누적되어 있을 때는 미숙한 방어기제를 사용할 수도 있다.

참는다고 해결되지 않는다

이렇게 의식과 무의식이 작동해서 스트레스를 인식하고 자동 적으로 방어기제를 동원해 해결하는 것이 대부분이다. 그렇지 만 분명한 것은 방어로 해결하지 못하고 의식에서 충분히 또렷 하게 경험하는 것들도 있다는 것이다. 이를 그냥 참고 넘어가는 것보다는 잘 표현할 줄 아는 것이 건강에 도움이 된다.

소극적이고 갈등을 회피하려고만 하는 사람들이 전형적으 로 스트레스를 잘 표현하지 못한다. 그런 사람들은 대인관계의 긴장도가 높을 뿐 아니라 언제나 불안해하고 쉽게 지친다. 그 에 반해 스트레스를 적절하게 잘 표현하는 사람은 상황을 0과 100이라는 흑백으로 보지 않고, 적절히 대처할 수 있다는 자신 감을 가지고 있다. 그래서 "이건 아닙니다", "좀 힘든데요"라는 말을 할 수 있다. 신기한 것은 그런 사람은 스트레스를 덜 받기 보다는 실은 스트레스로 인식하는 문턱이 높은 편이라는 것이 다. 전체적인 심리적 안녕감도 높고 대인관계도 잘 해내는 사람들이라 장기 스트레스에도 잘 버텨낸다.

그러므로 자신이 신뢰하는 사람에게 감정을 털어놓거나 일기를 쓰는 등 다양한 방식으로 감정을 표현하면, 마음이 한결 가벼워지고 스트레스가 줄어드는 효과가 있다. 스트레스와 연관된 감정과 생각을 억지로 억압하려 할수록 오히려 스트레스가 커질 수 있다. 그래서 행동 수정주의 심리학자들은 스트레스 관리의 적극적 방법으로 자기표현 훈련을 해보라고 한다. 스트레스 상황에서 자신의 감정이나 생각을 솔직하게 표현하도록 북돋고 연습을 해보라고 하는 것이다.

심한 스트레스 상황에서도 무던하게 자기가 맡은 일을 묵묵히 하는 것은 참 멋지고 좋다. 자잘한 것은 그냥 느끼지도 않고 넘어가게 역치가 높은 사람이 건강한 것도 사실이다. 그렇지만 '참고 또 참아라, 이 정도도 견디지 못하면 어떻게 하냐'며 스트레스를 표현하는 길을 막아놓는 것은 좋지 않다. 서로의 스트레스를 인정할 필요도 있다. 많은 경우 방어기제로 자동적으로 걸러지지만, 표현해야 할 때는 표현해야 건강이 유지된다는 것도 인정했으면 한다. 그러기 위해서는 편하게 스트레스를 표현할 수 있는 환경을 만들어주는 게 무엇보다 중요하다. 방어기제가 모든 것을 해결해줄 수는 없으니까 말이다.

3

만성 스트레스가
인지능력에 미치는 영향

아주 가난한 나라에 사는 사람을 떠올려보자. 하루에 2달러 정도 벌어서 하루 먹고 하루 사는 경제적 스트레스 속에 살고 있는 이들에게 "낙관적으로 생각하세요"라는 심리적 위안의 말은 배부른 소리일 뿐이다. 이때 한 기관이 나타나서 당장 6달러를 받는 것과 3개월을 기다린 후 18달러를 받는 두 가지 조건 중에 하나를 선택하도록 했다. 3개월 수익률 300%에다 잃을 것도 없는 무손실 조건이었다. 하지만 빈곤 상태에 있던 사람들은 당장의 6달러를 더 많이 선택했다. 실제로 방글라데시에서 이런 사회적 실험이 있었다.

스트레스 상황은 사람을 지치게 해서 여유가 없는 삶을 살게 한다. 아무리 마음을 굳게 먹고 버티려고 해도 힘이 부친다. 그러면 짜증이나 우울 같은 감정적 영역뿐 아니라 중요한 결정을 내리는 것, 희망이나 목표를 향해 나아가게 하는 의지력에도 영향을 미친다.

경제적 스트레스가 나쁜 선택을 하게 만든다

만성적 스트레스는 생리적 반응뿐만 아니라, 나와 내 주변 상황을 판단하고 결정하는 것과 관련한 사고, 집중력과 같은 인지적 영역에도 영향을 미친다. 이와 연관해서 심리학자 엘다 샤퍼 Eldar Shafir와 경제학자 센딜 멀레이너선 Sendhil Mullainathan은 《결핍의 경제학》에서 광범위한 연구를 소개하면서 빈곤과 같은 만성적 스트레스가 인간의 결정과 판단에 부정적 영향을 주는지 설명했는데, 이를 '자아 결핍 ego depletion'이라고 했다.

한 가지 일을 마치고 나서 숨을 돌리고 다시 에너지를 채운 후 다음 일을 하면 좋으련만, 쉬지 않고 쏟아지는 스트레스와 경제적 결핍으로 인해 마음의 짐을 지속적으로 지고 있을 때는 오늘 사용할 인지적 에너지의 공간 자체가 줄어드는데, 그들은 이를 '인지적 대역폭이 줄어들었다'고 설명했다.

이를 알아보기 위해 연구자들은 뉴저지의 쇼핑몰에서 자동차 수리비를 부담해야 하는 재정과 관련한 가상의 문제를 실험 참가자들에게 선택하게 했다. 비싼 수리비와 저렴한 수리비 사이에서 어떤 걸 결정할지 선택하는 인지적 부담을 스트레스 형식으로 준 것이다. 참가자 중 저소득층은 비싼 수리비를 제시받은 이후에는 추론과 작업기억 과제에서 좋은 성적을 내지 못하고 이전보다 떨어진 성과를 보였지만, 고소득층인 경우에는 비싼 수리비를 제시받은 다음에도 인지기능에서 이전과 차이가 없었다.

연구자들은 인도로 넘어가서 사탕수수를 경작하는 타밀나두주 농민들을 대상으로 실험을 진행했다. 그들은 추수 전과 추수 후 농부들의 생활에서 여유와 씀씀이가 달라지는 점에 주목했다. 농부들이 가난하다고 여기는 시기인 추수 전과 풍족하다고 여기는 추수 후로 나눠서 지능검사를 한 것이다. 학력 차이로 인한 지능검사 결과를 보정하기 위해 유동성 지능과 실행 제어라는 두 가지 인지기능 검사로 제한해서 비언어테스트로만 검사해보았다. 그랬더니 추수 전의 검사가 추수 후의 검사에 비해 25%나 낮은 점수를 받았다. 동일한 사람들인데도 실행 제어가 10% 더 느렸고, 실수를 15% 더 했다.

이와 같이 가난하다고 여기는 것은 경제적인 측면이지만, 실은 경제적 존재인 우리의 뇌에서 받아들이는 것은 먹을 것이 없다는 생존과 관련한 위협의 스트레스다. 그런 상황이 장기적으로 이어지면 인지적 대역폭이 줄어들어서 주변을 여유 있게 둘러보거나 자신에게 가장 적합한 선택이 무엇인지 생각할 수 없게 된다. 그래서 자신에게 손해가 되는 결정을 내리거나 근시안적 선택을 한다.

이들이 자꾸 나쁜 선택을 할 정도로 인지적으로 부족한 사람이라 결국 가난해진 것이 아니다. 가난한 상태가 지속된다는 것은 스트레스가 만연한다는 것을 의미한다. 이는 자아 결핍을 가져와 인지적 대역폭을 줄인다. 꼭 이 상황이 아닌 일이라 해도 한번 받은 인지적 부담에서 쉽게 헤어나오지 못하고, 그로 인해 자신에게 나중에 해가 되는 결정을 할 가능성이 높아지는 것이다.[2]

시야가 좁아지면 범위를 넓혀서 상황을 파악하는 일이 어렵다. 눈앞의 것에만 집중하게 되는데, 세밀하게 보더라도 그게 어떤 맥락인지 알지 못해서 실제로 중요한 부분을 놓치고 만다. 스트레스는 뇌를 과부하 상태로 만들어서 여유 있게 판단하거나 사고하지 못하게 한다.

스트레스는 멀리 보지 못하게 한다

스트레스는 인지적 효율성을 떨어뜨리는 것뿐 아니라 근시안적 판단을 하도록 하는 경향도 있다. 미래를 위해 좋은 일이지만 당장은 낭비로 보이는 일 중 대표적인 것이 '보장성 보험'에

가입하고 유지하는 것이다. 1996년부터 2012년 사이에 미국에서 장기요양보험을 해약하는 비율을 조사해보니, 저소득층과 재정적 부담이 큰 가구에서 보험 해약률이 높았다. 그런데 이들이야말로 나중에 이 보험을 이용하면 좋을 사람들로, 몸이 안 좋아지면 장기요양보험 서비스를 이용해야 할 대상이었다. 장기적으로는 손해를 보는 선택을 한 것이다.[3]

삶이 궁핍해지면 당연히 먼 미래의 나를 상상하는 것이 힘들다. 이는 스트레스를 생존의 위협과 연관해서 보는 가장 기본적 설정으로 돌아가게 한다. 10~20년 후 자신이 살아 있을 확률이 낮게 느껴지는데, 그때 쓸지 안 쓸지 모를 보험을 위해 당장 생활의 궁핍을 더하도록 비용을 쓰는 것은 낭비이거나 효율성이 매우 떨어지는 일이다. 이런 선택은 그 당시로만 보면 합리적이다. 그래서 불경기가 되면 실제로 보험의 보장성이 더 필요한 저소득층 사람들에게서 해약하는 비율이 높아진다. 그저 경제적 어려움에 대한 반응으로만 보기보다는, 스트레스로 인해 자아결핍이 일어나 인지적 대역폭이 줄어들고, 미래보다 현재의 만족에 훨씬 크게 집중해 선택하는 변화가 온 것이라 설명한다.

정도의 차이는 있지만, 스트레스를 받을 때와 받지 않을 때 우리의 일상에서 판단과 선택은 달라질 수 있다. 현대사회에서 경제적 동물인 인간에게 경제적 궁핍이란 먹이를 구하기 힘든 위험한 스트레스에 처한 것과 같다. 그렇다면 이를 해결하는 방법에는 어떤 것이 있을까?

이를 확인해보기 위해 방글라데시의 사회적 실험에서 조건을 하나 더 추가한 실험을 해보았다. 이들에게 성격적으로나 인지적으로 문제가 있어서 그런 손해 보는 선택을 했을 것이고, 그러한 실패들이 겹쳐서 가난한 형편이 되었을 수 있다고 가정한 것이다. 연구자들은 2년에 걸쳐 한 그룹에는 자원봉사자를 배치해서 생활지원 방법을 찾을 수 있도록 그들을 돕게 하고, 다른 그룹에는 그런 서비스를 제공하지 않았다. 2년 후에 같은 조건의 질문을 다시 했더니, 자원봉사자를 통해 지원을 받은 사람들은 3개월을 기다리는 선택을 더 많이 했다.

작은 일이지만 공공서비스를 이용하면서 그 도움을 받아본 사람은 '세상은 믿을 만하고, 공동체를 통해 보호받을 수 있다'는 경험이 있다. 그 결과 공동체에 대한 신뢰가 생기면서 자신 앞에 다가온 미래를 대할 때 불확실성을 참고 기다리는 선택을 할 확률이 올라갔다. 당장의 만족보다 나중의 큰 이득을 얻기 위해 지금의 스트레스를 견딜 수 있도록 신뢰가 힘을 준 것이다.[4]

이를 우리의 삶에 대입해보자. 경제적 어려움은 대인관계의 갈등이나 사건사고로 곤혹해지는 것, 시험에 실패하는 것 같은 단발성 사건과 달리, 오래 지속되고 헤어나기 어려울 때가 더 많다. 장기간 지속되는 스트레스 중 대표적인 것이 경제적 곤란에 처한 일이 아닐까 싶다. 이럴 때 우리의 대응은 앞서 설명한

대로 평소 자신의 태도나 판단, 대응과는 다른 방식일 수 있는데, 그 이유 중 하나는 뇌가 경제적 궁핍을 일종의 생존 위협으로 받아들이기 때문이다.

그래서 경제적으로 여유 있을 때와 궁핍할 때의 차이는 마치 여름과 겨울에 먹을거리를 구할 확률의 차이와 유사한 스트레스 반응의 차이를 가져온다. 이때는 궁핍해서 생존의 위기를 느끼는 상황이라 비록 개인적으로는 근시안적 선택을 하기도 하지만, 만일 주변에 도움을 구할 네트워크가 존재하거나 자신이 속한 공동체를 신뢰할 만한 경험이 있다면, 경제적 어려움으로 인한 만성적 스트레스 상황에 더 잘 대처할 수 있다. 그래서 사람은 혼자 살지 않고 지금까지 무리를 지으며 살아온 것이다.

같은 일에도 나만 유독 예민해지는 이유

4

충간소음으로 고통을 호소하는 사람이 병원을 찾았다. 위층에 아이들이 살아서 시끄러워 견딜 수가 없다고 했다. 그가 윗집에 문제를 제기하자, 윗집 사람들은 미안해하며 방음 매트를 깔았고 아이들에게도 주의를 줬다. 그를 제외한 나머지 식구들은 전보다 조용해졌다면서 이 정도면 괜찮다고 만족해했다.

그런데 그는 오히려 소음이 더 심해졌다고 말했다. 거실에 앉아 있으면 아이들이 걷는 소리가 들리고, 의자를 끄는 순간이 언제인지 바로 지적할 수 있다고 했다. 그가 식구들에게 "지금 의자 끌잖아!"라고 말하는 순간에도 다른 식구들은 조용하다고 하니, 자신만 이상한 사람이 된 것 같다고 호소했다. 요새는 퇴근하고도 집에 바로 들어가지 않고 놀이터에 앉아 있다가 윗집의 불이 모두 꺼진 다음, 최소한 애들 방의 불이 꺼진 다음에 집에 들어가야 안심이 된다고 했다. 그렇다면 퇴근도 늦은 편인 것 같다고 내가 묻자, 지난 몇 달간 매일 야근이었고, 집과 직장 사이는 편도 1시간 반 정도의 거리라고 했다.

그는 회사에서 일이 많아 지친 데다 출퇴근 거리도 길어서, 일상 스트레스가 많은 상태였다. 그러다 보니 귀가해서도 편히 쉬지 못한 채 상당히 예민한 상태에 머무르고 있을 가능성이 높았다. 이런 마음 상태이다 보니 다른 식구들과 달리 감각이 예민해져서 위층의 소리를 선택적으로 더 잘 듣고 있었던 것이 다. 청각적으로 예민해서 아무리 신경을 끄려고 해도 쉽게 꺼지지 않았는데, 회사나 다른 공간에서는 그렇게까지 소리에 예민하지 않다는 것이 그를 더 힘들게 했다.

선택적으로 민감해지는 사람

야생의 토끼가 주변을 돌아다니는 늑대를 피하기 위해 덤불 안에 숨어 있을 때에는 감각기관이 한껏 민감해진다. 청각, 후각, 시각의 감도를 최고조로 높인다. 우리의 몸도 스트레스가 높아지면 이와 비슷하게 반응한다. 주변 소리, 냄새, 빛을 평소보다 더 쉽게 느껴서 무척 불편해한다. 그러다가도 스트레스 상황이 끝나면, 감각에 대한 민감도가 이전 상태로 돌아오는 것이 정상이다.

그런데 그게 잘 안 되는 사람들이 있다. 전체적으로 감각이 예민해지는 것이 아니라 선택적으로 한 가지 감각, 그것도 하나나 두 가지 대상에 대해서만 예민해지는 일이 간혹 생긴다. 토끼의 입장에서 다시 생각해보면, 당장 위협을 주는 늑대의 냄새만 잘 맡으면 되지 주변의 사슴, 쥐, 다람쥐의 냄새까지 잘 맡을 필요는 없는 것이다. 사람들과 어울려서 이야기하는 도중에 내가 관심 있는 연예인에 대한 가십이 옆 테이블에서 들려오면 갑자기 그쪽으로 귀가 쫑긋해진다. 정작 내가 어울리고 있는 사람들과의 대화는 잘 안 들리고 도리어 거리가 좀 떨어진 사람들의 이야기가 더 잘 들리는 현상을 일컫는 '칵테일 파티 효과'도 이와 비슷한 맥락이다.

감각뿐만이 아니다. 스트레스를 받으면 한 가지 생각에 꽂히는 경향도 더 강해진다. 내가 관심 있는 하나의 정보를 선택적으로 인식하는 것을 감각의 초점이 좁아지는 것이라고 한다면, 생각하고 판단하는 정보처리 영역도 이와 비슷하게 관심의 시야가 좁아지고 생각의 폭도 함께 좁아지는 현상이 일어난다. 강도가 내 앞에서 지갑을 내놓으라고 위협하고 있는데 당장 어떻게 대응해서 해결할지에 집중해야지, 저녁 메뉴를 고민해서는 안 되는 것과 같다. 나는 이걸 '꽂혔다'라고 표현한다.

문제는 한번 '꽂히면' 거기서 벗어나기가 어렵다는 것이다.

그렇게 꽂힌 주제는 가장 중요하고 시급하며 해결해야 할 최우선순위의 문제로 자리 잡는다. 실은 중요한 일이 아닐 수도 있는데, 거기에 초점이 맞춰진 순간 그 일의 중요성이 실제보다 과장되어버린다. 이를 '초점의 오류focusing illusion'라고 한다.

위의 사례에서도 스트레스가 한껏 많아 지치고 예민해진 상태에서 층간소음 문제가 발생한 것이었다. 그는 윗집에 항의함으로써 문제를 해결하기 위해 노력했다. 상황은 어느 정도 나아졌지만, 초점이 분산되지 못하고 여전히 그 문제에 꽂힌 상태로 유지되고 있다. 그러니 다른 식구들은 초점이 이미 다른 곳으로 가버린 데 반해, 그만은 이 문제를 그저 느끼는 데 머무르지 않고 하루 종일 생각하고 두려워하고 걱정하면서 지내고 있는 것이다. 이런 일은 소송같이 꽤 긴 기간 문제가 해결되지 않을 때에도 생길 수 있다. 일단 소송이 시작되었고 당장 내가 할 일은 없으니 현실로 돌아와 일상을 유지하는 것이 현명한 태도다. 그러나 '문제가 해결되지 않는 한, 일이 손에 잡히지 않는' 사람이 실제로는 더 많다. '초점의 오류'가 작동한 것이다.

우리는 이렇게 한 가지에 꽂히면 나머지 전부를 그것에 맞춰서 평가하고 판단하는 경향이 있다. 위협이 되는 일이 벌어졌을 때 뇌는 여러 가지 일을 동시에 하지 못한다. 가장 시급한 것 하나에만 집중하므로 나머지 일들은 뒤로 밀리거나 덜 중요한 일이 된다. 사실 뒤로 밀린 일이 더 중요한 경우도 있는데, 꽂힌 상태에서는 그게 인식되지 않는다는 것이 문제다.

이런 경향을 다른 방향에서 입증한 연구가 있다.

1998년 미국 프린스턴대학교의 대니얼 카너먼Daniel Kahneman 과 텍사스대학교의 데이비드 슈케이드David Schkade는 캘리포니아주가 자랑하는 화창한 날씨가 삶의 만족도와 행복감에 어떤 영향을 끼치는지 조사해보았다. 캘리포니아주에 사는 학생과 중서부 주에 사는 학생들에게 삶의 만족도를 물은 후, 만일 캘리포니아주 혹은 중서부의 주로 이주해서 산다면 어떨지 예상해보라고 했다. 학생들이 느끼는 전체적인 행복감은 비슷했으나, 중서부 주 거주자들에게서는 캘리포니아주에 사는 사람이 더 행복할 것이라고 여기는 경향이 관찰되었다. 평소 날씨에 불만족스러운 부분이 있던 사람들이 날씨로 유명한 캘리포니아주를 떠올리니 '아마도 거기서 살면 더 행복할 거야'라고 추정한 것이었다. 물가, 집세, 인종 분포, 문화적 환경과 같은 점은 제쳐두고 오직 날씨나 풍경과 같은 눈에 띄는 요소에만 초점을 두고 판단하니 다른 것에까지 모두 확장해서 보는 오류가 발생한 것이다.[5]

스트레스의 경우도 이와 같다. 우리가 더 중요하게 여기는 것에 초점이 맞춰짐으로써 스트레스를 더 받거나 덜 받는 경향이 있다. 나아가 스트레스를 받으면 초점이 더 좁아져서 다른 것을 보지 못하고 오직 내가 지금 중요하게 여기는 것에 더 천착하게 되고, 그것을 기준점으로 하여 모든 것을 확대해석해서 판단하게 된다.

초점의 오류에서 벗어나기

만일 내가 어딘가에 꽂혀서 그것과 관련한 일을 더 중요하고 시급한 것이라 여기고, 그것에 대해서 고민하고 생각하는 데 너무 많은 시간을 보내고 있다고 여겨진다면, 즉 '초점의 오류'가 발생했다면, 나는 어떻게 그 구덩이에서 벗어날 수 있을까?

이때는 스스로에게 몇 가지 질문을 해보는 것이 도움이 된다.

- 지금 이 문제를 바라보는 내 시야가 너무 좁은 것은 아닐까?
- 오늘 하루를 보내는 데 내가 지금 꽂혀 있는 이 문제가 얼마나 많은 시간을 차지하고 있나?
- 중요하고 시급한 일이 맞나? 실은 감정이 실려 있기 때문에 그렇게 보이는 것은 아닐까?
- 만일 이 일이 내 친구에게 벌어졌다면 나는 뭐라고 말해줄까? 혹은 내 친구라면 이 일에 대해서 어떻게 대할까?

이런 질문을 스스로에게 해보자. 좁은 시야, 에너지의 소모,

감정적 가중치, 다른 각도에서 보기, 객관적 시각에서 보기와 같은 시도가 초점의 오류에서 벗어나는 데 큰 도움이 된다. 내 앞에 놓인 일이 당장 사라지지도, 해결되지도 않지만 그래도 일 자체의 무게만큼만 바라보는 것, 그래야 일상을 지속해나갈 수 있다.

벽에 부딪혀서 맴돌고 있는 것 같은 답답함이 느껴질 때 먼저 중얼거려봐야 할 말은 '지금 내 시야가 너무 좁은 게 아닐까?'이다. 실은 이 일 이외에 다른 일들 중에서도 중요한 게 있을 것이다. 그것들이 무엇인지 한번 둘러본다. 눈앞의 문제에 집중하느라 놓치고 있는 것들을 살펴보는 것이다.

두 번째로, 지금 내가 중요하다고 여기고 최우선으로 두고 있는 이 문제가 오늘 하루를 보내는 데 얼마나 많은 지분을 갖고 있는지 돌아본다. 시간 축으로 본다면, 5년 후에도 여전히 이 문제가 나를 괴롭힐 중요한 일인지 한번 생각해본다. 그럴 만한 일은 실은 그리 많지 않다.

세 번째, 눈앞의 일이 위급한 문제여서 몰두해야 한다고 생각하는데, 실은 감정적으로만 그렇게 보고 있을 뿐 이성적으로 거리를 두고 보면 그 정도 일은 아닐지 모른다는 가정을 한번 해본다.

네 번째, 그 일을 다른 각도에서 바라본다. 만일 친구의 입장이라면 이에 대해 뭐라고 할지, 혹은 이게 친구에게 벌어진 일이라면 내가 친구에게 뭐라고 할지 상상해본다. 현재 내가 중요하다고 여기는 일을 다른 프레임이나 시각으로 바라보는 것은, 초점의 오류에서 벗어나 객관적이고 보편적인 관점에서 상황을 바라보도록 하는 데 도움이 된다.

5

회복력이 좋은 사람의 특징

미경과 유진은 5년 동안 같은 팀에서 근무한 동기다. 나이도 비슷하고 입사 후 우연히 같은 팀에 배치되어 오랫동안 함께 일하다 보니 무척 친한 사이가 되었다. 두 사람은 우리가 이렇게 합이 잘 맞는 덕분에 힘든 회사 생활도 견딜 만했다며 서로 운이 좋은 것 같다고 말하고는 했다. 그런데 1년 전부터 회사 실적이 나빠지면서 분위기가 뒤숭숭해졌다. 월급이 제날짜에 나와서 괜찮겠거니 했는데, 6개월 전에는 두 사람이 일하던 조직이 법인분리가 되면서 자회사에 편입되었다.

이후 구조조정과 업무 분장이 새로 이루어져 원래 하던 일과 관련 없는 업무를 하게 되었다. 자회사 자체도 실적이 좋지 않고, 원래 있던 직원과 새로 합류한 직원 사이에 소소하게 갈등이 있는 등 회사 분위기가 아주 안 좋다가 석 달 전에는 결국 두 사람 모두 권고사직 통보를 받아 같은 시기에 일을 그만두게 되었다.

미경은 학교를 졸업하고 10년이 넘도록 쉬지 않고 일해왔기에, 원치 않은 상황이지만 이번 기회를 쉬고 넘어가는 기회로 여기기로 했다. 한 달 정도 여행을 갔다 온 후 독서모임에 나가기 시작했고, 예전부터 하고 싶던 베이킹을 배우러 다니면서 시간을 보내고 있다. 아직 재취업을 하지 못한 상태이지만, 재충전의 시간이라고 생각하니 걱정은 되어도 견딜 만하다고 말했다.

그에 반해 유진은 왜 자신에게 이런 일이 일어났는지 알 수 없다는 억울한 감정에서 헤어나오지 못했다. 경력직이고, 어중간한 커리어라 재취업이 쉽지 않을 것이 분명하며, 3년 전 분양받은 아파트의 대출금을 갚을 걱정에 잠을 자기 어려웠다. 2년 전에 친하게 지내던 다른 팀의 선배가 자기 팀으로 오라고 했을 때 옮겨가지 않은 일이 두고두고 후회되어, 그 생각만 하면 속이 울렁거렸다.

두 사람은 회사의 같은 팀에서 비슷한 업무를 해왔고 경험치도 얼추 같았다. 하지만 같은 스트레스 상황에 대응하는 방식은 전혀 달랐다. 이런 경우, 미경과 같은 사람을 '회복력이 좋은 사람'이라고 말한다.

회복력

살면서 우연이건 어떤 선택으로 실수를 했건 스트레스를 피하기는 어렵다. 어떤 사람은 단 한 번의 스트레스가 삶을 무너뜨리는 단초로 꼽을 만한 사건이 되는가 하면, 또 어떤 사람은 스트레스로 흔들리고 주저앉았다가도 오뚝이같이 바로 일어난다. 흔들거리면서도 절대 넘어지지 않고 다음으로 넘어가기도 한다. 처음에 학자들은 유진 같은 사람을 주목했다. 아무래도 진료나 상담이라는 도움을 청하는 사람들의 특징을 가지고 있기 때문이었다. 하지만 얼마 지나지 않아 미경같이 유진과 비슷한 스트레스를 경험했는데도 불구하고 잘 견뎌내는 사람이 꽤 많다는 걸 발견했다. 그리하여 찾아낸 개념이 '회복력'이다.

일부 심리학자들은 어떤 아이들은 가난하고 학대당하면서 어린 시절을 보냈는데도 심리적으로 문제가 없고 평균 이상의 정신 건강을 지녔다는 점에 주목했다. 에미 워너_{Emmy E. Werner}를 중심으로 한 연구진은 하와이의 카우아이섬에서 1955년에 태어난 698명의 아이를 길게는 40세가 될 때까지 추적 관찰했다. 저소득층이거나 부모가 이혼하거나 알코올중독 문제가 있는 등 매우 불우한 환경에서 자라나게 된 아이들을 고위험군으로 분류했는데, 모두 201명이었다. 연구진은 이들을 출생기, 1~2세 유아기, 10세, 18세, 32세까지 정기적으로 만나서 관찰했고, 그 결과를 1992년에 책으로 발표했다.

그렇게 불우한 환경이라면 정신질환, 약물이나 알코올 문제에 취약해야 마땅하지만 아동기 학습문제, 청소년기에 문제행동이나 우울증과 같은 정신질환이 있는 경우는 3분의 2로 제한적이었고, 3분의 1은 건강하게 성장했다.[6] 연구진은 친화적이고 적응적 기질을 타고난 것, 가족 중에 최소한 1명의 안정적 양육자가 있는 경우, 학교나 지역공동체에서 소속감을 경험한 경우 등이 좋은 요인이라고 보았다. 청소년기에 문제가 있어도 성인기에 군복무, 취업, 결혼 등의 인생에 전환점이 되는 경험을 하면서 건강한 삶의 궤적으로 회복하는 경우도 여럿 있었다. 이 연구는 회복력에 대한 대표적 실증 연구로 꼽히는데, 그들이 중년이 되는 40세까지 확장되어서 2001년까지 이어졌다.

어릴 때 힘든 상황에서 자란다고 해서 성인이 된 후 모든 사람이 다 정신질환이 생기거나 잘 적응하지 못하는 성격이 되는 것이 아니었다. 이들은 도리어 무척 건강하고 스트레스에 처해도 잘 대처하는 '회복력이 좋은 어른'으로 성장했다.[7]

회복력은 '스트레스, 역경, 외상, 실패 등의 부정적 경험에도 불구하고, 심리적·정신적 건강을 유지하거나 빠르게 회복하는 능력'으로 정의된다. 이 능력은 살면서 겪은 여러 사건들을 그동안 어떻게 정의하고 인식하고 대응했는가의 경험치들이 성격과 상호작용해서 만들어진 긍정적 결과물이다. 그러므로 좋

은 회복력을 타고난 사람이 있거나 그의 성격이 원래 좋은 것
이 아니라, 개인적인 특성이 있기는 하지만 환경적 요인에 의해
서 훈련되고 강화된 '능력'의 영역으로 보는 것이 2000년대 이
후의 관점이다.[8]

그런 면에서 회복력이 좋은 사람은 어디가 부서져도 금방 아
무는 특수한 능력을 가진 슈퍼히어로와 같은 존재가 아니다. 회
복력은 지극히 평범한 사람도 얼마든지 습득할 수 있는 능력으
로, 인간의 적응 능력 중 '정상적인 기능'의 하나다. 심한 트라
우마를 겪으며 자란 사람은 마치 결함이 있는 존재이며 영원히
거기서 벗어나지 못할 것이라는 믿음을 가질 필요는 없다. 누군
가에게는 트라우마가 더 나은 기능을 갖게 해주는 역경으로 작
용한다는 점이 이런 스트레스에 관한 회복력 연구의 희망적 결
과물이다.

어떤 요소들이 회복력을 구성할까? 그동안 많은 요소들이 연
구되었는데, 그중 반복적이고 공통적으로 지칭되는 것을 보면
다음과 같다.

- **조절 능력**: 자기 감정을 잘 바라보고 읽을 수 있으며, 충동조절을
  잘 해내는 능력이다.
- **유연성**: 다양한 시각에서 상황을 볼 수 있어서 문제를 유연하게 판
  단하고 대처한다.

- **애착 형성 능력**: 주변의 가족이나 지인과 긍정적인 애착 관계를 형성한다. 주변에는 자신을 도와줄 사람들이 있고 그들과의 관계는 안전하고 우호적이어서 사회적 네트워크에 대한 믿음이 있다.
- **자기효능감**: 자신이 어떤 일이든 해낼 수 있는 충분한 능력이 있다고 믿는 감정이다.
- **낙관적 전망**: 지나치지 않은 수준에서 앞날을 긍정적이고 낙관적으로 바라보는 것을 말한다. 지금 벌어지는 스트레스 상황이 인생 전체를 무너뜨릴 사건이 아니라, 큰 흐름 속에 잠시 소나기가 내리는 것이니 잠시 피하면 된다고 생각하는 태도를 갖는다.
- **확고한 가치관**: 가치관, 종교, 문화적 정체성 등이 두루 갖춰져서 그 자원을 잘 이용할 수 있고, 그 기반 위에서 안정적 심리 상태를 유지할 수 있다.

자신에게 벌어진 스트레스 상황이 '내가 재수 없는 존재'라서 일어난 일이라 믿는다면 다시 일어서거나 회복하기 어렵다. 그러나 이 일이 나에게만 일어난 것이 아니며 다른 사람이 나를 이해해줄 것이라 믿는 것, 주변의 가까운 이들이 내가 겪는 스트레스를 공감하고 안타까워해줄 것이라는 기대와 믿음을 갖는 것은 힘든 시기를 견뎌내는 데에 큰 도움이 된다. 이런 믿음은 실제로 그런 애착이 안정적이고 신뢰적인 관계를 맺고 있을 때 제대로 발휘한다. 안정적 애착을 형성한 이들은 자신을 안타

까워하거나 도와줄 사람들이 존재한다는 뚜렷한 증거가 없어
도 기본적으로 낙관적이다. 그런 존재들이 자신의 주변에 있다
는 믿음만으로도 잘 견뎌내며, 힘든 상황에서도 부서지지 않고
버텨낸다.

스트레스는 심리적 예방접종

스트레스란 어떤 면에서는 일종의 면역을 강화해주는 역할을
하기도 한다.

어린 시기의 스트레스나 견디기 어려워 보이는 힘든 상황은
심한 불안이나 우울, 혹은 신체질환의 발병과 같은 외상적 경험
으로 빠지게 할 위험이 있다. 미국 성인 2398명을 수년 동안 추
적하면서, 살아오는 동안 부모의 죽음, 중대한 사고, 심각한 질
병이나 실업과 같이 힘든 일을 어느 시점에 겪었는지 회상해보
도록 했다. 이후 이들의 전반적 스트레스, 외상후스트레스장애,
삶의 만족도 등을 꾸준히 오랫동안 평가하며 관찰해보았다. 연
구자들은 이들을 스트레스가 되는 힘든 사건을 전혀 경험하지
않은 사람(0건), 적당한 스트레스를 경험한 사람(2~4건), 감당
하기 힘들게 많이 경험한 사람(7건 이상) 등 세 그룹으로 나눠서
비교해보았다.

연구 결과, 그중에서는 적당한 스트레스를 경험한 사람이 가장 건강했다. 즉 스트레스의 양과 정신 건강이 U자형 곡선을 그리는 패턴을 발견할 수 있었다. 이를 역경의 역설adversity paradox이라 했는데, 적당한 수준의 스트레스가 되는 사건들이 쌓이는 것이 그 사람에게 심리적 예방접종psychological inoculation의 기능을 한 것이었다.[9]

앞서의 이야기로 다시 돌아가보자. 미경과 유진은 사회경험이 비슷했지만, 회사의 구조조정이라는 스트레스에 대한 반응은 무척 달랐다. 어디서 비롯한 것일까? 이에 대해서 성격특성적 측면을 보는 관점이 있다. 앞에서 제시한 '빅5 성격유형' 중 걱정이 많고 소심하며 스트레스에 민감한 신경증 성향이 강한 성격의 경우에는 아무래도 회복력이 약하다.

빅5 성격유형으로 보면 아마도 유진은 신경증 성향일 가능성이 많다. 그렇지만 낙담할 필요는 없다. 이미 설명한 것처럼 회복력은 학습과 경험으로 충분히 습득이 가능하다. 다음과 같은 회복력 훈련이 도움이 될 수 있다.

- 자신의 감정을 바라보고 조절하는 능력을 키우기 위해 감정일기를 써본다.
- '나는 못 해', '나는 끝장이야'라는 극단적이고 비관적인 생각보다는 '일어날 일이 일어난 것뿐이야', '소나기가 잠시 내렸을 뿐 태풍에

휩쓸려간 것은 아니야'라고 자기 대사 훈련을 한다.

- 힘든 상황이 왔지만 이것이 자신의 삶에서 어떤 의미일지 큰 맥락에서 성찰해본다.
- 친구, 가족, 동료와 적극적으로 소통하며 자신이 보호받고 있다는 안정감을 느껴본다.
- 스트레스 상황이라도 수면, 식사, 운동과 같은 필수적 신체 건강과 생리 리듬 유지를 위한 활동을 확보한다.

앞서의 하와이 연구에서 발견한 것은, 스트레스를 주는 어려운 환경 속에서도 잘 자라난 3분의 1의 공통점이 조부모, 친척, 성직자, 교사, 친구 등 주변의 인간관계 중에 자신을 조건 없이 믿어주고 지지해주는 사람이 최소한 한 명은 있었다는 점이다.

스트레스는 원래 개인의 생체 반응과 적응을 위한 대응 시스템으로 진화 발전한 메커니즘이다. 그러나 장기적으로 건강과 정상적 발달을 이끄는 회복력에서 중요한 요소는 돌봐주고 신뢰할 수 있는 사람의 존재였다. 내 마음 안에 믿을 구석이 한 명이라도 있는 사람과 없는 사람의 차이는 무척 크다.

6

실수가 두려운 사람에게
필요한 것

은영은 2년째 취업 준비 중이다. 자기소개서와 이력서를 수백 장 제출했지만 매번 서류 전형에서 탈락했다. 그래도 몇 번은 면접 전형까지 갈 수 있었다. 철저히 준비해서 면접관의 질문에 곧잘 대답했다고 생각했는데, 그때마다 '아쉽지만 다음 기회에 지원해주십시오'라는 문자를 받을 뿐이다. 면접 실습을 위해 학원도 다녀보았지만, 준비를 많이 할수록 이상하게 부담만 더 커졌다. 그렇게 몇 개월이 지나서, 졸업한 후 시간이 너무 흐른 것 같다는 생각이 들수록 스트레스는 커졌다. 이제는 관성으로 취업 사이트를 뒤져서 이력서를 보내는데, 면접을 보러 오라는 연락이 올까 봐 내심 겁나기도 한다. 면접 자체가 스트레스가 되어버렸기 때문이다.

취업을 위한 면접이 큰 스트레스가 된다는 것은 부인할 수 없는 사실이다. 이런 사람은 어떤 마음을 갖는 것이 좋을까?

이와 관련해 참고해볼 만한 연구가 있다. 한 연구에서 여자 대학생들을 모집해서 두 가지 목표를 제시했다. 첫 번째 그룹에게는 "실수를 두려워하지 말고 가상 면접을 통해 면접 기술을 배우는 데 집중하라"고 했고, 두 번째 그룹에게는 "실수하지 말고 어떻게든 심사 위원에게 좋은 모습을 보이라"고 지시했다.

여자이기 때문에 남자 지원자에 비해 상황이 불리하다며 스트레스를 한 단계 더 인식한 사람들 중 '실수를 두려워하지 말고 배운다는 마음'을 갖는 경우에는 면접을 도전으로 여겼다. 위협이라고 생각하지 않은 것이다. 그만큼 면접 결과도 좋았고, 스트레스로 여기는 인식도 적었다. 그에 반해 더 잘하려는 사람들은 실수에 대한 두려움 때문에 스트레스를 꽤 크게 경험했다. 젠더로 불리한 면이 있다고 하더라도 그건 바꿀 수 없는 고정된 변수다. 이럴 때는 현재 상황에 대한 인식을 '배운다'는 쪽으로 바꾸면 도움이 된다. 그렇게 해서 참가자들도 스트레스가 큰 상황을 잘 넘길 수 있었던 것이다.[10]

불안하다면서 잘 해내는 사람들

스트레스는 사라질 수 없다. 우리는 토끼 같은 동물이 아니라 뇌가 잘 발달한 인간이다. 래저러스는 상황을 어떻게 받아들이는지에 따라 인간이 받아들이는 스트레스의 정도가 다르다는 것을 발견했다. 이후 우리는 스트레스가 양적으로 얼마나 되느냐에 따라 속수무책으로 당하는 것이 아니라, 자신에게 다가온 스트레스를 어떻게 바라보고 대하느냐에 따라 위협이 아닌 도전으로 받아들이면서 넘어갈 수 있게 되었다. 또, 스트레스가 위기이기만 한 것이 아니라 성장의 계기가 된다는 점을 알게 되었다.

스트레스로 인해 아드레날린이 솟구치면 심장이 빠르게 뛰고 혈압이 오른다. 이를 두려움으로 느낄 수도 있지만, 아드레날린의 증가는 집중력을 향상시켜 시험에 도움이 된다. 시험기간에 아드레날린의 분비량이 증가해 다소 긴장 상태인 학생이 차분하고 안정적인 학생에 비해 성적이 더 좋은 경우도 많다.[11]

스트레스를 도전으로 인식하면 버티는 힘과 방어력이 증강된 상태가 된다.

미 육군에서는 생존 훈련을 실시하는데, 이때 건강한 자원자 44명의 스트레스 수준을 측정하고 포로 상황을 만든 후, 스트레스 노출 중 코르티솔과 기타 스트레스 관련 호르몬의 분비량을 측정하면서 군사 과제 수행 양상을 평가해보았다. 그러자 포로로 잡히는 스트레스 상황에서 코르티솔 분비량이 늘어났는데, 코르티솔 분비량이 많은 사람은 모의 포로 심문 과정을 더 잘 버티면서 오랫동안 정보를 내놓지 않고 견뎌낼 수 있었다. 이 경우 위협으로 느끼고 머리가 굳어버리는 상황이 올 수도 있는데, 이들에게는 코르티솔 분비가 도리어 위기 상황을 버텨 내는 원동력으로 작동한 것이다.[12]

포르투갈 리스본대학교의 학생 103명에게 10일의 시험기간 동안 일기를 쓰도록 해본 연구도 있다. 시험 성적에 대한 불안을 솔직하게 쓰고 불안감을 어떻게 느끼고 해석하는지 보고하게 한 것이다.

시험을 스트레스로 인식하고 모든 학생이 불안을 느끼는 것은 사실이었다. 이때 불안이 자신에게 도움이 되는 감정이고 그 감정을 경험함으로써 더 열심히 공부해서 시험을 준비할 수 있게 해준다고 해석한 학생은 감정적 소진이 적었고, 10일 후 시험 성적이 좋았으며, 학기말까지 좋은 성적을 유지했다. 게다가 불안 수준이 높은데 더 도전적으로 반응하고 성적도 좋은 상관관계를 보이는 학생도 있었다. 일반적이라면 '잘 못 하면 안 된다'는 공포와 불안이 정서적 소진으로 이어질 수 있지만, 경우에 따라서는 도전이고 배우는 과정이라고 여기면서 목표를 달성하기 위한 동기부여로 잘 이용해 학기말까지도 지치지 않고 잘 해내는 학생들이 있었던 것이다.

시험이 끝난 뒤 학생들에게 에너지 소모 측정검사를 했는데, 스트레스를 에너지로 생각하라는 권유를 받은 학생은 에너지 소진이 가장 적었다. 긍정적 시각으로 불안을 바라보는 것은 그만큼 처지거나 늘어지고 소진될 가능성을 줄여준다.[13]

뭐라도 배우는 게 있겠지

그런 면에서 불안을 유발하는 스트레스는 '무조건 나쁜 것'이니 어떻게든 없애야 한다는 목표를 가질 필요는 없다. '불안은 지금 내게 필요한 감정이다. 내 앞의 스트레스에 잘 대처하기 위해 내 몸의 자원을 동원하려고 신호가 울리고 있는 것이다. 이제 기어를 바꾸고 RPM을 올려 엔진의 출력을 높이자'고 재해석하는 사람은 그렇게 하지 않은 사람과 비교해 완전히 다른 결과물을 가져올 수 있다. 스트레스를 위협이 아니라 도전이라고 여겨보는 것이 도움이 될 때가 많다. 생존을 위해, 더 나아가 성장을 위해 맞닥뜨려보자고 생각하는 것만으로도 스트레스에 대한 대응력이 좋아진다. 결과 역시 위협으로 여길 때보다 훨씬 좋다.

위협이 아닌 도전, 적당한 압박이 있어야 재미있고 배우는 게 있다는 마음을 갖는 것이 스트레스를 자신에게 도움이 되도록 전환시키는 묘수다. '압박이 있지만 나는 잘 해낼 수 있다'고 믿으며 향상을 기대하는 사람들은 별다른 긍정적 기대를 갖지 않은 그룹에 비해 주어진 과제를 잘 해냈다. 압박은 피할 수 없다는 것을 인정하고, '나는 남들보다 압박에 강하다'고 믿음으로써 자신에 대한 기대를 가지며, 앞으로 일어날 일에 대해 긍정적으로 예상한 경우, 실제 그의 능력과 상관없이 더 나은 결과를 얻었다. 스트레스의 벽을 넘어서고, 더 나아가 그 순간을 성장과 발전의 계기로 삼은 것이다. '그냥 많이 하다 보면 익숙해지겠지'라는 마음보다 '이 압박은 위협이 아니라 도전이고, 나는 잘 해낼 것이다'라는 자기효능감과 희망적 기대가 스트레스에 대한 통제력을 높이고 주의 집중을 할 수 있게 하였다. 같은 자극이지만, 지금 자신이 느끼는 긴장을 두려움의 신호로만 보는 사람과는 다른 길로 가는 것이다.[14]

인간은 전두엽이 뇌에서 가장 많은 부분을 자리 잡고 있는 덕분에, 꽤 강한 스트레스 상황에 처했다 해도 인지적 전략을 변화시킴으로써 다르게 대처할 수 있다. 은영에게 지금 필요한 것은 '뭐라도 배우는 게 있겠지'라는 마음과, '아무리 압박 면접을 한다고 해도 설마 날 어쩌기야 하겠어? 난 충분히 준비했어. 잘 해낼 거야'라는 자신감이다.

7

시험 스트레스를 통제하는
심리적 요소

시험 날만 되면 배가 아파서 어김없이 시험을 망치는 사람이 있다. 그런 일이 여러 번 반복되고 나니 이제는 시험을 치기 전에 지사제를 먹고 시험장에 들어간다. 그래도 시험 중간에 또 배가 아파서 화장실을 다녀오느라 리듬이 깨져버리곤 한다. 어느 날은 가뜩이나 배에 신경 쓰이는데, 옆자리 사람이 자꾸 코를 풀어서 스트레스가 더 커졌다. 스트레스를 받을수록 배가 더 아프다. 만일 그날이 수학능력시험을 치르는 날이고, 이전에 아팠을 때는 바로 전년도의 수능 날이었다면?

진료실에서 만나는 학생들 중에는 의외로 이런 문제를 가진 경우가 많다. 처음에는 소화기의 문제라고 생각해서 내과에 가서 내시경검사도 하고 소화기계 운동을 돕는 약도 복용한다. '기능성 위장장애', '과민성 대장'이라는 진단을 듣기도 한다. 평소에는 별문제가 없다. 그런데 꼭 시험 보는 날과 같이 신경을 써야 하는 날만 되면 같은 증상을 경험한다.

그 때문에 매번 몇 점씩 손해를 보니 자신의 성적을 받아들이기도 힘들다. 대학에 들어간 다음에도 여전히 한 번만 더 수능을 보고 싶다는 미련이 있을 정도다. 이런 경우 반수를 선택해 수능을 세 번 이상 보다가, 결국 정신건강의학과 진료실을 찾아오는 것이 전형적 코스다.

스트레스로 인해 내부장기에 대한 민감도가 올라가고, 소화 기계가 평소와 다른 것을 더 민감하게 인식하다 보니, 어느 순간 대변이나 소변을 참기가 어려워진다. 몸에 신경을 많이 쓰게 되니 시험문제에는 평소보다 집중하기 어려울 수밖에 없다. 스트레스는 더 크게 느껴지고, 여키스-도슨 법칙에 따라 집중력이 임계점을 넘어서면서 하향곡선을 그리며 떨어지기 시작한다. 쉬운 문제를 틀리기도 하고, 시간에 쫓겨 허둥대다 마킹을 실수하기도 한다.

다행히 대학교에는 들어갔지만 이 정도 학교에 만족할 수 없다면서 학교에 흥미를 갖지 못하고, 심지어 기말고사 때도 화장실에 가느라 시험을 제대로 치지 못한다. 성적이 잘 나오지 않으니 좌절감만 갖게 된다. 시험을 떠올리는 순간 자동적으로 배가 아픈 지경에 이르는 경우도 있다.

중요한 시험을 앞두고 긴장하는 것은 당연한 반응이다. 몸이 그렇게까지 반응하지만 않았다면 실력을 충분히 발휘할 수 있었을 것이다. 스트레스가 이들의 위장과 방광에 어떤 영향을 끼쳤길래, 그런 불행한 악순환에서 헤어나지 못하는 것일까? 견뎌낼 수 있는 마음의 힘만 있다면 더 좋은 대학에 갈 수 있으리라고 믿는데도 몸이 마음과 달리 반응하는 이유는 뭘까? 실제로 스트레스가 배를 뒤흔드는 상한 음식 같은 것일까?

메타인지, 자기효능감, 자존감

시험과 관련된 스트레스 연구는 무척 많다. 미국 시카고대학교 심리학과의 시언 바이락Sian Beilock 교수는 학생들을 모집해 연산 시험을 보겠다고 했다. 먼저 이들이 자신의 연산 능력에 얼마나 자신 있는지를 측정했다. 어떤 학생은 "저는 연산에 자신 있습니다"라고 했고, 어떤 학생은 지금까지 성적이 좋았는데도 "연산은 자신이 없어요"라고 대답했다.

연구진은 이렇게 두 그룹으로 나눈 다음, 학생들을 강당으로 데리고 가서 많은 이들 앞에서 연산 문제를 풀게 했다. 그 전후로는 스트레스호르몬인 코르티솔 수치를 측정했다.

문제를 풀기 전에 비해서 풀고 난 다음에 모든 학생의 코르티솔 수치가 올라갔다. 혼자 조용히 문제를 푸는 것도 스트레스인데, 많은 이들이 보는 앞에서 연산 문제를 푸는 것이니 꽤 큰 스트레스로 받아들일 만한 상황이었다. 스트레스로 인식한 것은 두 그룹 모두 같았지만, 그들이 얻은 성적은 달랐다.

연산 실력에 자신이 없다고 한 그룹은 남들이 보는 강당에서 문제를 푸니 평소보다 더 많이 틀렸다. 스트레스로 집중력이 떨어진 데다 원치 않는 실수를 더 많이 한 것이다. 배가 살살 아파서 화장실에 가고 싶은 학생이 있었는지도 모른다.

그런데 연산 실력에 자신 있다고 답한 학생들은 달랐다. 코르티솔 수치로 그 학생들이 당시 경험한 스트레스 수치의 상관관계를 볼 수 있었는데, 코르티솔 수치가 높을수록, 즉 스트레스를 많이 받은 학생일수록 문제 풀이 결과가 더 좋았다. 자신 있는 영역이라고 여기니까 겁먹고 실수하거나 머리가 멍해지지 않고 사람들 앞에서도 더 좋은 결과를 낼 수 있었던 것이다.[15]

이 실험을 보면 스트레스의 절대량과 그에 대한 생리적 반응이 직선을 따라 비례해서 이동한다고 예측할 수 있는 영역이 있는가 하면, 심리적 측면에서 자신감이 새로운 변수가 되어 상황을 복잡한 함수로 전환시킬 수 있다는 것도 알 수 있다. 그만큼 같은 과제를 앞둔 사람들 사이에서도 자신감이 있느냐 없느냐에 따라 결과가 크게 달라진다.

자신감은 몇 가지 요소로 나눠서 평가할 수 있다. 하나는 실제 자신의 능력에 대한 정확한 평가다. 자신의 능력이 100인데 정확히 100이라고 딱 맞춰 평가하는 사람은 실제로 많지 않다. 보통은 10~20% 이내에서 볼 수 있으면 적당하다. 잘할 수 있으면서도 못 할 것이라고 여기는 것은 겸손해서이기도 한데, 다른 한편으로는 '더 분발하기 위해서' 어릴 때부터 가져온 마음가짐 때문이기도 하다. 잘할 수 있으면서도 "못 할 거야", "나는 망할 거야"라고 말하다 보면 더 열심히 준비하게 되어 실제로 성적이 잘 나오고, 그와 함께 "괜히 걱정했잖아"라는 위로와 칭찬을 듣는 일이 더 이득이었던 사람들이다.

자신의 능력을 대략적으로라도 잘 파악하는 것은 메타인지meta-cognition와 연관되어 있다. 이 능력은 상대적으로 늦게 발달하는 편이다. 그래서 10대 청소년은 자신의 능력을 파악하는 것을 어려워한다. 잘할 수 있는데도 "전 못 해요"라고 지레 포기하거나, 준비를 별로 하지 않고도 "다 맞힐 수 있어요"라며 과도한 자신감을 보인다. 두 인식 모두 기대와 다른 결과를 얻는 셈이니, 주어진 과제를 계획하고 실행하는 데 있어서 예측 가능성이 떨어져 더 큰 스트레스로 인식한다. 그러니 근거 없는 자신감만 갖거나 잘할 거면서 엄살떨듯 못 하겠다고 한다. 물론 둘 다 문제가 있다.

여기에 더해지는 두 번째 요소가 '자기효능감self-confidence'이다. 심리학자 앨버트 반두라Albert Bandura가 제시한 개념으로, 어떤 상황에 닥치면 목표를 달성할 수 있을 것이라는 자기 실력에 대한 믿음이다. 페널티킥을 차는 키커가 '난 이 골을 넣을 수 있어'라고 믿는, 그런 마음이다. 세 번째는 자기 자신에 대한 기본적 신뢰다. 흔히 '자존감self-esteem'의 영역이라고 한다. 이건 특정 상황과 상관없이 일반적으로 자신에 대한 긍정적 믿음과 연관되어 있다. '나는 잘 해낼 것이다', '나는 괜찮다', '나는 충분히 준비되어 있다' 같은 심리적 태도가 지속적이며 삶의 영역 전체에 걸쳐 있는 상태다.

이런 것들이 모여서 '자신감'을 만든다. 자신감은 이와 같이 단순하지 않은 심리 요소다. 스트레스 상황이 똑같다고 하더라도 자신에게 주어진 문제에 대한 정확한 숙달도를 평가하고, 이것에 대해 자기효능감이 어떤지, 더 나아가 자신에 대한 긍정적 믿음이 어떤지에 따라 결과가 달라진다. 스트레스로 인해 자기 실력보다 못 할 수도 있고, 스트레스가 부스터가 되어 더 잘 해낼 수도 있다. 그만큼 스트레스는 단순한 것이 아니다.

해낼 수 있다는 마음으로 스트레스를 통제한다

이를 다음과 같은 도표로 정리해볼 수도 있다. 심리학자 미하이 칙센트미하이가 '자신이 느끼는 능력도'와 '과제 난이도'를 표로 나타낸 것이다.

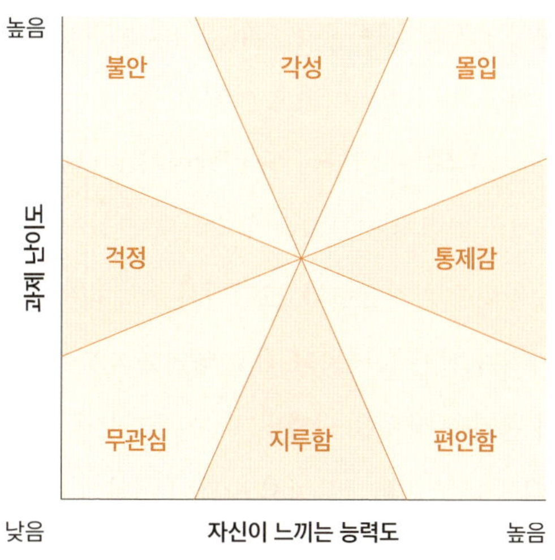

자신의 능력치가 낮다고 여길 경우, 문제가 적당한 수준일 때는 걱정은 하지만 해낸다. 그러나 매우 어려우면 불안이 엄습해서 해낼 수 있는 결과물도 제대로 해내지 못한다. 능력에 비해 난이도가 너무 낮으면 최소한의 각성도 일어나지 않아서 흥미를 느끼지 못하거나(무관심) 지루해한다. 어느 정도 업무가 손에 익어서 뻔하게 여겨지면 권태로워지는 것이 바로 이 시점이다. 자기 능력이 출중하다고 생각하는데 과제가 쉽거나 적당히 어려우면, 편안함과 통제감을 경험한다. 이때가 가장 적당하게 스트레스를 경험하면서도 자신의 영역 안에서 컨트롤하고 있다고 여기는 시기다.

지루하게 느끼던 차에 난이도가 상승하면 각성이 일어난다.

적당한 수준의 스트레스는 즐거움과 호기심을 준다. 두려움은 자신의 능력치를 벗어난 일이라고 여길 때 오지만, 잘 해낼 수 있을 것이라는 자존감이 바탕이 된 상태에서는 난이도가 살짝 올라가면 각성이 되면서 코르티솔이나 아드레날린이 자신에게 도움이 되는 방향으로 작용한다. 그러면서 능력치가 한 단계 더 올라간다. 자기가 가진 능력치의 최고 영역에 다다르면서 동시에 난이도가 올라간 상황을 만나면, 이때 우리는 몰입flow을 경험한다. 그 일에 완전히 빠져들어서 시간이 어떻게 흐르고 자신이 뭘 하고 있는지도 잊은 채 깊이 빠져든 최적의 심리 상태가 된다. 이때 내적으로 경험하는 보상은 외부에서 주는 그 어떤 상보다 만족스럽다.

스트레스 자체의 난이도나 양이 자신의 대응에 영향을 주는 것은 무시할 수 없다. 하지만 우리는 인간이기에 평소 자기 자신에 대해 인식하는 자존감이나 일에 대한 자기효능감, 그리고 주어진 과제에 대한 정확한 평가를 기반으로 한 난이도와 능력도의 적절한 조화가 필요하다. 스트레스를 그저 없애야 하거나 회피해야 할 상황으로만 보기보다는 온전한 통제와 편안함을 느끼거나 몰입을 경험하면서 '나의 능력에 대한 안도'를 할 수 있는 기회로 삼아도 좋겠다. 실력자가 되는 길은 어쩌면 이 영역에 다다르기 위해 스트레스를 이용하는 과정인지 모른다.

이미 많은 것을 이룬 30년 경력의 요리사가 TV 예능 프로그램에 출연해 정해진 재료로 짧은 시간 안에 새로운 요리를 만들거나 초보 요리사도 출연하는 경연 프로그램에 참가하면 '대체 왜?'라는 의문이 들 수 있다. 무척 높은 수준이지만 매일 똑같은 요리를 반복하던 요리사는 경연에서 자신이 예측하지 못한 일을 맞닥뜨리게 된다. 그럼에도 불구하고 상황을 잘 통제하면서 완성도 있는 결과물을 만들어낸다. 그 과정에서 몰입을 경험하기도 하고, 그런 기회가 아니면 시도하지 못할 새로운 요리를 생각해내기도 하는데, 이럴 때 즐거운 스트레스가 작용하기 때문 아닐까? 그의 내면에서 가장 기본이 되는 것은 '나는 잘해낼 수 있다'는 프로페셔널의 자신감일 것이다.

스트레스와 건강

심신이원론과
심신일원론

스트레스는 몸과 마음을 통합적으로 이해하는 데 도움을 준다. 르네 데카르트(1596~1650)는 인간은 서로 본질적으로 다른 두 가지 실체로 구성되어 있다고 구상했다. 몸은 기계와 같고, 그 위에 정신이 독립적으로 작동해서 기계인 몸을 지배하거나 영향을 준다고 본 것이다. 이를 심신이원론Cartesian dualism이라고 하는데, 고전적 서양의학에 가장 큰 영향을 미친 이론 중 하나다. 질병을 신체적 문제로 국한하면서 심리적 요인을 배제했고, 정신질환도 뇌라는 신체의 일부에 문제가 생겨서 발생한 것이라고 여겼다. 무척 단순하고 명쾌한 이론이다. 정신과 육체를 나눠서 보니 이해하기도 쉽고 설명하기도 편하다.

그런데 지금까지 스트레스에 대해 이 책에서 다룬 내용들을 보면 볼수록 몸과 마음을 분리하는 것은 부질없는 일이다.

분명히 증상이 있어서 고통을 받는데도 이상이 관찰되지 않는 경우도 있다. 병원을 찾아가 혈액검사, 영상의학적 검사, 내시경검사를 해봐도 아무것도 발견되지 않는다. 이럴 때 한의학의 도움을 받아 호전되는 경우도 꽤 있다. 현대의학의 기반인 서양의학이 심신이원론을 기반으로 하고 있기에 '신체에서 현재 발견할 수 있는 비정상 결과가 없다면 문제를 진단하기 어렵다'는 가정과 달리, 동양의학은 심신을 통합해서 이해하는 일원론적 세계관에 기반하고 있기 때문이다. 그 관점에서 보면 한 사람의 문제를 새로운 각도에서 이해할 수 있어 문제를 풀어나갈 실마리가 보이기도 한다.

그런 면에서 스트레스를 잘 이해하는 것은 꽤 오랫동안 당연하게 여겨온 심신이원론에서 통합적 사고로 전환하는 데 도움이 된다.

몸과 마음의 상호작용

정신분석을 처음 세상에 알린 지그문트 프로이트는 신경학 연구를 열심히 하던 사람이다. 그는 뱀장어 신경 해부로 논문을 쓰기도 했다. 그러다 무의식의 세계에 관심을 갖고 자기분석을 하면서 정신분석이라는 이론이자 치료법을 내놓았다.

이원론적 세계관으로 보면 육체와 정신은 분리되어 있다. 유물론적으로 봐도 정신은 뇌에 종속된 무형의 시스템일지 모른다. 그런데 프로이트는 인간의 의식 저 밑에 더 광대한 무의식의 공간이 존재하고, 무의식에 의해 판단과 행동이 결정된다는 가설을 세우고 이를 정신분석이란 치료법으로 입증했다. 의식은 바다 위에 보이는 빙산의 일각일 뿐이고 그 밑에는 훨씬 거대한 빙산이 잠겨 있는 것이라 여겼는데, 그것이 바로 무의식이라고 했다. 무의식이 의식뿐 아니라 몸의 작동 과정에도 보이지 않게 영향을 미치는 것은 당연했다.

20세기 초반 정신분석이 유럽을 중심으로 퍼지면서 프로이트를 따르는 후학들이 늘어났다. 그만큼 자기만의 관점으로 정신분석을 확장하는 사람도 생겨나기 시작했다. 그중 한 명이 프란츠 알렉산더Franz Alexander(1891~1964)다. 그는 헝가리 부다페스트에서 태어나 의대를 졸업하고 1920년대 초반에 베를린으로 이주해서 프로이트의 직계 제자인 한스 작스Hans Sachs에게 정신분석을 받고 정신분석가가 되었고, 함께 베를린정신분석연구소를 설립해서 활발히 활동했다. 프로이트와도 안면이 있는 사이였다고 한다. 그러던 중 1930년 미국 시카고대학교로 옮겨서 자리를 잡았다. 그는 의사이자 정신분석가였기에 프로이트의 정신분석 이론을 몸과 마음의 상호작용이라는 방향으로 확장했다.

알렉산더는 "질병은 개인의 무의식적 갈등이 신체를 통해 표현된 상징이다"라고 하면서 심리적 갈등이 신체질환의 원인이 될 수 있다고 보았다. 그에 맞는 이론으로 7가지 주요 질환을 정신분석적으로 설명하며 '성스러운 7개 질환holy seven'이라고 불렀다. 그는 실제로 1939년 시카고대학교에 정신신체의학 클리닉을 처음 설립해 내과와 정신과의 협진을 시작했다.

예를 들면 이런 식이다. 천식은 어릴 때 어머니와의 분리에서 어려움이 있을 때 생긴 분리불안이 해결되지 않아서 발병하고, 고혈압은 분노를 너무 억제해서 생기는 질환이라고 본다. 또, 위궤양은 의존하려는 마음과 공격성 사이의 갈등이 내적 긴장을 지속시켜서 생긴다고 설명했다. 과도한 활동성과 자기표현 욕구의 억압이 갑상선기능항진증을, 그 외에 통제 욕구가 궤양성대장염을, 억제된 성적 욕구가 신경성 피부염을, 억제된 적대감이 류머티즘성관절염을 유발한다고 해석했다. 그는 지금의 정신신체의학 혹은 심신의학을 처음 시작한 사람으로 여겨진다.[1] 지금의 시점에서 보면 스트레스가 어떻게 신체질환과 연관될 수 있는지를 보게 한 단초를 준 것이나 다름없다. 알렉산더는 정신분석가였기에 무의식적 갈등이 내과적 신체질환을 유발한다고 보았다. 현대의학의 관점에서 보면 '의식하는' 혹은 '의식하지 못하는' 스트레스들이 차곡차곡 쌓여서 면역계나 내분비계에 장기적으로 부담을 주어 결국 발병의 과정으로 간다는 관찰과 분석을 한 것이다.

우울증 치료 시 일반적 항우울제에 반응하지 않는 치료 저항성 우울증의 경우 갑상선 이상이 나타나기도 하는데, 이때는 소량의 갑상선호르몬 치료제가 우울증 치료에 돌파구가 된다. 스트레스를 받으면 소화가 안 되거나, 위산과다분비로 궤양이 악화되거나 치료가 어려워지는 것은 자주 볼 수 있는 일이다. 최근에는 우울증의 원인 중 하나로 '뇌-장 연결'에 주목하는 이론도 있다. 장내미생물의 이상이나 염증반응 문제가 우울증과 상당히 연관이 있다는 것이다. 실제로 우울증과 민감한 관련이 있는 신경전달물질인 세로토닌의 90%가 장에서 형성된다. 그리고 장내미생물의 불균형이 염증반응을 일으켜 우울증을 악화하거나 자극한다는 증거가 쌓이는 중이다. 과거와 달리 우울증과 같은 정신질환이 뇌를 제외한 다른 신체 부분과 상호연관성이 있다는 증거가 많아지는 것은 알렉산더의 통찰력 있는 혜안이 엿보이는 부분이다.

비록 앞서 말한 알렉산더의 7가지 질환과 갈등이나 불안의 연관성이 이제는 과학적 근거가 없다고 평가되지만(억제된 공격성과 고혈압 간의 연관성은 경쟁적 성격을 뜻하는 A형 성격과 고혈압의 연관성으로 이어지고 있기는 하다), 그럼에도 이원론적 철학으로 몸과 마음을 분리해서 보는 것이 아니라 둘을 통합해서 봐야 한다는 현대 정신신체의학 혹은 통합의학의 패러다임을 제시했다는 데 의의가 있다. 또한 스트레스가 정신 건강뿐 아니라 신체 건강에도 큰 요소임을 인정하고 이해하게 하는 데 시초가 된 것만은 분명하다.

스트레스는 만병의 근원인가?

현대의학이 발달했음에도 알렉산더가 제시한 무의식적 갈등과 신체질환의 연결성 중 입증되지 않은 것이 더 많다. 그렇지만 스트레스의 관점에서는 상당수의 질환들이 연결성을 가진다는 증거들이 쌓였다. 장기간 이어지는 스트레스로 인해 신체의 내분비, 면역, 염증반응에 변화가 오고 이로 인해 구조적 변화가 생기면서 질병의 발생으로 이어지는 것이다.

스트레스로 교감신경의 항진이 있고 혈압이 자주 높은 상태로 유지되며 혈관 내피의 손상이 발생하는 시간이 늘어나면, 심근경색이나 뇌졸중, 고혈압의 발생 가능성이 높아진다. 스트레스로 코르티솔 분비가 지속되면 인슐린 저항성이 증가하면서 혈당조절이 전보다 잘 이루어지지 않음으로써 인슐린비의존당뇨병의 위험성이 증가한다. 스트레스로 장운동이 줄어들고, 위산 분비가 지속적으로 증가하며, 어떤 경우에는 급격한 스트레스로 오히려 대장의 운동성이 증가하기도 한다. 이런 변화는 역류성식도염, 과민성대장증후군의 원인이 된다. 최근 많은 사람들이 증상을 호소하는 섬유근육통이나 긴장성두통은 스트레스와 관련한 대표적인 질환이다. 스트레스로 근육의 긴장도가 증가한 채 유지되어, 온몸이 아프거나 오후에 두통이 머리 전체에서 느껴지는 현상이다. 만성화하면 그것 자체가 스트레스가 되어 통증의 민감성이 증가하며, 통증을 더 강하게 오래 느끼고 하루 종일 아프게 된다.

스트레스가 꼭 발병과만 연관이 있는 것은 아니다. 스트레스와 같은 심리적 요인은 증상을 경험하는 빈도와 강도에 영향을 미쳐 치료를 제때 받지 못하게 하거나 정확한 평가를 뒤로 미루게 한다. 치료하는 과정에서 스트레스 상황에 노출되어 그 부분에 영향을 받으면, 치료를 받기에 적당한 시기를 놓쳐서 치료 결과가 나빠지기도 한다. 같은 암에 걸린 환자라 해도 스트레스가 적은 상태에서 치료를 받는 경우와, 발병 상황이라는 스트레스 이외에 사회경제적 이슈가 있거나 가족 갈등이 지속되는 경우에는 그 결과가 달라질 수 있다. 여러 이유가 있을 때는 면역력 저하, 통증에 대한 민감도 증가, 소화 불능이나 식욕 저하로 인한 체중감소로 이어져 활력이 떨어지고 신체활동을 잘 하지 못함으로써 병의 치료에 부정적 영향을 미친다. 이런 면이 있다는 걸 인지한다면, 병이 난 이후에 "스트레스 때문에 병에 걸렸다"고 자책하는 것보다는 지금이라도 적극적으로 스트레스를 관리하기 위해 노력하는 것이 최선의 결과를 얻을 수 있는 방법이다.

몸과 마음은 서로 연결되어 있고, 언제나 서로 영향을 주고받는다. 모든 질환이 스트레스 때문이라고 하는 것은 근거가 없으며, 심리적 원인으로 모든 것을 돌리려는 일종의 '투사'라는 방어기제에 가깝다. 그렇다고 '스트레스'와 '질환의 발생'이 별개라고 선을 그어버리는 것은 심신이원론에 치우친 관점이다. 몸과 마음 사이에서 매개체로 작동하고 있는 것이 스트레스라고 생각하면 적절할 것이다.

2

왜 스트레스를 받으면
몸의 상처가 더디게 아물까

한번 스트레스를 받으면 꽤 오래 가는 사람이 있다. 그런 걸 '심리적 트라우마'라고 말한다. 사람들에게 따돌림을 당한 기억이 남보다 훨씬 오래 남아서 좀처럼 잊지 못하는 사람도 있다. 내성적이고 민감한 성격의 사람일 가능성도 있지만, 다른 한편으로는 그 사람의 삶을 돌아봤을 때 그때가 여러 스트레스가 겹친 시기였을 수도 있다.

회사에서 대인관계로 어려움을 겪는 사람을 상담하다 보면, 그가 처한 상황이 조금 억울한 면이 있기는 하지만 당장 산업재해로 신고하거나 회사의 고충위원회에 진정서를 낼 만한 수준은 아닌 경우도 있다. 그런데도 당사자는 무척이나 힘들어하고 견뎌내기 어려워한다. 몇 개월을 상담하고 약물 치료를 하면서 여러 이야기를 듣다 보니 15년간 키우던 개가 몇 달 전 무지

개다리를 건넜다는 사실을 알게 되었다. 집에 가면 항상 자신을 반겨주던 존재가 사라지니 외로움이 더 커졌던 것이다. 친구에게 빌려준 몇 백만 원을 돌려받지 못한 일도 있었다. 이런 일들이 겹친 것이 회사에서 생긴 인간관계의 수렁에서 잘 헤어나지 못하게 한 요인이 될 수도 있다.

면역력을 낮추는 스트레스

스트레스는 몸과 마음을 가리지 않고 영향을 준다. 우리는 트라우마를 심리적 용어로 사용하지만, 사실 트라우마는 '상처'를 의미한다. 먼저 몸의 상처가 스트레스에 어떤 영향을 받는지 보자. 사고로 크게 다친 사람을 치료하는 외상센터가 트라우마 센터다. 상처는 치료를 받아야 할 때도 있지만 신체의 면역작용의 작동으로 저절로 아물기도 한다. 같은 부위의 상처도 어떤 사람은 빨리 아물고, 또 어떤 사람은 좀 오래 걸린다. 여기에 스트레스가 영향을 미칠까?

미국 오하이오주립대학교 치과대학 교수들이 치과대학 학생 11명을 모집해서 일부러 상처를 낸 후 아무는 시간을 비교해보았다. 입안에 지름 3.5mm의 작은 상처를 2개 낸 후에 학생들을 두 가지 조건으로 놓고 비교한 것이다. 한 번은 학기의 첫 시험

3일 전이었고, 다른 한 번은 여름방학 중이었다. 전자는 스트레스가 치솟을 때고 후자는 가장 평온하고 스트레스가 적을 때다. 그러고 나서 매일 사진을 찍어 상처가 아무는 과정을 관찰하고, 과산화수소 거품 반응으로 입안의 피부가 다시 자라는 정도를 측정해보았다. 방학기간과 비교해보니 시험기간에 상처가 아무는 시간이 3일 더 걸렸다. 혈액검사를 했더니, 면역 지표인 인터루킨-1 베타(IL-1β) mRNA 생산이 68% 정도 감소해서 염증성 사이토카인 생성이 줄어들었기 때문임을 알 수 있었다. 심리적 스트레스가 신체의 상처를 낫게 하는 기본적 면역반응 속도를 늦춘 것이다.

여기에 핵심적 기능을 하는 것이 사이토카인cytokine이라는 신호단백질이다. 사이토카인은 인터루킨, 인터페론, 종양괴사인자, 변환성장인자 등을 포함하는데, 이들은 면역세포를 활성화, 분화, 증식하는 데 신호를 주고, 염증성 사이토카인들은 감염 부위로 백혈구를 불러 모으고 염증반응을 일으켜서 회복을 돕는다.[2] 13쌍의 부부를 대상으로 갈등을 유발한 이후와 평온한 상황일 때 피부에 상처를 내어 실험해보았더니, 갈등 상황일 때는 평온한 상황일 때보다 상처가 낫는 데 40% 이상 시간이 더 걸렸으며 염증성 사이토카인 생성도 감소된 상태였다. 부부 사이의 갈등도 상처가 낫는 것을 더디게 한다.[3] 수술 전후에 스트레스 인식 수준이 높은 환자의 경우에는 수술 시 봉합한 부위

가 낫는 데 시간이 오래 걸렸다.[4]

이와 같이 마음이나 몸에 상처가 나는 것 자체가 스트레스 상황이기는 하다. 그런데 같은 상처라 해도 당사자가 스트레스를 경험하고 있으면, 그 상처의 치유는 스트레스 상황이 아닐 때보다 더 오래 걸린다. 상처가 마음의 문제라면 양적으로 측정하거나 다른 사람과 비교하는 건 쉬운 일이 아니다. 앞서의 실험과 같이 몸에 작은 상처를 만들어 자연 치유되는 시간을 측정하는 것은 상대적으로 안전하고 객관적 수치로 비교할 수도 있다. 스트레스 상황에 처하면 면역능력이 약해지고, 외부 병균의 침입을 받거나 염증반응에서 회복하는 데 오래 걸린다.

스트레스라는 심리적 요인이 신체의 면역기능과 영향을 주고받는다는 것을 입증하는 연구를 정신면역학이라고 하는데, 이를 통해 몸과 마음이 스트레스를 매개로 긴밀하게 연결되어 있다는 사실이 다수 밝혀졌다. 그렇다면 이렇게 생각해볼 수도 있겠다. 마음의 상처를 회복하는 일이 다른 스트레스로 인해 더 오래 걸리는 것 같다면, 스트레스 상황을 정리하기 위한 노력도 필요하지만, 한편으로는 신체적 통증을 줄이거나 상처를 치료해서 몸의 컨디션을 최적화하기 위해 노력하는 것이 도움이 될 것이라고 말이다.

3

체중감소와 폭식이
되풀이되는 문제

일반적으로 스트레스는 식욕을 떨어트리는데, 그 결과 체중까지 줄어들 수 있다. 그런데 어떤 사람은 스트레스 상황이 지속되면 체중이 줄기보다는 도리어 폭발하듯 살이 찌기도 한다. 그 상황이 끝난 다음에도 체중이 원상 복귀하지 않으면 비만인의 체형으로 변해버린다. 스트레스는 이렇게 급성이냐 만성이냐에 따라 식욕과 체중에 180도 다른 영향을 미친다.

갑자기 맞닥뜨린 스트레스에는 코르티솔 분비 호르몬의 영향으로 교감신경계가 활성화되면서 식욕이 떨어지고, 위운동이 줄어들면서 소화가 안 되는 것이 일반적인 현상이다. 그에 반해서 스트레스로 코르티솔 분비 호르몬이 당질 코르티코이드를 분비하게 하면 당분이나 지방을 선호하게 한다. 당질 코르티코이드는 그보다 오랜 시간 작용한다. 스트레스가 며칠 내로 끝나지 않고 상당히 오랜 시간 지속되면, 몸은 섭취한 음식을 최대한 저장하고 싶어진다. 나중에 회복을 위해 써야 할 에너지를 주로 복부에 지방의 형태로 저장하며 장기전에 대비하는 것이다. 스트레스와 식욕, 비만의 관계를 알아보려면 스트레스의 지속 여부를 단기와 장기로 나눠서 볼 필요가 있다.

스트레스는 겨울과 같다

스트레스 상황을 토끼의 삶으로 설명해보겠다.

풀을 뜯어 먹는 토끼의 앞에 늑대가 나타나는 것은 급성 스트레스다. 토끼는 교감신경계가 최고조에 달해 재빨리 도망쳐서 덤불 속에 숨는다. 늑대가 다시 나타날지 몰라 오들오들 떨면서 숨죽인 채 기다린다. 이럴 때는 아까 먹은 풀을 소화하기 위해 위장을 움직이는 것도 에너지 낭비다. 언제든지 죽을힘을 다해 도망가야 할 수도 있으니 위장으로 가는 혈류량을 최소화하고, 먹은 것을 빨리 녹이기 위해 위산의 분비는 늘어난다. 지금 이 시점에서는 식욕이 오르면 안 된다. 공복감을 느껴서도 안 된다. 덤불 밖이 충분히 안전하다는 것이 확인될 때까지는 배가 고파도 안 되고, 뭘 먹고 싶다는 마음이 생겨도 안 되기 때문이다. 이와 같은 현상이 스트레스에 대한 초기반응이다.

몇 시간이 지나고, 밖이 안전하다고 판단해 덤불에서 나온 토끼의 몸에는 코르티솔이 작용한다. 회복기로 전환되어 소화가 다시 시작되고, 식욕이 올라서 소모된 에너지를 보충하고 싶어진다. 먹은 것에 대한 칼로리 여유분은 만일을 대비해서 소중히 지방으로 저장한다. 급성 스트레스를 확 받았다가 풀리는 것을 반복하는 사람은 식욕이 뚝 떨어졌다가 폭식하기를 되풀이한다. 스트레스를 받을 때는 하루 종일 아무것도 먹지 않고 지내다가 밤에 일을 마치고 나면 야식을 많이 먹고 바로 자는 악순환이 벌어지는데, 스트레스를 덜 인식하는 사람과 같은 양을 먹는다고 해도 위와 같은 지방 저장 메커니즘이 작동하니 살이 더 붙을 위험이 있다. 특히나 피하지방보다는 복부지방에 쌓여서 배가 볼록 나온 체형이 된다.

다시 토끼의 삶으로 돌아가서, 이제 스트레스가 꽤 오래 지속되는 시기가 왔다고 가정해보자. 토끼에게 오래 지속되는 스트레스란 어떤 것일까? 바로 겨울 아닐까? 몇 달간 강한 추위가 이어지고, 먹을 것을 구하기가 힘들어진다. 게다가 토끼의 천적도 배가 고파서 최선을 다해 먹이를 구하러 다니는 기간이다. 이럴 때는 배도 덜 고픈 것이 낫고, 공복감도 덜 느끼는 것이 낫다. 무엇보다 생존을 위해서는 어쩌다 먹은 음식의 칼로리를 모두 대사에 사용하지 않도록 하는 것이다. 날이 좋을 때는 어디든 풀이 널려 있다. 포식자만 없다면 언제든 먹이를 구할 수 있으니, 오늘 먹은 양으로 변환한 에너지를 모두 다 사용해도 된다. 근육을 만들어 성장하기도 하고, 번식하거나 새끼를 낳기도 한다. 하지만 겨울에는 다르다. 오늘 먹은 풀이나 열매가 앞으로 며칠 동안은 마지막으로 먹은 것일 수 있다. 다 쓰지 않고 아껴서 저장해두는 것이 현명한 선택이다. 이때 좋은 칼로리 저장 방법은 지방으로 변환하는 것이다. 지방은 1g당 9kcal의 열량을 저장한다. 게다가 지방을 피부 밑에 저장하면 방한 효과까지 있으니 일석이조다.

스트레스가 오랫동안 지속되면 이런 메커니즘이 작용해 살이 찐다. 먹는 양이 같은데도 불구하고 이상하게 기운은 없고 살만 붙는 것이다. 보통 성인의 하루 섭취량이 2400kcal 정도인데, 평소 스트레스가 없는 시기라면 2400kcal 모두를 하루의 열량으로 다 소비하고 모자라면 더 먹기도 한다. 하지만 위기 상황이 오래 지속되고 있다면 뇌는 세팅을 바꾼다. 생존을 위해 버티기 모드로 살아가야 할 한겨울이 왔다고 보는 것이다. 만약 2400kcal를 섭취했다면 '이건 오늘 운이 좋았을 뿐이야'라고 여기고, 예를 들어 그중 1800kcal만 하루를 보내는 데 사용하고 나머지 600kcal는 뚝 잘라 지방으로 변환해서 몸 안에 묻어두는 결정을 내린다. 기업에 이익이 나면 호황기에는 그 이익을 과감히 투자에 쓰지만, 불황기에는 사내유보금으로 분류해 더 안 좋은 상태가 되어도 버틸 수 있게 쌓아두는 것과 같다. 이렇게 되면 체중이 늘어나고, 한번 먹으면 왕창 먹고 싶어지는 기이한 역전이 일어난다.

하루 날이 풀렸다고 안심할 수 있을까? 어쩌면 다음 날부터 다시 매서운 추위가 올지 모른다. 그러니 지방을 저장해놓는 세팅은 이어진다. 이제 봄이 왔다. 겨울에 비해서 먹을 것도 주변에서 쉽게 구할 수 있고, 추위도 없는 따뜻한 날이 이어진다. 이제 뇌는 비로소 안심한다. '겨울이 지나갔구나.' 이제 먹는 것은 다 에너지로 쓰고, 갖고 있는 지방도 에너지로 꺼내 쓰는 방향으로 세팅을 바꾼다. 만성적 스트레스로부터 벗어나서 안정감을 느끼고, 주변 환경이 평화로운 시기가 일정 기간 이상 이어져야 비로소 식욕이 정상으로 돌아온다. 스트레스가 많은 날이 길어질 때는 아무리 적게 먹어도 살이 빠지지 않지만, 맘이 편해지면 적당히 먹는데도 살이 빠지고 지방이 줄어든다.

외로운 사람은 단것을 먹는다

사회적 동물인 인간에게는 외로움도 굶주림과 같다. 외로움은 전형적인 대인관계의 스트레스로, 하루이틀 사이에 좋아지기는 어려운 만성적 감정이다.

영국 더럼대학교의 푸샤 시로이스Fuschia M. Sirois 교수는 외로움과 음식 선호 사이의 관계를 실험해보았다. 우선 참가자 360여 명에게 만성적 외로움을 느끼는 정도와 부정적 정서가 어느 정도인지 측정했다. 그러고 나서 이전에 외롭다고 느꼈던 순간을 떠올리게 하고, 이때 어떤 감정을 느꼈는지, 또 무엇을 했는지를 쓰도록 했다. 이렇게 자기 경험에서 비롯한 감정과 생각을 쓰게 한 것은 외로운 감정을 떠올리도록 유도한 것이다. 그러자 이들 앞에 놓인 음식에 대한 선호도가 달라졌다.

참가자들 앞에는 사과, 바나나, 당근 스틱이 놓인 테이블과 도넛, 쿠키, 초콜릿바, 케이크가 놓인 테이블이 있었다. 이들에게 먹고 싶은 음식을 선택하라고 하자, 글을 쓰고 나서 외로움을 더 많이 회상한 사람들은 쾌락을 유도하는 고칼로리 음식을 선택하는 경향이 강했다.[5] 당류, 지방이 많은 고칼로리 음식이 스트레스를 일시적으로 완화해주는 일종의 치료제 역할을 한 것이다. 외로움으로 불편해진 감정 회로를 스스로 조절하려고, 뇌의 쾌락중추가 달콤하고 기름진 음식을 선택해서 감정적 고통을 달래려고 한 것이다. 이 기간이 길어지면 복부비만으로 이어진다.[6]

스트레스가 비만으로 이어지는 경우

이렇게 스트레스가 장기화되면 몸은 체중이 늘어나는 방향으로 변환된다. 어떤 사람은 스트레스 상황이 끝나면 다시 이전 체중으로 무사히 돌아오지만, 그렇지 못하고 비만의 길로 들어서는 사람도 있다. 스트레스가 지속되어서만은 아니다. 대체 어떤 메커니즘이 작용하는 것일까?

이에 대해서는 신진대사의 유연성이 떨어진 결과라고 설명한다. 몸에도 회복탄력성이 있다. 건강한 운동선수들은 과격한 인터벌 운동으로 심박수가 한껏 올라간 다음 정상 수치로 돌아오는 회복 속도가 보통 사람들에 비해 매우 빠르다. 나이 들거나 건강하지 못할수록 회복 속도는 느려진다. 이와 같이 스트레스에 대응하기 위해 몸은 신진대사 시스템에 변화를 준다. 건강할 때는 스트레스 상황이 끝나면 신속하게 이전 상태로 돌아간다. 하지만 만성적 스트레스 상황에서 지방을 축적하도록 변하고 난 후에는 일부에서는 다시 돌아가지 않고 이전 상태를 그대로 유지한다. 유연성이 떨어져서 상황 변화에 맞는 회복 반응을 바로 해내지 못하는 것이다. 유연성을 떨어트리는 주범 역시 스트레스다.

스트레스가 없다 해도, 우리 몸은 포도당과 지방을 적절히 배분해서 칼로리로 사용한다. 대사 유연성이 좋은 사람은 이 둘을 때에 따라 잘 나눠서 사용한다. 보통 우선하는 것은 포도당이다. 나는 포도당을 현금에 비유하기도 한다. 먼저 현금을 쓰고 모자라면 저축해놓은 돈을 쓰는 게 합리적이다. 지방은 저금과 같다. 상황이 좋을 때에는 저금과 현금을 잘 오가면서 운용할 수 있다. 그러나 상황이 나빠지면 달라진다.

《내 몸 혁명》의 저자인 비만 전문가 박용우 박사는 우리 몸을 하이브리드 자동차에 비유한다. 하이브리드 자동차가 연료로 가솔린과 전기를 번갈아 쓰듯이 우리 몸은 포도당과 지방을 사용하는데, 먼저 포도당을 쓰다가 다 떨어지면 잽싸게 지방을 꺼내 사용하는 모드로 전환한다. 공복 상태에서 밥을 먹고 나면 탄수화물을 포도당으로 전환해서 사용하고, 포도당이 떨어지고 나면 그제야 이차로 지방을 분해해서 몸의 연료로 사용한다. 포도당과 지방 대사의 전환 스위치가 자동적이고 부드럽게 잘 작동하면 대사 효율이 매우 높은 상태라 할 수 있는데, 이럴 때는 쉽게 체중이 늘지 않는다.

낮에는 먹은 음식을 사용한 포도당 대사를 위주로 하고, 밤에는 12시간 정도 음식을 먹지 않으니 지방 대사를 위주로 한다. 그런데 대사 유연성이 떨어지면 음식을 먹고 혈당이 올라도 포도당을 적극적으로 활용하지 못하고, 반대로 혈당이 떨어지는 밤사이에도 지방을 꺼내서 연소하지 못한다. 그러니 당분을 많이 섭취하거나 꺼내 쓸 지방이 많아도 대사 효율이 떨어진 상태에서는 몸 안에서 '언제나 부족하다'는 신호만 나온다. 그래서 에너지를 지방으로 쌓아놓기만 하고 꺼내지 않는다. 체중과 체지방이 늘어난다. 당이 떨어져도 지방을 꺼내지 못하니 쉽게 허기가 지고 뭐라도 계속 먹고 싶은 기분이 든다.

이때 대사 유연성을 떨어트리는 원인도 역시 스트레스다. 특히 급성보다 만성적인 스트레스가 지속되면 전에 비해 당과 지방 사이의 전환을 간세포가 유연하게 대처하지 못하는 간 대사 재프로그래밍이 일어나거나 미토콘드리아의 기능이 저하되며, 근골격계의 대사 효율성이 떨어지는 등 다양한 방식으로 에너지 소비가 줄고 대사 유연성이 떨어진다. 이런 상황이 장기화되면 체중만 느는 게 아니라 당뇨나 기타 대사 질환의 위험도 증가한다.[7]

스트레스가 초기에는 식욕을 떨어트리고 살이 쪽 빠지게 하지만, 오랜 시간 지속되면 결국 체형을 변화시키는 수준의 비만으로 나아가게 하며, 나중에는 당뇨와 같은 대사질환의 위험까지 늘린다. 생존을 위한 메커니즘은 처음 대응할 때와 장기전을 치를 때가 각기 다를 수밖에 없다. 우리 몸이 에너지를 다루는 방법도 상황에 따라 달라져서, 오랜 스트레스 상황은 결국 비만으로 이어지고 만다. 마음뿐 아니라 몸의 에너지 대사도 스트레스에 대한 대처 방법의 유연성이나 회복 능력과 밀접한 연관이 있다.

4

걱정 때문에
잠 못 이루는 사람들

영식은 최근 회사에서 실적 문제로 압박을 받고 있다. 작년에는 영업실적이 입사 이후 최고점을 찍었고 덕분에 인센티브도 두둑하게 받았다. 문제는 올해다. 작년 실적에다 20%를 더한 목표치를 받았는데, 믿고 있던 거래처 두 군데가 거래선을 바꿨고, 작년에 주문을 많이 넣은 거래처는 올해 생산 실적이 별로 좋지 않다면서 도리어 작년의 반으로 발주를 줄인 것이다.

하루 종일 거래처와 전화통화를 하고, 새로운 제안서를 뿌리고 미팅을 하면서 돌아다니다 저녁이 되면 몸은 마치 물에 젖은 솜 뭉치 같다. 귀가가 늦으니 당장이라도 푹 자야 내일 아침부터 다시 일할 수 있는데, 잠을 자려고 누우면 잠이 안 온다. 시계만 자꾸 보게 되고, 혹시나 하는 마음에 이메일을 확인하다 보면 시간이 훌쩍 지나 있다. 겨우 잠이 들었을 때도 거래처가 끊기는 꿈이나, 어릴 때 혼난 일까지 내용이 뒤숭숭한 꿈만 연속으로 꾼다. 그러다 보면 어느새 일어날 시간이다. 몸이 찌뿌둥하고 머리는 멍한 상태로 다시 하루를 시작한다.

이처럼 스트레스 상황에 처하면 잠드는 것이 어렵다. 스트레스란 긴급하게 위협을 당하는 것이고 이는 생존과 관련한 위기이니, 그런 상황에서 무방비 상태로 잠들면 안 되는 게 당연한 일이기는 하다. 그렇지만 잠을 자는 것은 한편으로는 전날 들어온 정보를 정리하고 에너지를 충전하는 소중한 시간이기도 하므로, 스트레스 상황에 잘 대응하려면 잘 자야 하는 것이 맞다. 뇌의 입장에서는 딜레마에 빠진 것이다. 잠을 잘 자야 에너지 보충이 되는데, 너무 깊게 자면 포식자가 다가오거나 더 위험한 일이 벌어졌을 때 일어나지 못해서 생명의 위협에 빠질 수 있으니 말이다.

잠을 잘 때 뇌에서는 어떤 일이 벌어지는지 스트레스 대응의 관점에서 알아보자.

스트레스가 잠을 교란하는 방식

정상적인 수면은 렘수면과 비렘수면으로 나뉜다. 그중 비렘수면은 뇌파의 활동을 기준으로 3단계로 나뉜다. 1단계(N1)는 가장 얕은 잠으로 수면의 문턱에 해당된다. 2단계(N2)가 되면 뇌파의 속도가 느려지면서 본격적인 잠에 들어간다. 체온이 떨어지고 심박수가 줄어든다. 가장 느린 뇌파인 서파가 50% 이상이 되어 '깊은 잠'(N3)이라고 불리며, 이 시기에는 신체가 회복하고 성장호르몬이 나오기도 한다. '잠의 질이 좋다'는 것은 전체 수면시간에서 깊은 잠의 비중이 많은 것이다.

이와 달리 눈이 빨리 움직이는 렘수면 때는 꿈을 가장 많이 꾼다. 이 시기에는 감정을 처리하고, 기억을 정리하는 등 전날 있었던 일에 대한 정보를 처리한다. 깊은 잠과 얕은 잠이 1.5~2시간 간격으로 반복되며 하룻밤에 4~5번 정도의 주기로 돌아간다. 렘수면은 N1-N2-N3를 거친 후 다시 N2로 잠이 얕아지면서 진행하는 경우가 흔하다. 처음에는 깊은 잠의 비중이 많다가 잠의 후반이 되면서 렘수면의 비중이 느는데, 그래서 깨기 전에 꿈을 많이 꾼다고 인식하는 것이다.

이런 일반적인 수면 구조와 달리 스트레스 상황에서는 잠에 어떤 변화가 올까?

스트레스 상황에서는 시상하부-뇌하수체-부신 축이 과잉활성화되어서 코르티솔 분비가 지속되고 그로 인해 각성이 유지되어 수면 주기로 쉽게 들어가지 못한다. 그래서 깊은 잠으로 들어가는 데 오래 걸리고, 깊은 잠에 머무르는 시간도 적다. 밤에는 코르티솔 분비가 줄어야 하는데, 꽤 높게 유지된다. 코르티솔은 송과선pineal gland에서 잠을 유도하는 호르몬인 멜라토닌의 분비를 억제한다. 그래서 멜라토닌이 서서히 분비되어 전체적인 수면 주기가 뒤로 밀린다. 일주기 리듬circadian rhythm에 교란이 생겨서 오전 내내 졸리고 멍한 상태가 지속될 수도 있다.

특히 이런 일은 스트레스가 장기화되면 두드러진다. 여기에 더해서 교감신경계가 항진된 채 유지되어 심박수, 혈압, 체온이 모두 높게 지속되면서 몸이 이완되지 못하고, 작은 외부 자극에도 쉽게 반응하고 깨어난다. 자는 동안 코골이가 심하거나 이를 가는 습관이 있는 사람이라면, 스트레스로 인해 그러한 습관이 악화되기 쉽다.

꿈이 보내는 신호

꿈은 왜 많아지는 것일까? 꿈은 주로 렘수면에서 많이 보이지만, 비렘수면에서도 있다. 우리가 주목할 것은 렘수면이다. 인간이 왜 렘수면을 하는지 아직 정확히 알지는 못하지만, 렘수면 동안 뇌는 정서, 학습, 정보를 처리하는 역할을 한다. 그런 면에서 보면, 스트레스 상황에서 렘수면이 증가하는 것은 현재 겪고 있는 정서적 어려움을 나름대로 처리하려고 노력하고 있는 거라고 볼 수 있다.

렘수면 중에는 편도체와 해마가 활성화되면서 감정 기억과 사건 기억을 꺼내온다. 그에 반해 합리적이고 이성적인 사고를 담당하는 배외측전전두엽dorsolateral prefrontal cortex은 기능이 떨어져 논리적이기보다는 자유로운 내용의 꿈을 만든다. 비현실적이지만 통쾌한, 혹은 무서운 상황을 만들어 그 감정적 기억을 재가공하면서 자신에게 직접적인 영향이 덜 미치게 해준다.

문제풀이를 잘 하지 못해 선생님에게 호되게 혼이 난 학생이 밤에 잠을 잘 때는, 무섭고 서러웠던 감정 기억과 교실에서 혼이 나던 사건 기억이 호출되기도 한다. 이때는 그 사건이 사실 그대로 나열되기보다는 훨씬 비논리적이고 자유로운 내용이면서도 비슷한 맥락의 꿈으로 바뀐다. 배외측전전두엽이 깨어 있을 때보다 덜 작동하는 것이다. 예를 들어 퀴즈 대회에서 유명 연예인인 사회자가 내 답변이 오답이라며 면박을 주었는데, 알고 보니 내가 낸 답이 기발한 정답으로 밝혀졌다. 사람들이 모두 환호했고, 나는 우승자가 되었으며, 사회자는 나에게 사과하며 같이 사진 찍자고 했다는 내용의 꿈을 꾸는 것이다.

평소 잠을 잘 자고 있다면 전날 기분 나쁜 일이 있었다 해도 꿈으로 한번 해결하고 나서(기분 나쁘게 한 사람을 응징하는 꿈을 꾼다든지) 다음 날 평온하게 하루를 시작해 전날의 일을 의식하지 않고 자신의 기분을 상하게 했던 사람을 대할 수 있다. 하지만 감당하기 힘든 수준의 큰 외상적 사건을 경험한 외상후스트레스장애 환자의 경우에는 반복적으로 악몽을 꾸기도 한다. 깨어 있을 때는 뇌가 다시 기억하는 것조차 감당하기 힘들 만큼 끔찍한 외상적 사건이라서 잠을 자면서 어떻게든 정서적으로 처리하려고 노력하는 것이다. 안타깝게도 너무 강렬한 악몽이라 도리어 각성이 되어서 잠이 깨어버리고 말지만 말이다.

이런 꿈의 내용이 실은 무의식의 핵심적 기억과 연관이 있지만 변형된 것이라고 파악한 사람이 바로 프로이트다. 그는 정신분석을 통해 이를 알아내려고 하면서 "꿈은 무의식으로 가는 로열 로드"라고 표현한 바 있다. 이후 수면의 뇌과학이나 생리적 요소들을 과학적으로 알게 되면서 프로이트의 정신분석이 꽤 근거 있는 이론이라는 것도 밝혀졌다.

한편 스트레스로 노르아드레날린의 농도가 증가하여 각성도가 증가하는 것도 문제다. 렘수면은 깊은 잠이 아닌 2단계 정도에 많이 분포하는데, 스트레스 상황에서는 교감신경계가 각성되어 쉽게 깨어나고, 그러다 보니 한참 꿈을 꾸던 중에 바로 깨어버려서 꿈을 더욱 생생하게 기억하게 된다. 자다 깼을 때 너무 생생하게 현실적인 꿈을 기억하니 다시 자기 어렵고, 다음 날까지도 그 생각이 이어지는 악몽의 현실화가 일어난다.[8]

왜 누구는 잘 자고 누구는 못 잘까

이렇게 스트레스는 수면의 질을 악화시키고 우리를 꿈에 시달리게 한다. 그런데 주변을 둘러보면 같은 스트레스를 경험하면서도 베개에 머리를 대는 순간 깊은 잠에 빠지는 사람을 볼 수 있다. 특히 부부 사이에서 이런 경우가 많다. 아이가 아파서 부부가 함께 병원을 오가며 간호하고 있는데, 한 명은 거의 잠을 이루지 못해 퀭한 상태이고 다른 한 명은 눕자마자 코를 골 정도로 깊게 잠을 자는 것이다. 그렇다고 그 사람이 나 몰라라 하는 것도 아니다. 두 사람이 똑같이 힘든 시간을 보내고 있는데도 그럴 수 있다.

여기에는 타고난 생물학적 능력보다 인지적인 요인이 영향을 미친다. 심리생리학적 특성 중에서 스트레스나 감정적 자극 같은 외부 요인에 의해 수면이 방해되는 정도를 '수면 반응성 sleep reactivity'이라고 한다. 수면 반응성이 낮은 사람은 스트레스 상황에도 쉽게 잠이 들고 잠을 잘 유지하는 데 반해, 높은 사람은 잠들기가 어렵고 자주 깨며 깊은 잠을 잘 수 없다.

잠과 관련해서 자신이 어떤 유형인지 점검해보자. 오른쪽 표의 문항들은 '스트레스에 대한 포드 불면증 반응 테스트 Ford Insomnia Response to Stress Test, FIRST'라는 9개 문항의 설문을 간단히 축약해서 보여준 것이다. 여기에서 '그렇다'고 답한 것이 많을수

수면 반응성 테스트

✓	다음 날 중요한 회의나 발표를 앞두고 있을 때, 잠들기 어렵거나 자주 깬다.
	하루 종일 스트레스를 많이 받은 날에는 밤에 잠들기 어렵다.
	저녁에 스트레스가 많은 일을 겪은 후, 잠들기 어렵거나 자주 깬다.
	낮에 나쁜 소식을 들은 후, 잠들기 어렵거나 자주 깬다.
	무서운 영화나 TV 프로그램을 본 후, 잠들기 어렵거나 자주 깬다.
	직장에서 힘든 하루를 보낸 후, 잠들기 어렵거나 자주 깬다.
	누군가와 언쟁을 한 후, 잠들기 어렵거나 자주 깬다.
	공개적으로 말해야 하는 상황을 앞두고 있을 때, 잠들기 어렵거나 자주 깬다.
	휴가 여행을 떠나기 전날 밤, 잠들기 어렵거나 자주 깬다.

록 수면 반응성이 높다고 할 수 있다.

잠을 잘 못 자는 사람은 실은 '잠에 대한 불안'이 많은 사람이면서 동시에 일상생활에서도 걱정이 많은 편인 경우가 많다. 앞날이 걱정되니, 몸과 마음의 전원을 쉽게 끄지 못한다.

일어나지 않은 일을 미리 걱정하고, 생활 속 스트레스를 위협적으로 받아들여 불안해하며, 반복해서 일어나지도 않았는데 스트레스 사건이 미리 떠올라서 사라지지 않는다. 수면 반응성이 높은 사람일수록 동일한 스트레스를 겪어도 우울증이나 불면증이 생길 위험이 높다. 그에 반해서 수면 반응성이 낮은 사람은 아무리 힘든 일을 겪어도 '뭐, 어떻게든 되겠지' 하는 마음을 갖고 일단 잠을 잘 잔다. 그러니 당연하게도 다음 날 개운하게 일어나 어제의 상황을 정리하는데, 컨디션이 좋으니 결과도 좋다. 스트레스에 대한 회복탄력성 중 하나로 수면 반응성이 낮은 것을 뽑을 만하다.[9] 이렇게 스트레스에는 수면의 양과 질, 거기에 더해서 꿈이 매우 밀접하게 연관된다.

몇 년 전, 병원에서 무척 힘든 병세에 빠진 환자를 볼 때였다. 늦은 시간까지 돌보다가 그날은 더 이상 할 것이 없는 터라 아주 늦은 시간에 병원을 나왔다. 집에 도착하자마자 잊고 있던 허기가 갑자기 몰려왔다. 마침 밥솥에 밥이 있어서 냉장고를 뒤져 비빔밥을 만들어 허겁지겁 주린 배를 채웠다. 나는 먹으면서 혼자 중얼거렸다.

"배가 고픈 걸 보니 버틸 만하겠구나."

배를 채우고 나니 식곤증과 함께 잠이 오기 시작했다. 긴장해서 날이 설 대로 선 상태라 잠을 못 이룰 줄 알았는데, 너무나 다행히도 다음 날 이른 새벽까지 깨지 않고 잘 수 있었다. 아침에 출근해보니 환자의 병세가 전날보다 많이 나아진 상태였다.

이와 같이 아무리 힘든 일을 겪고 있어도 때가 되면 배가 출출해 뭔가 먹고 싶어지고, 이런저런 걱정거리가 사라지지 않더라도 시간이 되면 잠을 이룰 수 있으며, 중간에 깨어 잡념이 다시 들어도 너무 강렬한 꿈 때문에 깬 것은 아니라서 얼마 지나지 않아 다시 잘 수 있다면, 그래도 잘 견뎌내고 있다고 평가하고는 한다. "잘 버티고 있군요"라고 하면서 말이다. 나 또한 힘든 일을 겪을 때 나 자신을 점검하는 방식이기도 하다.

5

기억력이 걷잡을 수 없이 떨어진다

의과대학 본과 1학년 수업 중에서 가장 힘든 과목이 해부학이다. 의대 공부의 상징과도 같은 시간으로, 학점도 가장 많다(내가 대학에 다닐 때는 6학점이었다). '카데바'라고 불리는 해부용 시체를 학생들이 직접 해부하고 몇 주가 지나면 시험을 보는데, 해부된 몸의 한 부분, 예를 들어 아래팔 안쪽에 있는 척골신경을 끈으로 묶어서 표시하고 이름을 쓰는 식이다. 시간을 오래 주면 좋겠지만 2분도 채 안 되는 시간에 빠르게 답을 쓰고 다음 문제로 이동해야 한다. 전날 밤새 외워서 스트레스가 최고조로 올라 있는 상태인데, 여기에 순발력까지 더해야 하는 시험이다. 쉬운 문제가 앞에 배치되어 있음에도 갑자기 아무 생각이 나지 않는 경우, 한마디로 초주검이 된다. "땡" 하고 종이 울리고 다음 문제로 강제 이동을 당하고 난 다음에 불현듯 바로 이전 문제의 답이 떠오르면, 그 시험은 망치고 만다.

공부라면 남에게 뒤지지 않는 의대생들도 '땡 시험'만큼은 공포스럽다. 기억이 나지 않아서 더 공포에 사로잡히거나, 뒤늦게 답이 떠올라 당장 풀어야 할 문제의 답을 정작 기억해내지 못하는 도미노 효과가 일어나기 때문이다. 조금 지나면 기억이 나고, 시험이 끝난 다음에는 어떤 문제가 나왔는지 수십 개의 문제를 순서대로 다 기억해낼 수도 있다. 기억력 하나만큼은 상위 0.1%에 속하는 의대생들이지만, 스트레스로 인해 기억해내는 능력이 일시적으로 저하되는 것이다.

수십 년이 지난 지금도 본과 1학년 봄에 치른 해부학 땡 시험의 기억이 생생하니, 그만큼 강렬한 스트레스였던 것 같다. 그때 내 뇌에 일어난 일을 지금 돌이켜 해석해보면, 기억력 자체가 나빴던 게 아니라 작업기억에 손상이 왔던 것이라 말할 수 있다.

직장인도 이와 비슷한 경험을 할 수 있다. 중요한 프레젠테이션을 앞두고 열심히 준비했는데 막상 눈앞에 나란히 앉아 있는 본부장이나 임원들과 눈이 마주치고 나면 머리가 새하얘지면서 무슨 말을 해야 할지 기억이 나지 않는다. 간단한 질문에도 기억이 안 나서 대답하지 못할 때도 있다. 이런 일이 벌어지는 건 기억력이 나쁜 것이 아니라 스트레스로 인해 작업기억 능력이 저하되었기 때문이다.

작업기억이란

1956년 미국의 심리학자 조지 밀러George Miller가 제시한 '작업기억working memory'이란 주어진 정보를 일시적으로 저장하고 조작하며 과제를 수행하는 능력이다. 생각을 하거나, 말을 하기 위해 문장을 구성하거나, 산수문제를 풀거나 할 때, 짧은 시간 동안 정보를 유지하고 처리하는 머릿속의 작업공간을 작업기억이라고 한다.

예를 들어 "2 더하기 2는 얼마야?"라는 질문을 들으면, 머릿속에서는 숫자 2와 2 그리고 더하기 부호가 떠올라야 한다. "답은 4야"라고 말하고 나면, 이제 그 문제 자체는 지워버려도 된다. 그래야 다음 문제를 풀기 위한 공간을 확보할 수 있기 때문이다. 이렇게 문제를 해결하기 위해 적당한 단어들을 꺼내고 그중 가장 적절한 단어를 찾아 문장을 구성하거나 개념을 사용하는 작은 칠판 같은 것이 작업기억이다. 과제를 풀고 나면 이전의 자료를 다 지워서 매번 빈 화면을 만들어 다시 사용한다. 컴퓨터에서 하드디스크 공간이 기억력이라면 램RAM 용량 같은 것이 작업기억이다.

작업기억은 일종의 작은 칠판이나 주머니 같아서 한 번에 담을 수 있는 분량이 제한적이다. 일반적인 성인은 평균 7개 정도를 다룰 수 있다고 알려져 있다(여기서 2개 정도의 폭이 있어서 사람에 따라 5~9개 사이로 보는데, 최근에는 4±1로 더 제한적이라고 보는 견해가 일반적이다). 한 번에 7개의 단어, 숫자, 기호를 머릿속에서 다루는 것은 가능하나, 그걸 넘어서면 부하가 걸리는 것이다. 작업기억력은 배외측전전두엽에서 핵심적인 역할을 담당하며, 스트레스에 매우 민감하다.

정량화된 스트레스로 가장 쓰기 좋은 것이 적당한 수준의 통증을 주는 것이다. 참가자를 무작위로 나눠서 한 그룹은 1분간 얼음물에 손을 담그게 하고, 다른 한 그룹은 37도 정도의 따뜻한 물에 손을 담그게 함으로써 스트레스를 부여한 연구가 있다. 20분이 지난 후 기억력 검사를 했더니, 얼음물로 스트레스를 준 그룹의 오답률이 증가하는 경향이 관찰되었다.[10]

통증이라는 스트레스가 주의 자원을 손이 아프다는 것에 집중하게 하여 주의집중력이라는 자원을 소모했다. 20분이 지난 후에도 작업기억력이 떨어져서 단어를 들어도 잘 저장하지 못하고 나중에 답도 제대로 하지 못한 것이다.

스트레스와 기억력

기억력 자체만 본다면 적당한 수준의 스트레스는 기억력 향상에 도움을 준다. 바짝 긴장하면 아무래도 집중력이 올라가서 기억하려는 정보를 잘 저장하는 데 도움이 된다. 교감신경계의 활성화로 포도당이 적극적으로 동원되고 뇌로 가는 혈류량이 늘어나면서, 해마에서의 세포간 시냅스에서 흥분성 신호를 전달하는 글루타메이트가 많이 작용해 기억이 강화된다. 스트레스 상황에서 경험한 것이 감정적 기억이 아니라 해도, 사건이 되는 정보도 잘 기억하고 있어야 하니 세세하게 잘 기억하는 것이다. 이는 신경세포가 더 많은 에너지를 쓰게 한다.

총을 든 강도에게 금고를 열라는 협박을 당한 은행 지점장에게 나중에 경찰이 범인의 인상착의를 물었다. 지점장은 하나도 기억이 나지 않는다고 했다. 유일하게 강도가 들고 있던 총의 생김새는 기억했는데, 그것도 매우 세세히 기억해냈다. 이를 '총기 집중 효과gun focus effect'라고 하는데, 스트레스로 시야가 매우 좁아지면서 바로 눈앞에서 위협이 되는 정보는 아주 잘 기억하는 일이 벌어지는 것이다. 급성 스트레스에서는 일시적으로 기억력이 강화되는데, 이와 같은 경우는 근시안적으로 집중된 상황이다. 단기 스트레스는 이렇게 일시적으로 기억력을 일부 강화하는 기능을 하기도 한다.

하지만 스트레스가 오래 지속되면 문제가 된다. 인간이 갖고 있는 자원에는 한계가 있으며, 기억의 가장 중요한 기관인 해마에도 손상이 오기 때문이다.

해마는 기억하려고 하는 장기기억 관련 정보를 저장하는 핵심 부위다. 스트레스가 장기간 지속되는 경우 코르티솔이 높은 농도로 혈액 속에 유지되는 일이 꽤 오래 반복될 수밖에 없다. 그런 경우에는 특히 해마의 신경세포가 취약해져서 세포의 수가 줄어들고, 해마의 신경가소성neuroplasticity이 줄어들어서 같은 세포 손상 이후에 재생이나 재구조화에 어려움이 생긴다. 시냅스의 연결성도 줄어들고 신경세포회로neural circuit의 복잡성이 줄어들어서 회로가 약해진다. 이미 기억하고 있는 것들이 사라지는 건 아니지만, 저장하고 있는 걸 꺼내는 능력이 떨어지고 새로운 걸 기억하는 능력은 저하된다. 만성 스트레스로 새로운 신경세포의 생성이 억제되는데, 가장 활발하게 새 세포가 만들어지는 부위 중 하나가 해마이기에 직격탄을 맞은 것이다.

여기에 코르티솔 농도가 높은 상태가 유지되면 애써 저장해놓은 정보를 꺼내는 능력도 저하되어 아는 것도 기억이 잘 나지 않는다. 위협적 상황이라고 여기면 객관적 정보보다는 감정과 관련한 기억이 더 먼저 인출되어 판단에 영향을 미친다. 그래서 장기간 이어지는 기말고사나 의과대학 땡 시험에서 뻔히 아는 것도 기억이 안 나고 아까 했던 실수만 생각나면서, 놀란 마음이 쉽게 가라앉지 않는 것이다. 더 나아가 2~3년 전에 시험에서 실수했던 것이 같은 맥락으로 불현듯 떠올라서 집중력을 흐트러뜨리고, '나는 망했다'라는 비합리적인 확신을 갖기 쉽다.

이렇게 스트레스가 지속되면 기억공간인 해마가 위축되고, 작업기억과 관련한 전전두엽의 기능이 억제되어 머리가 안 돌아간다고 여기며, 편도체가 과활성화되어서 지금 상황과 관련 없는 이전의 감정적 경험까지 기억에 떠올라 머릿속을 어지럽힌다.

스트레스가 치매 위험을 높일까

같은 강도의 스트레스라고 해도 연령별로는 아무래도 청소년기에 더 민감하게 반응하는 측면이 있다. 성인기에 스트레스로 만성적 코르티솔 과다가 지속되는 것은 우울증과 연관된다. 노년기에는 뇌의 신경가소성이 저하되므로 이 시기의 만성적 스트레스는 기억력 저하와 본격적으로 연관이 있다. 실제로 뇌 영상 촬영을 하면 해마의 크기가 줄어들어 있는 것이 뚜렷이 보인다.[11]

이쯤에서 의문이 하나 떠오른다. 스트레스가 노년기에 해마가 작아지는 데 영향을 준다면, 치매의 위험성을 높일 가능성도 있다는 걸까?

물론 치매의 발병에는 무척 다양한 요인들이 작용한다. 그러나 많은 연구가 생활 속 스트레스가 장기간 지속되는 경우 해마의 크기 저하에 영향을 미치고, 치매로 진단할 만한 수준의 뇌의 변화와 인지기능 저하로 이어질 가능성이 높아진다고 보고했다.

만성 스트레스를 가장 입증하기 쉬운 것은 만성통증에 시달리는 것이다. 영국의 바이오뱅크에 등록한 35만 명을 대상으로 통증 부위의 개수에 따른 치매의 위험도, 인지기능 변화, 뇌의 구조변화를 분석한 연구가 있다. 통증이 있는 그룹에서 인지능력의 저하가 광범위하고 빠르게 진행되었는데, 통증 부위가 많을수록 그 속도가 빨랐다. 통증 부위가 여럿인 그룹의 뇌 영상에서는 해마의 부피가 감소되어 있었고, 여기서도 통증 부위가 여럿일수록 해마가 작아진 것과 연관성이 있었다.[12]

한 메타분석 연구에서는 치매 전 단계인 경도 인지장애의 발생 위험도가 19%, 모든 원인의 치매는 44%가 증가하는 것으로 결론을 내렸다. 2개 이상의 스트레스 사건 경험자의 경우에는 치매 위험도가 72% 증가하므로, 평소 스트레스 관리가 치매 예방을 위해 중요하다는 제언이 있었다.[13]

앞서 설명한 것처럼 단기 스트레스는 바짝 긴장해서 시험을 잘 치르게 하거나, 깜박했던 것도 잘 기억해내는 데 도움을 준다. 하지만 감당할 수준을 넘어서는 스트레스는 작업기억의 저하로 이어져서 알던 것도 생각이 안 나게 하고, 감정적 기억만 되살려서 더 당황하게 한다. 상황이 장기화되면 기억력 자체에 본격적으로 부정적 영향을 주게 되는데, 특히 전반적 노화가 일어나는 노년기에는 스트레스가 치매의 위험성을 높일 정도로 뇌의 구조적 변화에까지 영향을 주기도 한다.

6

괜찮다고 하는 사람이
더 위험하다, 번아웃

"쉬어도 쉰 것 같지가 않아요."

"이러다가 큰일 날 것 같아서 연차를 몰아서 썼는데, 여전히 몸이 무겁고 집중이 안 됩니다."

회의를 하다가 팀장이 "이건 자네가 해보게"라고 말한 순간 숨이 턱 막히고 눈물이 핑 돌았다고 말한 사람도 있다.

번아웃이 사회적 문제가 되고 있다. 단기 스트레스는 경쟁력을 높여주지만, 스트레스가 지속되는 데다 회복할 기회도 없다면 자기 안의 모든 자원을 소진해버려 더 이상 스트레스에 반응하지 못하는 상태가 된다. 이런 맥락에서 번아웃은 스트레스 반응의 종착점이라 할 수 있다. 그런데 우리 사회에서는 번아웃이 드문 일이 아니게 되어버렸다.

2023년 한 언론에서 국내 대기업과 중소기업, 스타트업 직장인을 두루 포함한 1000명을 대상으로 설문조사를 실시했다. 결과만으로 볼 때 이중 55%가 번아웃에 준하는 수준이었다. 약간의 우울이나 불안을 경험하는 것을 넘어서서 소진 또는 심리적 탈진 상태로 보고한 것이다. 조사 항목에는 급여, 직급, 성별도 있었는데, 소득이 적고 직급이 낮은 여성일수록 번아웃에 취약했다. 업무의 절대량보다는 업무 지시가 명확하지 않거나, 책임과 역할이 불분명해서 이게 누구의 일인지 모르는 것을 하게 될 때, 애매한 상황이 오래 지속될 때, 원하지 않은 일을 해야 하는 경우가 많을 때 번아웃의 가능성이 더 높았다. 일에 대한 부담이 12% 올라갈 때 번아웃 확률은 50% 증가했고, 이직 확률도 53% 늘어났다. 한국만의 문제가 아닌 것이 컨설팅 회사 딜로이트가 미국 MZ세대를 대상으로 한 설문에서도 비슷한 수준의 대상이 번아웃을 호소했다. 세계경제포럼은 번아웃으로 인한 생산성 저하가 한화로 420조 원에 달한다는 무시무시한 추정을 하기도 했다.

그만큼 번아웃은 개인의 문제만이 아니라 조직, 회사, 사회 전체의 손실이다. 가랑비에도 옷이 젖는데, 그러다 제대로 푹 젖어버리면 말려서 뽀송하게 다시 만드는 것도 무척 어렵겠구나 싶다. 또 번아웃이 널리 퍼졌다는 것은 스트레스로 인한 과부하가 사회 전반에 많아져서 버텨내지 못하는 사람이 늘었다는 징후로 볼 수 있다. 한두 사람의 문제가 아닌 조직 시스템의 문제이며, 또 보건적 측면에서 봐야 할 시점이 되었음을 의미하는 것이다. 번아웃의 증가는 어쩌면 탄광의 카나리아 역할을 하는 건지도 모른다.

손쓸 수 없이 망가진 상태

스트레스는 현재 상황에 잘 적응하기 위해서 자기 안의 에너지를 동원하는 메커니즘이다. 몸과 마음은 일종의 기계에 비유할 수 있다. 많이 쓰면 빨리 망가지고, 너무 적게 쓰면 녹이 슨다. 한 곳이 살짝 망가졌을 때 재빨리 고치면 큰 문제가 없지만, 방치하면 그곳 때문에 다른 곳에도 무리가 가고 결국 전체적으로 다 망가져 손쓰기가 어려워진다. 무리하지 않게 기계의 작동 시간을 잘 지켜주고, 꾸준히 정비하고 소모품을 잘 갈아주면 오래 쓸 수 있다. 잘 돌아간다고 24시간 가동하고 부품을 제때 교체하지도 않으면서 한계치 이상으로 과부하가 걸리도록 막 굴리다 보면, 정해진 내구연한이 오기 전에 손쓸 수 없이 망가져버릴 것이다. 우리 몸에도 그런 현상이 일어나는데, 그게 바로 번아웃이다.

번아웃burn out은 글자 그대로 '다 타버린 상태'다. 2019년 세계보건기구WHO에서는 질병은 아니지만 '직업 관련 증상'에 처음으로 번아웃을 등재하며 '과도한 근무시간과 근무량으로 인해 피로가 쌓여 모든 것에 무기력, 의욕 상실, 분노, 불안감을 느끼는 현상'으로 정의했다.

번아웃은 보건적 측면에서 관심을 가질 증후군으로, 의학적 진단명은 아니다. 근무의 시간과 양이 현저히 많고 이로 인한 피로가 쌓여 감당하기 어려운 상황이 되는 것이 원인이다. 일반적 피로는 쉬면 좋아지는데, 번아웃의 경우에는 쉬어도 회복되지 않으니 매사 무기력하고 지친 상태가 이어진다.

예상하지 않은 일이 주어질까 걱정되어 회피하게 되고, 하던 일도 '이런 건 뭐 하러 하나' 하는 냉소적 태도를 보인다. 작업 능력이나 효율이 떨어질 수밖에 없다. 이전에는 너끈히 하던 일이 버거워지고, 어떤 날은 겨우 아슬아슬하게 해내기도 한다. 애쓰면서 하루의 일과를 해내다 보니 "이건 자네가 해보게"라는 제안은 무섭다. 우직하게 일해오던 사람도 번아웃에 가까워지면 반사적으로 일을 회피하고 위축된 심리 상태로 지낸다.

실제로 일이 많기도 하지만, 일이 눈앞에 있다는 것만으로도 심리적으로 압도된 상태가 된다. 스트레스의 신체 반응으로 본다면 회피나 경직이 발생하는 것이다. '내가 이 일을 왜 하나' 하는 생각이 머릿속에 가득해진다. 다 먹고살자고 하는 짓인데 이러다가 죽어버릴 것 같고 숨이 확 막히는 날이 지속되니, 그냥 다 그만두고 여기서 탈출하고 싶은 마음만 든다.

다음은 미국 메이요클리닉에서 '직무 스트레스에 의한 번아웃'을 평가하기 위해 만든 체크리스트의 내용 중 일부다.

직장에서 냉소적이거나 지나치게 비판적으로 변했는가?
억지로 끌려가듯이 출근하고, 출근 후에도 업무를 시작하기 어려운가?
직장 동료나 고객, 클라이언트에게 짜증을 내거나 종종 조바심이 나는가?
생산성을 유지할 에너지가 부족한가?
성과에 대한 만족감이 부족한가?
업무에 환멸을 느끼는가?
쾌감을 느끼고 싶거나, 아니면 아무것도 느끼고 싶지 않아서 음식이나 약물, 술에 의지하는가?

"아, 이건 지금 내 상태인데?"라고 혼잣말하는 사람이 없기를 바란다.

그렇다면 어떤 사람이 번아웃에 빠질 위험이 높을까? 여러 연구를 종합해보면, 다음과 같은 요인이나 개인적 성향이 번아웃의 취약 요소로 알려져 있다.

- 일정이나 임무, 업무량 등 직무에 영향을 미치는 결정을 통제하지 못하는 상태를 자주 경험하는 사람
- 자기 권한의 범위나 상사의 기대치를 확실히 알지 못해 일의 진행

을 예상하지 못하는, 예측 가능성의 저하를 자주 경험하는 사람

- 사내정치가 심한 회사에 다니거나 동료들 사이의 사사로운 갈등에 긴장하는 사람
- 자신의 관심사나 기술에 적합하지 않은 일을 하는 상태
- 처리해야 할 일이 실제로 많아서 상시적으로 일에 대한 압박감을 가진 채 지내는 상태
- 직장 안에서 친밀한 관계를 갖지 못하고 겉도는 느낌을 받아 고립감을 느끼며, 자신을 지지해줄 사람이 부재한 상태
- 일에 들이는 시간이 너무 많아서 개인적 시간을 내거나 가족과 보낼 시간이 너무 적은, 일과 삶의 불균형으로 지친 상태

흥미로운 점은, 번아웃은 조직 입장에서는 참 괜찮은 인재들에게 일어난다는 것이다. 저성과자나 뺀질거리면서 일을 회피하는 사람이 번아웃을 호소할 수는 있겠지만, 실제로 그들에게는 번아웃이 잘 생기지 않는다.

번아웃에 빠진 사람들을 만나보면 여러 공통점을 발견할 수 있다. 그들은 책임감이 강해서 자기가 다 해결해야 한다고 믿고, 일이 잘 풀리지 않으면 자기 탓이라 여기고 죄책감을 가진다. 남에게 일을 넘기기보다는 웬만하면 "제가 하겠습니다"라며 맡아서 하고, 남에게 부탁하느니 직접 해버리고 말겠다는 마음으로 일한다. 그러다가 결국 심하게 지쳐버리는 것이다. 또,

자신을 보호하기보다는 조직을 우선하며, 전체를 위해 자신을 희생하는 것이 당연하다고 생각한다.

이렇게 묵묵하게 자기 일을 하던 사람이 어느새 항복을 선언하는 것이 번아웃이다. 사람들은 그래서 잘 이해하지 못한다. 그가 일을 잘하고 많이 하는 것은 알지만, 좋아서 하는 것이라고 여겨졌던 경우가 더 많기 때문이다. 무던해서 별 불평을 하지 않던 사람이라서 더 이해가 안 되기도 한다. 이들이 어느 날 '아, 지쳤다'고 느끼는 계기는 감정의 변화에 있다.

일을 시키는 리더의 입장에서 생각해봐도 이들은 함께 일하기 좋은 사람들이다. 리더도 사람이기에 듣기 싫은 말이 있고, 일을 지시했을 때 거절당하는 게 불편하다. 고맙게도 이들은 변명하거나 거절하지 않고 끝까지 책임을 진다. 리더라면 자기 자신보다 조직을 먼저 생각하는 사람에게 일을 맡기려 한다. 문제는 리더만 그런 게 아니라는 거다. 그러다 보면 일이 한 사람에게 몰리고, 묵묵히 그 짐을 안고 가던 사람은 무릎이 탁 꺾여버리는 날이 온다.

꾸준히 일을 해내던 사람이 어느 시점에 번아웃 상태가 되고 더 이상 못 하겠다는 판단을 내리는지 조사해보았다. 서운함과 섭섭함을 느끼게 한 어떤 작은 일이 계기가 되었다는 보고가 공통적이었다.[14]

이들은 한결같이 "일이 많은 것은 참을 수 있어요. 하지만 서

운한 마음이 드는 순간부터 견디기 어려워졌어요"라고 말한다. 자신의 노력과 성과가 제대로 인정받지 못한다고 여겨지고, 공정하고 공평하게 대접받거나 평가받지 못한다고 여겨지는 순간, 그 서운함과 섭섭함은 사람을 확 지치게 만든다. 그나마 살려놓았던 소중한 불씨가 탁 꺼져버리는 순간이 온 것이다.

혼자 책임감 있게 궂은일을 도맡아 하던 게 당연하게 여겨지는 것도 한몫한다.

"○○ 씨가 원래 하던 일 아니에요?"

"그렇게 힘들어하는 줄 몰랐어요. 한 번도 불평을 하지 않길래 좋아서 하는 줄 알았죠."

이런 반응이 같은 팀 안에서 나올 때가 많다. 꽤 긴 기간 동안 그가 맡아서 해와서 그를 제외한 나머지 사람들은 덕분에 편하게 지낼 수 있었다. 그들은 은연중에 그의 부담이 비합리적이고 부당하다는 것을 외면해왔던 것이다.

번아웃에서 벗어날 수 있을까

지금까지 내가 진료실에서 만난 환자 중 번아웃을 주요 문제로 가진 이들의 경우, 비슷한 증상과 기능 저하를 보이는 우울증 환자에 비해 회복에 시간이 더 걸리는 편이었다. 실제로 스웨덴의 한 연구에서 번아웃에 빠진 217명을 7년간 추적해보니 3명 중 1명은 7년이 지난 후에도 번아웃과 관련한 증상을 갖고 있었다. 4명 중 3명은 전에 비해서 스트레스를 견디는 능력이 떨어져 있었다. 일반적으로는 반년 안에 회복되지만 모두가 그런 것은 아니다.[15]

앞서 설명했듯이 번아웃이란 다 타버렸다는 뜻이다. 장작에 불을 붙일 때는 보통 기름을 붓는다. 그게 스트레스 반응이다. 내가 갖고 있는 에너지원이 되는 칼로리, 혈당, 근력, 자아 등을 광범위한 장작이라 비유할 수 있다. 기름을 부으면 장작이 활활 탄다. 장작을 꾸준히 보급하고 타는 속도에 맞춰 기름을 붓고 부채질하면 화력이 일정하게 유지된다. 만약 기름을 붓는 빈도가 느는 데 비해서 장작을 보급하는 속도가 늦어진다면 어떻게 될까?

기름을 부어도 태울 장작이 없는 상황이 벌어진다. 그게 번아웃이다. 번아웃에서 회복되려면, 장작을 다시 차곡차곡 쌓아야 한다. 기름을 다시 부었을 때 그에 반응할 땔감이 마련될 때까지는 절대량의 시간이 필요하다. 그러므로 오래 걸릴 수밖에 없다.

'번아웃이 오더라도 치료하면 되지'라고 여겨서는 안 된다. 임상적으로 분명한 우울증이라면 약물 치료에 반응이 좋은 편이다. 한 달 이내에 중요한 증상들은 상당히 호전을 보인다. 하지만 번아웃은 동원할 땔감이 자기 안에서 다 떨어진 상태이므로 그 땔감이 다시 차오르기를 바라는 것 말고는 해줄 것이 별로 없다. 그 시간 동안에는 증상에 필요한 약물 치료를 하고, 회복을 돕도록 상담해주는 것이 최선의 치료다.

번아웃은 그만큼 조심해서 잘 관리하고, 또 예방해야 할 현상이다. 번아웃의 조짐이 보인다면 적극적으로 자신을 보호하기 위한 조치를 취해야 한다. 그동안 좋은 게 좋은 거라 여기고 혼자 맡아서 하던 것을 다른 사람에게도 분배해달라고 요구해야 한다. 책임감이라는 부담을 내려놓고 예전에 비해 이기적 자세를 취하는 것이 익숙지 않겠지만, 의도적으로 해보려고 해야 한다. '내가 아니면 안 돼'라는 생각에서 '내가 안 해도 굴러가지'라는 마음으로 전환한다. 휴식이 약이라는 마음으로 시간의 절대량을 확보하고 지켜나가야 한다. 이런 태도의 전환과 적극적 대처가 있어야 번아웃의 늪에 빠지기 직전에 나 자신을 구출할 수 있다.

혼자여서 힘들고, 함께여서 지친다

인간관계 스트레스

1

소외되면 기분만 나쁜 게 아니다

한 저녁 식사 모임에서 우연히 다른 부서의 직원들과 같은 테이블에 앉게 되었다. 이전부터 인사를 나누던 사이라 이런저런 이야기를 하다가 자연스럽게 나를 제외한 두 사람이 대화에 열중하기 시작했다. 나도 끼어들기 위해 몇 마디 거들기는 했는데, 화제는 금방 그들의 대화로 돌아갔다. 내 잔이 비었는데도 아무도 채워주는 사람이 없어서 혼자 맥주를 따라 마셨다. '내가 이분들에게 뭘 잘못한 게 있나?' 싶을 정도로 겉돌고 있다는 느낌이 들었다. 결국 화장실에 간다며 일어나서 다른 테이블로 자리를 옮길 때까지 은근히 불편해하면서 스트레스를 받았다(지금까지 그 일을 기억하는 걸 보면 말이다).

대학에 입학한 아들이 신입생 개강 모임에 갔다가 밤 9시도 되지 않아 귀가했다. 내가 신입생이었을 때를 생각하니 다소 의

아했다. 밤을 새우고 들어올 줄 알았는데 아들은 술도 마시지 않은 것 같았다. 무슨 일이 있었냐고 물으니 이렇게 말했다.

"오리엔테이션에 참가하지 않아서 그래요. 나만 빼고 다 서로 친하더라고요. 멍하니 자리에 앉아 있다가 그냥 왔어요."

몸살 기운이 있어 합숙 오리엔테이션에 가지 않은 후폭풍을 맞은 것이었다. 그들이 의도적으로 따돌린 게 아니라 이미 친해진 분위기에 아들이 맞추지 못했던 것이다. 아들은 그 분위기에 어울리지 않게 앉아 있다는 사실만으로도 소외된 듯한 기분이 들어서 속이 불편하고 술도 마시고 싶지 않았으며, 아예 그 자리에 있고 싶지 않았던 듯했다.

실질적 위협만 스트레스인 것은 아니다. 인간은 집단 안에서 부대끼면서 함께 생활하며 살아간다. 혼자서 살아가기에는 무척이나 약한 존재라서 그런지 몰라도, 진화 초기부터 무리를 지어서 살아왔고, 채집과 수렵 시대를 지나서 농경과 목축을 시작한 다음부터는 사회를 이루었다. 공동체와 사회를 이룬 이후 사람 간의 관계가 우리를 보호해주고 있지만, 동시에 그 안에서 어떻게 대처해야 하는지가 중요한 스트레스의 원인이 되고 있다.

따돌림 연구

직접민주주의를 시행한 고대 아테네에서는 집단의 규칙을 따르지 않거나 함께 지내기에 바람직하지 않은 행동을 하는 자를 투표로 선발해 벌을 주었다. 이때 가장 강력한 처벌이 바로 '추방'이었다. 도자기 파편ostracon에 이름을 적어 투표한 후 가장 많은 표를 받은 사람을 재판 없이 10년간 추방했다. 추방을 의미하는 오스트라시즘ostracism의 어원이 도자기 파편에서 비롯된 것은 고대 그리스의 이 제도에서 온 것이다.

교도소는 사회에서 배제되는 벌을 받는 곳이다. 그런데 그 안에서도 문제를 일으키면 여기에 더해서 처벌을 받는 곳이 '독방'이다. 감옥 안에서 같은 재소자들끼리 부대끼는 것은 스트레스일 수 있지만, 그보다 더 무서운 형벌은 아무도 만나지 못하게 하는 것임을 우리는 잘 알고 있다. 흉악범들조차도 독방에 들어가는 것을 피하고 싶어할 정도다. 교도소는 법을 우습게 여긴 범법자들을 독방의 형태로 컨트롤하고 있다.

그렇다면 사람과 사람 사이에서 따돌림 당하는 것, 자신이 배척되고 있다고 느끼는 것은 얼마나 힘든 일일까? 그 누구도 '당연한 것'이라고 여기는 것을 '확실히 규명'해보지 않고 있었다. 어떤 역사적 연구든 간에 일상에서의 계기가 필요한 법이다.

1980년대 중반, 미국 퍼듀대학교 심리학과 교수 키플링 윌리

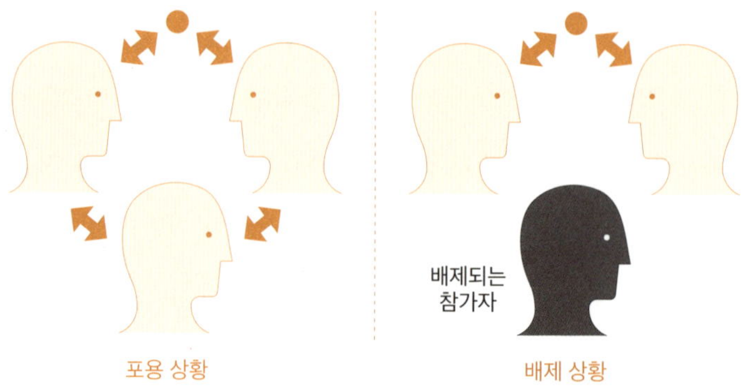

엄스Kipling D. Williams는 어느 날 공원에 갔다가 프리스비를 던지며 노는 두 사람과 처음 만났다. 그는 그들과 어울려 셋이서 돌아가면서 프리스비 던지기 놀이를 했다. 몇 분 지나지 않아 원래부터 친구인 두 사람만 서로 프리스비를 주고받고 윌리엄스에게는 주지 않았다. '끼어든 사람이니 이제 당신 갈 길 가세요'라고 은근히 사인을 준 것이지만 그는 그 상황에서 소외감을 느꼈다. 일반적인 사람이라면 '기분 참 더럽네'라고 생각하고 넘어갔을 테지만, 윌리엄스는 그 경험을 나중에 자신의 연구로 발전시켰다.

윌리엄스는 연구를 위해 사이버볼cyberball이라는 컴퓨터 게임을 개발했다. 실험 참가자들은 온라인에서 만난 두세 명의 다른 참가자와 함께, 윌리엄스가 공원에서 한 것과 유사하게 공을 주고받는 게임을 했다. 재미있는 것은 한 게임에서 참가자를 제외한 나머지 두세 명은 모두 실제 참가자가 아니라 컴퓨터로 통제한 가상 캐릭터였다는 점이다. 연구자는 게임의 속도, 공을 주고받는 빈도, 실험 참가자를 배제하거나 참여시키는 시점이나 기간을 모두 조절할 수 있었다.

실험 참가자는 애니메이션 캐릭터로 구현된 다른 두 명과 공을 주고받는 게임을 했는데, 어느 시점에 이르면 그를 제외한 나머지 두 명만 서로 공을 주고받고 그에게는 공을 주지 않았다. 이를 '배제' 상황이라 하고, 그를 포함해서 함께 공평하게 공을 주고받는 상황을 '포용' 상황이라고 정의했다. 그러고 나서 그 시기의 감정과 다양한 심리적 욕구를 측정해보았다.

참가자는 몇 분간 배제된 데 분노와 슬픔을 느꼈으며, 그와 함께 소속감, 자존감, 통제감, 삶의 의미와 같은 기본적 욕구에 대한 만족감도 감소했다. 사람과 사람이 직접 하는 게 아닌 사이버게임인데도 불구하고 짧은 시간 사이에 소외와 부정적 감정을 경험한 것이다. 만일 실제라면 그 스트레스가 얼마나 클지 알 수 있었다.

우리가 소외와 배제에 이렇게 민감하게 반응하는 이유는 동물적 본능과 관련이 있다. 집단 안에서 생존하도록 진화한 인간에게 '내가 배제당하고 있다'는 사실은 생존의 위협이 될 만한 신호다. '우리 집단의 생존을 위해서 너는 이제부터 우리가 아닌 남이야'라는 신호를 받는 것은 자신의 생존확률이 매우 급격하게 떨어질 수 있다는 신호가 된다. 그래서 소속감, 자존감, 통제감과 같은 기본적 심리 욕구가 흔들린 것이다. 스트레스 반응이 생존확률을 높이기 위해 작동하는 것임을 떠올린다면, 집단에서 배제되는 따돌림 경험이 스트레스와 직접적 상관성을 가지는 것은 당연하다고 할 만하다.[1]

소외될 때는 타이레놀이 효과적?

대인관계에서 따돌림은 얼마나 고통스러운 것일까?

윌리엄스는 후속 연구로 13명의 학생을 대상으로 사이버볼 게임을 하면서 수용될 때와 배제될 때 기능적자기공명영상fMRI을 촬영하여 뇌의 어느 부분이 활성화되는지 보았다. 사회적 배제가 일어난 스트레스 상황일 때 뇌에서는 배측대상피질dorsal anterior cingulate cortex과 전섬엽anterior insular cortex이 활성화되었는데, 이 부분은 신체적 통증이 있을 때 활성화되는 곳이다. 그렇다면 사회적으로 누구에겐가 거절당하거나 집단에서 소외를 경험하는 것은, 실은 뇌에서는 몸이 아픈 것과 똑같이 받아들인다는 걸 의미한다. 단순한 감정적 불편이나 기분 나쁨이 아니라 몸이 아플 때처럼 통증을 느끼는 것이다. 이 아이디어를 바탕으로 해서, 일반적으로 신체의 통증을 줄일 때 사용하는 아세트아미노

펜(타이레놀이나 게보린 등의 성분)을 복용하면 사회적 배제로 인한 심리적 고통이 줄어든다는 연구로 이어졌다.[2]

물론 사회적 고통이 이 부분을 활성화하므로 신체의 통증과 똑같이 처리할 수 있다고 단순하게 생각하는 것은 위험할 수 있어서 비판의 여지가 있다. 그렇지만 대인관계에서 배제의 스트레스가 얼마나 고통스러운지, 더 나아가서 몸이 아픈 것과 유사하게 고통스러운 것으로 뇌가 인식한다는 통찰력을 갖게 해주었다는 데 의의가 있다.

누군가와 함께하고 싶다면, 함께하는 만큼 잘 지내기도 해야 한다. 남들과 어울려 지내는 것도 실은 스트레스다. 그럼에도 사람들과 어울리는 걸 선택하는 이유는, 배제되는 것이 주는 고통이 더 크기 때문 아닐까? 그리고 배제는 위험과 더 가깝다는 점에서 두렵다.

그런 까닭에 함께하기와 홀로 있기 사이의 딜레마는 지속되는 것 같다. 어딘가에 끼어 있고 싶지만, 한편으로는 싫은 꼴 참으며 사는 것도 다 귀찮다. 혼자 지내고 싶다는 마음에 '나는 자연인'에 열광하는 이중적 마음이 바로 이런 맥락에서 고개를 끄덕이게 한다.

외로움이라는 신호가
울릴 때 벌어지는 일

혼자여서 외롭다는 감정은 불편하다. 외로워지면 어떻게든 벗어나고 싶어진다. 그래서 나는 외로움이 누군가를 만나기 위해 앞으로 나아가게 하는 신호라는 점에서 '인간관계의 전진 기어'라고 부른다. 그렇지만 만날 사람이 없거나, 만날 때 쓸 에너지가 없거나, 아니면 아예 그럴 상황이 아니라면 어떻게 해야 할까? 외로움이라는 신호는 울리는데, 정작 자신이 할 수 있는 것이 없으면 결국 사람은 무력감에 빠진다. '헬프 미help me'라는 조난 신호를 더 이상 보내지 못한 채 혼자의 동굴로 들어가버리고 말 것이다.

생존을 위한 감정

외로움은 본능적이며, 진화적으로 생존에 필요한 감정이다. 인간은 혼자서는 생존하기 어려운 무력한 존재다. 강한 근육, 날카로운 이빨, 날아다닐 수 있는 날개가 없다. 하이에나들같이 똘똘 뭉쳐야 덩치 큰 먹이를 사냥할 수 있고, 다 같이 힘을 합쳐야 농사를 지으며, 수확물을 뺏기지 않으려면 모여서 살아가야만 한다. 가족을 이루고, 사회공동체를 만들면서 살아가게 된 이후부터 인간의 삶에서 외로움은 중요한 신호 감정이 되었다. 외로움을 느끼는 것은 스트레스로 인식된다. 외로움을 느꼈는데 해소되지 못하면 생존 가능성이 그만큼 떨어진다. 스트레스 기전을 동원해서 위험 상태로 인식하고 적극적으로 대응하게 만든다.

그런 면에서 외로움은 마치 허기나 갈증과 같다. 배가 고프거나 목이 마르면 먹거나 마시고 싶듯이, 외로움은 다른 사람과 함께하고 싶은 본능의 표현이다. 누군가를 만나기 위해 밖으로 나가고, 손을 내밀고, 함께하기를 기대하는 마음이다. 그러므로 외롭다고 느끼는 사람일수록 사회적 신호에 민감하다. 누가 손을 들고 있는지, 만날 여력이 있는지, 그럴 의향이 있는지, 혹은 반대로 배척하려 하는지, 방어적인지 민감하게 느낀다. 먹이를 쫓아 달려가는 것도 실패율을 줄이기 위해 포획할 가능성이 높은 대상을 우선 찾는 신중한 선택이어야 하듯이, 사회적 신호는 외로움을 줄여줄 기대와 확률을 계산하도록 돕는다. 외롭다 느껴도, 또 외로움이 줄지 않을 때도 스트레스가 증가한다.

이 책의 앞부분에서 언급한 옥시토신을 잠시 소환해보자. 스트레스를 받으면 친사회성 호르몬인 옥시토신이 분비되는 것도 이와 마찬가지 맥락이다. 스트레스 상황에서 나를 지키는 힘은 누군가와 함께할 때 생긴다. 그런데 그게 제대로 이루어지고 있지 않다고 여기면 무력감을 느끼고, 현재의 나는 생존확률이 상대적으로 떨어질 위험에 처한다. 그래서 옥시토신뿐 아니라 일반적 스트레스호르몬들이 함께 방출될 수 있다. 외로움을 느끼면 누군가를 찾게 되고, 그 안에서 전보다 친밀감을 느끼며 옥시토신의 효과를 본다. 한편 외로움이 줄지 않고 사람과의 관계에서 원하는 만큼 만족을 얻지 못하면, 다른 스트레스 물질들로 인해 짜증이 나거나 화가 나며 심장이 쿵쿵거린다. 절망감과 자책감에 빠지기도 하고, 분노와 두려움을 함께 느끼기도 한다.

외로움이란 변수는 여러 가지 사회적 행동에 변화를 가져온다. 처음에는 외로워서 사람을 찾아가지만, 사회적 신호에 민감한 상태이니 작은 거절에도 큰 상처를 받는다. 몇 번 아프고 나면 다시 사람을 찾을 엄두를 못 내고 그대로 주저앉는다. 그 아픔을 술이나 다른 물질로 해결하기도 하고, 쉽게 사람을 만나고 즉흥적인 즐거움을 주는 클럽에서 해소하기도 한다. 외로움을 없애는 것이 가장 중요한 목표가 되다 보니 위험한 관계를 받아들이기도 한다. 가스라이팅의 피해자가 될 수도 있다.

경우에 따라서는 유사종교 집단이나 다단계회사에 들어가 그 안에서 일시적 평안을 찾는다. 집단이 주는 보호, 집단이 요구하는 규율, 바쁘게 지내게 하는 스케줄 안에서 생활하다 보면 그동안 자신을 힘들게 하던 외로움을 느낄 겨를조차 없다. 조금 더 큰 차원의 외로움 속으로 들어가는 셈이다. 그런 집단은 개인을 사회나 가족과 단절시키는 특징이 있다. 그리하여 개인은 그 집단 안에서는 외롭지 않을 수 있지만, 사회적으로 그 집단은 자발적 고립을 선택한 상태다. 다만 개인은 그 안에서는 외롭지 않으니 좋은 것이라고 믿는다.

여기에는 개인차가 있다. 어떤 사람은 외로움을 잘 안 느끼고 혼자서도 잘 지내지만, 어떤 사람은 외로움을 꽤 불편한 스트레스로 경험한다. 흔히 고양잇과의 사람과 개과의 사람으로 비교하기도 하는데, 여러 연구에 의하면 외로움을 느끼는 것에는 타고난 기질적 측면이 상당히 영향을 미친다.

네덜란드에서 쌍둥이로 등록된 8389명을 대상으로 1991년에서 2002년 사이에 5번에 걸쳐 외로움을 느끼는 정도에 대해 설문조사를 했다. 흔히 외로움은 일시적인 것이라 생각할 수 있다. 미혼일 때는 외롭다고 여기지만 결혼을 하고 아이를 낳으면 외로움이 줄어들 거라고 추정하는 것이 상식이다. 그런데 이 연구에 의하면, 남녀 간 차이가 없이 처음 외로움을 민감하게 느꼈던 사람은 10년 후에도 유사한 수준의 외로움을 느꼈다. 대략 타고난 유전적 기여도가 48%로 추정되었다.[3]

48%라는 것이 조금 위안이 되기는 한다. 최소한 과반은 넘지 않는다는 것은 사람이 살면서 어떤 경험을 하느냐에 따라 달라질 가능성이 과반 이상이라는 걸 의미하니까 말이다.

외로우면 허기가 지는 까닭

외로움을 스트레스로 느낄 때 대처하는 또 다른 방식은 먹는 것이다. 외로움은 대인관계를 통해 해소되는데, 그러려면 무조건 상대방이 있어야 한다는 절대 조건이 있다. 그것을 만족시키기 어렵다면 혼자 해결해야겠다고 판단한다. 어려서 엄마가 아이를 돌볼 때 아이는 외로움을 느낄 겨를이 없다. 엄마가 아이를 안고 젖을 물리고 있을 때 아이는 먹을 것과 함께 따뜻하게 보살핌을 받고 있다는 안도감을 느낀다. 그 만족은 외로움이 없다는 신호다. 만일 엄마가 없다면, 아이는 이상하게 헛헛하고 외로운 느낌을 받는다. 이를 '정서적 허기emotional hunger'라고 한다. 처음 엄마 품에서 젖을 먹을 때는 정서적 만족과 영양분으로 인한 포만감이 동시에 주어진다. 그렇지만 자라면서 혼자 있거나 외로움을 느낄 때 정서적 허기는 본질적으로 타인과의 친밀함이나 감정적 교감을 통해 해결되어야 할 것이다. 하지만 사람을 만나고 관계를 만드는 일은 원한다고 마음대로 당장 쉽게 이루어지는 게 아니다. 이때 무엇을 떠올리게 될까? 바로 '영양분의 포만감을 얻는 것으로 정서적 허기를 대체해보면 어떨까'라는 아이디어다.

이왕이면 몸에 좋은 음식보다는 기름지고 단 음식을 먹는 것이 낫다. 혈당과 칼로리의 빠른 상승은 외로움이라는 정서적 허기를 더 빨리 해결해준다. 이때는 다른 사람이 필요하지 않다는 탁월한 장점이 있다.

실제로 빠른 시간에 많은 음식을 먹으면 정서적 결핍이 일시적으로 해소된다. 음식 섭취를 통해 혈당이 올라가고 스트레스 호르몬 수치가 낮아지면서 자율신경계가 전반적으로 안정화되기 때문이다. 포만감과 함께 소화작용이 작동하면서 위장의 움직임이 활발해지고 부교감신경이 활성화되며 그 효과는 커진다.

그렇지만 이는 일시적일 뿐이다. 시간이 지나면 음식을 그렇게나 많이 먹었다는 것을 바로 인지해 죄책감을 갖는다. 그저 먹을 것으로 '거짓 정서적 만족'을 얻었을 뿐, 실제 사람과 사람 사이의 애착이나 정서적 만족은 존재하지 않다는 것, 그리하여 외롭고 고립된 상태는 여전하다는 것을 깨닫는다. 더 강한 자책

과 후회를 불러와 자존감이 떨어지는 악순환의 고리에 빠질 뿐
이다.

이런 이론적 개념에 기반해서 만들어진 '정서적 식이 척도
Emotional Eating Scale'가 현재 사용되고 있다.[4] 이 척도는 27개 문항
으로 이루어져 있고, 어떤 감정 상태에서 식이 행동이 유발되는
지 측정하는 것을 목표로 한다. 3개의 하위 요인으로 구성되어
있는데, 1) 분노와 짜증·좌절, 2) 긴장과 불안, 3) 우울과 무기
력 등이다. 자가 보고 척도로 그 외에 외로움과 소외감, 좌절과
낙담, 불평등이나 부당한 대우 등이 문항에 포함되어 있다. 이
점수가 높을수록 습관적 과식을 많이 하며, 이는 실제 체중증가
와도 연관이 있다.

예를 들면, 다음과 같은 문항이 있다.

- 화가 나거나 짜증이 날 때, 음식을 먹고 싶은 욕구가 있다.

- 불안하거나 긴장될 때, 음식을 먹고 싶은 욕구가 있다.

- 우울하거나 낙담할 때, 음식을 먹고 싶은 욕구가 있다.

- 외로울 때, 음식을 먹고 싶은 욕구가 있다.

- 지루하거나 할 일이 없을 때, 음식을 먹고 싶은 욕구가 있다.

- 죄책감이나 후회하는 기분이 들 때, 음식을 먹고 싶은 욕구가 있다.

- 흥분되거나 기분이 좋을 때, 음식을 먹고 싶은 욕구가 있다.

외로움이 건강에 미치는 영향

오늘날에는 온라인 세계에 깊이 빠지고, 온라인 데이트를 즐기며, 챗지피티 같은 인공지능 챗봇과 대화하는 것으로 외로움이라는 스트레스를 없애려는 사람들이 늘고 있다. 이렇게 나름대로 애썼는데도 외로움이 사라지지 않고 지속되면, 우리의 건강은 서서히 허물어진다.

앞서 외로움은 '인간관계의 전진 기어'라고 말했다. 앞으로 나아가려는 노력이 더 이상 먹히지 않으면 좌절감을 느끼고 도리어 스스로 후퇴를 선택할 것이다. 자신은 사람들과 어울리지 못하는 존재라고 여기고, 대인관계에 수동적인 태도를 보인다. 더 나아가 사람들과 어울리는 것을 '못 한다'가 아니라 '안 한다'라고 여긴다. 나아가느라고 썼던 에너지가 고갈되어 지치기도 했으니 에너지 소비를 최소화하는 방향으로 전략을 바꾼다. 이것이 우울증이다.

우울증은 '인간관계의 후진 기어'와 같다. '나는 외로워. 누가 내게 손을 내밀어줬으면 해'라는 생각과 소망은 어느덧 자취를 감추고, '나는 쓸모없는 사람이야. 아무도 나를 필요로 하지 않아. 내가 존재하고 있는 것은 모두에게 민폐가 될 뿐이야. 그냥 이렇게 혼자 쓸쓸하게 살다가 죽고 말 거야. 그걸 사람들은 바라고 있을 거야. 내 장례식에 찾아와 슬퍼해주는 사람은 아무도 없을 거야'라는 우울증적 신념으로 전환되어버린다. 외로움의 냇물에서 시작해서 우울의 강으로 넘어가는 것이다.

이와 관련해 유럽 12개국의 50세 이상 성인을 2년간 추적한 연구가 있다. 외로움은 2년 후 우울증 발병의 독립적이고 장기적인 예측 요인이었다는 결과가 눈에 띈다.[5]

장기적 외로움은 사람을 만나려는 의욕을 중단시키고 자발적 고립으로 이끈다. 이는 결국 고혈압, 비만, 흡연과 같은 조기 사망 원인을 증가시킨다. 사회적 스트레스가 지속되면서 몸 안의 시스템이 변했기 때문이다.

여기에 더해지는 것으로는 치매도 있다. 인지적으로 정상범위에 있는 평균 76세의 노인 79명을 대상으로 치매와 연관된 아밀로이드베타라는 물질을 양전자단층촬영PET으로 측정하면서 외로움의 정도를 함께 평가했다. 그랬더니 아밀로이드베타의 축적이 많은 사람일수록 일상생활에서 외로움을 느낄 확률이 7.5배 더 높았다.[6]

서로 연결이 꽤 먼 것 같아 보이는 외로움이라는 사회적 고립감은 장기적으로 스트레스를 높이고, 그 반응으로 염증성 화학물질이 증가하면서 뇌의 신경세포 손상을 가속화한다. 특히 사회적 인지나 판단과 연관된 전전두엽, 기억과 연관되어 해마의 노화가 빨라지는 것도 관찰되었다.[7]

외로움이라는 감정은 이렇게 광범위한 영역에 영향을 미치는 스트레스 요인이다. 외롭다는 마음이 드는 것은 혼자 있어서는 안 된다는 생각을 갖게 하고, 타인을 만나도록 도우며, 사회적 관계를 북돋는 기능이 있다. 그러나 사람과의 관계는 언제나 내 생각대로 이루어지는 것이 아니다. 그래서 외로움은 내 뜻대로 해소되지 못하고, 단기간 느끼는 감정이어야 할 외로움이 만성화되어 우울과 치매로까지 이어지곤 한다. 스트레스가 단기적일 때는 자신에게 도움이 되지만 장기화하면 몸의 시스템을 망가뜨리듯, 외로움도 마찬가지다. 외로움이 스트레스로 여겨지는지 잘 지켜보고 대처해야 하는 이유다.

공감 능력이 뛰어난
사람들의 뇌

이 시대의 화두는 공감이다. 서로가 서로에게 공감하며 다정히 대하기를 바란다. 공감이 모자란 세상이라 약자들이 힘들다고 말한다. 맞는 말이다. 공감을 잘하는 것이 중요한 일이기는 하지만, 누군가에게는 공감에 몰두하는 것 또한 스트레스가 되기도 한다.

"하루 일이 끝나면 녹초가 됩니다. 밤에 누워서 자려고 해도 오늘 방문한 곳이 떠올라서 심장이 두근거려요."

사회복지사로 일하는 영민은 저소득층이나 취약계층 가정을 방문해서 그들의 어려운 점을 청취하고 도움을 주는 일을 몇 년째 하고 있다. 그는 공감 능력을 타고나서 가족이나 친구들 사이에서는 배려심이 많고 타인의 처지를 먼저 생각하는 착한 사람이라는 평을 듣는다. 어릴 때부터 남을 돕는 일을 좋아해서 고등학교 재학 중에도 봉사활동을 열심히 했다. 이후 당연하게도 사회복지학과에 진학해서 사회복지사가 되었다. 자신이 좋아하는 일이 직업이 되었으니 행복해야 마땅하지만, 최근 들어 영민은 매일 위태위태하다고 느낀다. 주민들이 막무가내로 뭔가를 요구하거나 횡포를 부리는 것도 아닌데 말이다.

이번에 근무하게 된 지역은 특히나 경제적으로 어려운 사람들이 많이 사는 곳이다. 영민은 그들의 집에 방문해서 상담을 통해 그들에게 필요한 일을 찾아내고 도와주는 일을 하고 있다. 아파서 병원에 갈 기력이 없고, 제대로 치우지 못해 집이 매우 더러우며, 잘 씻거나 먹지 못해 남루하기 그지없는 사람들을 매일 직접 목격한다. 업무량이 적지 않은 탓도 있지만 요새 들어 더 빨리 지치는 것은, 정기적으로 방문해서 도움을 드리고 있는 할머니 중 한 분이 최근 집에서 돌아가셨고, 다른 한 분은 결국 요양병원으로 이송된 탓도 있다. 가까스로 가족을 찾아서 연락했지만 난 모르겠다며 매몰차게 전화를 끊어서 서류 작업에도 애를 먹었다. 당사자인 할머니들의 마음이 어떨지 눈에 선해서 가슴이 먹먹하여 잠이 오지 않고 아침에 깨도 몸이 무거웠다.

공감empathy은 타인의 감정이나 생각, 경험을 이해하고 공유하려는 심리적 능력 또는 태도를 말한다. 타인의 입장이 되어서 가슴으로 느끼는 '감정적 공감', 그의 입장에 서서 판단하고 이해하려는 '인지적 공감', 그리고 상대의 고통을 줄이기 위한 행동을 하고 싶은 '행동적 공감'으로 구성된다.

즉 공감은 상대의 아픔을 이해하려는 노력이다. 이를 단계별로 나눠서 보기도 한다.

가장 낮은 단계의 공감은 동정pity이다. "너 힘들구나. 알고 있어"라는 마음이다. 여기엔 상대와 나 사이의 정서적 연결이 없다. 그냥 지켜보면서 판단하며, 그저 불쌍히 여기는 수준이다.

다음은 동감sympathy이다. 강 건너에서 불이 나면 바라보게 된다. 그런데 거기 내가 아는 사람이 있다. "네가 힘들어서 걱정이 돼"라는 마음을 갖는 것과 비슷하다. 안타깝지만 내 일은 아니다. 내가 서 있는 안전한 곳과, 불이 나서 집이 모두 탄 사람 사이에는 강이라는 거리가 있다.

세 번째가 비로소 공감empathy이다. 지금 나는 강을 앞에 두고 있지만, 내 마음과 시선은 강을 건너 불타버린 집 앞에서 망연자실한 지인의 눈과 같은 자리에서 같은 것을 보고 있다. 상대의 입장에 서서 이해하고, 같은 것을 보고 느끼려는 마음이다.

그러므로 공감한다는 것은 '그의 입장'이 되는 것이고, 그 순간에는 나와 그가 잠시 하나가 되는 마음이 든다. 그의 고통이 내 것인 양 느껴진다. 그러니 상대의 고통을 줄이는 것이 나의 고통을 줄이는 것마냥 시급하고 중요하다. 어떤 경우에는 나 자신을 희생하는 일도 마다하지 않는다.

사람은 왜 공감할까

이렇게 복잡하게 남의 입장이 되어야 하는 공감이라는 감정은 왜 존재하는 것일까? 모든 감정에는 다 이유가 있다.

이 감정은 바로 엄마가 아기를 돌보는 것에서 시작되었다. 엄마는 자기가 낳은 아기가 무엇을 원하는지 알기 어렵다. 아기는 아직 말을 할 줄 모르고, 자기 표현도 서툴다. 지금 배가 고픈지, 춥거나 더운지, 어디가 아픈지 아닌지는 엄마가 알아차리는 길밖에 없다. 이때 가장 좋은 방법은 아기의 관점에서 생각하고 느끼는 것이다. 아기를 오랫동안 관찰해 깊이 이해한 엄마일수록 지금 아기가 뭘 원하는지 금방 알아차리고 먹을 걸 주거나 기저귀를 갈아주고, 이불을 덮어줄 것이다. 바로 이것이 공감 기능의 진화적 목적이다.

엄마에게 가장 큰 스트레스는 자기 자식에게 뭐가 문제인지 알지 못해서 제대로 돌보지 못하는 것이다. 아직 자기 의사를 표현하지 못하는 자식의 몸과 마음이 되어보려는 노력이 진화 발전된 것이 공감 능력이다. 아기가 낑낑거릴 때는 스트레스를 받는다. 하지만 배고파서 힘들어하는 것을 제때 파악해 먹을 것을 줘서 아기가 편안해지는 걸 보면 스트레스가 확 줄어든다. 공감 능력 덕분에 스트레스가 줄어든 것이다.

공감은 사회적 관계에 아교와 같은 작용을 한다. 저 사람이 지금 무엇을 원하는지 또는 어떤 마음인지 그가 말하기 전에 미리 느끼고 이해하고 반응할 준비를 하는 것이다. 이런 능력이 선천적으로 결핍된 경우가 자폐증이다. 자폐증이 있는 사람은 상대의 마음이 어떨지 머릿속에서 이미지를 그리지 못한다. 그래서 애착이 형성되지 않는다.

사이먼 배런코언Simon Baron-Cohen이라는 영국의 발달장애 전문가는 공감 능력은 일반인에서도 지능과 같이 스펙트럼이 있어서 덜 발달한 사람이 있는가 하면 매우 발달한 사람도 있다고 설명한다. 그는 이에 대해 정규분포곡선을 그릴 수 있다고 하면서 공감지수empathy quotient, EQ를 개발해서 실증하기도 했다. 배런코언이 공감지수를 일반인에게 적용해보았더니 평균은 35~45점 정도이고, 표준편차는 9.6점 정도로 정규분포곡선을 그렸다. 대부분 25~45점 사이에 몰려 있는데, 30점 이하면 자폐스펙트럼장애의 위험이 있다고 보았다. 즉, 일반인도 자폐증 수준의 공감 결여가 있는 것이다.

그만큼 공감 능력에는 개인차가 있다. 이때 공감이 '내 아기를 돌보는 능력'이라고 한다면, 그다음으로 선택과 집중의 문제가 떠오른다. '내 아기가 제일 중요'하게 만드는 것이 공감 작동의 결과다. 공감은 관심과 도움을 필요로 하는 곳을 환히 비추는 스포트라이트와 같다. 그러나 스포트라이트는 빛을 비추는 면적이 좁아서 내가 관심을 갖는 영역만 비춘다. 공감 에너지

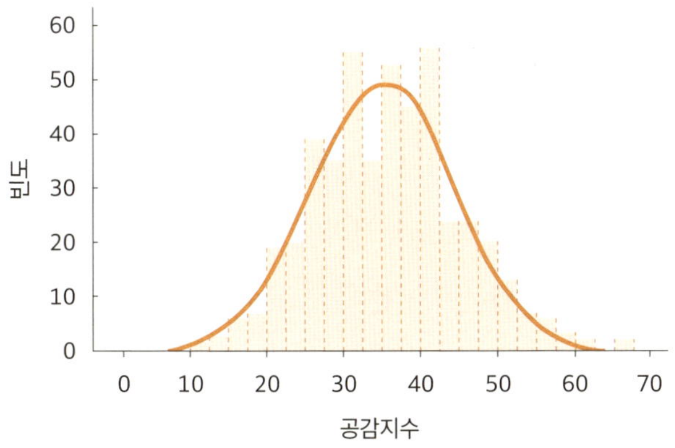

는 제한적이어서 내가 돌볼 사람에게만 집중해야 한다. 그 사람에게만 빛을 환하게 비추니 바로 옆은 도리어 어두워질 수밖에 없다. 그래서 편견, 배제, 배타라는 것이 공감과 함께 작동한다. 내 편이, 내 아기가 소중하고, 내 아기의 아픔이 강하게 느껴지면서 내 일로 고통스러운 만큼, 내가 공감하는 대상 이외의 존재가 겪는 아픔은 덜 중요하거나 무시하는 일이 벌어지고 만다.

공감이 이런 과정으로 작동하는 것은, 사람과 사람이 함께 살아가는 데 공감이 중요하지만 결국 그만큼 에너지가 많이 드는 일이라는 것을 의미한다. 또한 엄마가 아기를 잘 돌보기 위해 헌신해야 하는 것처럼, 공감이 오래 지속되기는 어려운 일임을 뜻하기도 한다.

공감 피로

배런코언이 제시한 공감지수의 관점에서 공감 능력이 탁월하게 좋은 사람들이 있다. 그들은 남들보다 잘 공감하는 덕분에 공감 능력을 필요로 하는 의료인, 성직자, 사회복지사, 수의사, 교육자와 같은 직업을 택하기도 한다. 도움이 필요한 사람을 남들보다 수월하게 도울 수 있어서 업계에서도 인정받고 직무만족도와 몰입도도 높지만 그만큼 지칠 위험도 크다.

공감 능력이 높은 이들이 타인의 아픔을 목격하는 순간에 촬영한 뇌 영상을 보면, 전대상피질anterior cingulate cortex, ACC과 전섬엽anterior insula의 활성화가 관찰되는데, 이는 실제로 고통을 경험할 때와 유사한 뇌 반응이다. 얼마나 힘든 일이겠는가? 그냥 머릿속으로 '힘들어하는구나'만 관찰하는 게 아니라, 직접 아프다고 뇌가 경험할 정도로 똑같은 스트레스 반응을 하는 것이다.

그러니 결국 지칠 수밖에 없다. 이를 공감 피로empathy fatigue라고 하며, 이에 관련한 연구도 많다. 높은 공감 능력으로 감정이입을 잘하지만, 그만큼 타인의 고통이 전이되는 정도가 커서 고통을 감내해야 하고, 이를 자기 스트레스로 경험하면서 코르티솔 수치가 올라가는 스트레스 반응이 일어난다.[9]

공감을 선택적으로, 영리하고 현명하게 해야 할 이유가 여기에 있다. 무한정 공감하기를 바라는 것은 일종의 폭력이 될 수 있다. 자신이 가진 에너지는 무제한이 아니라서 분명히 한계가 있다. 그래서 공감을 많이 해야 할 상황이 반복되거나 지속되면 아무리 착하고 좋은 사람이라고 해도 지칠 수밖에 없다. 공감을 잘하는 것이 마냥 좋은 게 아니라, 스트레스일 수 있는 이유가 바로 여기에 있다.

공감 문제로 스트레스 받을 일이 없는 사람들은 어떤 사람일까? 바로 소시오패스 혹은 사이코패스다. 이들은 선택적으로 공감 능력을 완전히 꺼버릴 줄 안다. 그래서 타인의 아픔에 무덤덤하고, 그들이 고통스러워하더라도 끝까지 착취하고 이용한다. 그렇다고 자폐증 환자같이 선천적으로 결여된 것과는 다르다. 가족 등 자신이 관심 있는 대상에는 공감하고 그에 맞게 반응하기 때문이다. 대신 그 반응으로 인한 분노가 매우 커서 '내 아이를 아프게 한 놈'을 응징할 때는 무자비하고 가차없다는 것이 문제다.

직장생활 스트레스,
누가 가장 클까

정원은 입사 2년차다. 일이 어느 정도 손에 익을 만한데도 출근하는 길이면 어깨가 벌써 아프기 시작한다. 팀원들과 함께 점심을 먹으러 가는 것도 고역이다. 11시쯤 팀원들의 의견을 물어서 식당을 예약하고, 식당에 도착하면 수저를 놓고 물을 따라놓는다. 팀장의 옛날 이야기를 듣고, 거기에 맞장구치는 선배들의 웃음소리를 메아리처럼 듣는다.

회의 중에 의견을 내면 '네가 뭘 알아?' 하는 시선이 느껴지면서 매번 반박을 당하거나 묵살되어 힘이 빠진다. 저녁 약속이 있어도 선배가 퇴근하지 않으면, 퇴근 시간이 한참 지난 후까지도 좀처럼 자리에서 일어서지 못한다. 이 정도면 혼자 알아서 해도 될 것 같아 진행했다가 미리 물어보지 않고 했다며 혼이 난다. 동시에 "아직 이것도 못 해?"라는 말을 일주일에 몇 번씩

들다 보면 힘을 내려던 마음이 푹 꺾이고는 한다. 도대체 뭘 혼자 하고, 뭘 물어보고 승인을 받아야 하는지 헷갈릴 뿐이다. 최근 반년 사이 몸무게가 3킬로그램 빠졌고, 퀭하니 다크서클이 늘었다. 기운이 없으니 집중력이 떨어지고 의욕을 내기도 어려워서 악순환에 빠진 상태다.

지위가 스트레스에 미치는 영향

업무량이 비슷하다고 해도 조직에서의 위치가 다르면 경험하는 스트레스가 다르다.

스트레스 연구의 권위자로, 미국 스탠퍼드대학교의 신경과학자이자 생물학자인 로버트 새폴스키는 아프리카 케냐에서 영장류인 사바나 개코원숭이Savanna Baboon를 30여 년간 면밀히 관찰했다. 그는 개체마다 이름을 붙이고 위계에 따른 그들의 행동 패턴과 공격성 표현, 사회적 상호작용을 분석하면서 스트레스호르몬 수치를 측정했다. 그 결과, 상위계층에 비해 하위계층이 코르티솔 수치가 높았고 면역력도 약했으며 생식기능도 저하된 것을 발견했다. 이에 반해 상위계층은 스트레스 반응도 적었고, 스트레스 상황에서의 회복도 빨랐다.

지배자 격인 상위계층 수컷이 병으로 사망하자 전체적으로 공격성이 감소되어 평화로운 사회가 만들어졌다. 이어 중위계층에 있던 개체가 지배계급이 되자 이전에 비해서 스트레스가 줄어들기도 했다. 스트레스 반응이 강하거나 약하게 타고난 것이 아니라 계급이 스트레스 수준에 영향을 준 것이다. 비슷한 일이라도 사회적 위계가 스트레스 반응에 영향을 주고, 사회적 문화와 개인의 스트레스에 지위가 영향을 끼친다는 것을 실증한 연구다.[10]

사람은 어떨까? 영국의 공무원들을 대상으로 아주 오랫동안 관찰한 연구가 있다.

영국의 역학 연구자 마이클 마멋Michael Marmot은 35~55세 사이의 공무원 1만 314명을 대상으로 1985년부터 1988년까지 3년간 1차로 조사를 한 후, 몇 년에 한 번씩 꾸준하게 이들의 건강을 추적하는 '화이트홀 연구Whitehall study'를 실행했다. 그는 직급에 따라 건강상태가 어떻게 다른지 확인해보았다.

업무량 자체는 상위 직급도 적지 않았다. 하지만 전체적으로 하위 직급에 있는 사람일수록 자신의 건강상태를 나쁘게 평가하는 경향이 있었고, 건강에 좋지 않은 요소들을 많이 가지고 있었다. 운동을 적게 하고, 담배를 많이 피우며, 건강에 좋지 않은 음식을 먹었다. 장기간 지켜보니 당뇨, 우울, 만성폐질환, 심혈관질환의 발병률도 증가했다. 이들은 상위 직급과 비교해 자신의 일에 대한 통제력이 적고, 사회적 지원도 받지 못한다고

여겼다. 하는 일이 단조롭고 자율성이 적었으며, 일에 대한 만족도도 낮았다.[11]

혼자 열심히 건강을 관리하는 것도 중요하지만, 사회에서의 계급이나 계층, 조직에서의 위치, 불평등한 관계 등이 전체적인 건강상태에 영향을 미친다는 것이 이 연구를 통해 입증되었다. 사바나 개코원숭이에게 자기가 속한 무리가 중요하다면, 사람에게는 일하는 공간에서의 지위가 스트레스의 중요한 원인이 되었다.

직원과 사장의 스트레스는 어떻게 다를까

스트레스의 두 가지 중요 요소인 '예측 가능성'과 '조절 가능성'의 측면에서 볼 때, 같은 상황이라 해도 하위 직급은 상위 직급에 비해 상대적으로 두 가지 요소가 모두 낮은 상태다. 하고 싶을 때 일을 하거나, 스스로 일을 조절해서 멈추고 싶을 때 멈출 수는 없다. 또, 일이 어떻게 전개될지 큰 그림을 그리거나, 일의 방향과 속도를 예측하기 어려운 위치다. 그러니 같은 양의 일을 하더라도 스트레스가 강하게 느껴지면서 축적되어 전체적 스트레스 반응을 증가시킨다. 하위 직급에 있는 경우 코르티솔의 분비가 만성적으로 증가되어 있고 염증반응이 많다는 사실이

다수의 연구에서 밝혀졌다. 이는 장기적으로 다양한 질환의 발병 가능성을 높인다.

그에 반해 상위 직급의 경우에는 책임이 크기는 하지만 위에서 전체를 조망하고 예측할 수 있다. 결정권을 가지고 계획을 세워 진행하므로 일의 완급 조절이 용이하다. 스트레스를 경험할 수 있지만, 상대적으로 일시적인 것에 그친다. 이들은 하는 일이 무척 많아서 훨씬 바쁠 수 있고, 하위 직급에 비해서 일의 종류가 다양하다. 예측하기 어려운 중요한 의사결정을 해야 할 상황을 많이 만날 수 있지만, 전체적으로 경험하는 스트레스는 낮다. 더욱이 상위 직급은 주변에서 그를 도울 네트워크도 풍부하고, 결과에 대한 보상도 하위 직급에 비해서 크다. 그래서 전체적 삶의 만족도도 높은 편이다.

그렇다고 해서 상위 직급의 리더들이 편하게 살고 있는 것만은 아니다. 그들에게는 무척 다른 종류의 스트레스가 던져진다.

먼저, 결정의 무게가 위로 갈수록 크다는 점이다. 함께 일하는 사람들의 앞날이 그의 결정 하나에 걸려 있을 수 있고, 엄청난 돈이 오가는 상황에서 큰 이익 혹은 돌이킬 수 없는 손해를 부를 수 있다.

다음은 외로움이다. 리더들은 하나같이 외로움을 호소한다. 사심 없이 대화를 나누고 친밀한 관계를 가질 사람이 갈수록 적어진다고 한다. 다가오는 이들이 모두 '내가 뭘 얻어갈까'라는 마음을 갖고 있는 것 같아 보인다. 더욱이 중요한 결정의 책임이 시간이 갈수록 늘어나면서 압박감이 커지고, 가족과의 관계에서조차도 혼자라는 감정을 자주 느낀다.

마지막으로 감정의 통제다. 사람이기에 화가 나고 슬프기도 하며, 불쾌한 날도 있다. 그렇지만 지위가 높을수록 그 감정을 마음껏 표현하지 못한다. 하위 직급에 있는 사람이 화를 내는 것은 그와 함께하는 작은 반경 안의 일부 사람들에게만 영향을 미친다. 그러나 수백 명, 수천 명을 관리하는 조직의 리더라면 어떨까? 리더가 분노를 표현하면 이는 그 아래로 고스란히 내려간다. 리더는 본부장에게, 본부장은 팀장에게, 또 팀장은 팀원에게 부정적 감정을 전하곤 한다. 부정적 감정을 받은 사람이 여과 없이 자기 것까지 얹어서 밑으로 내려보내기도 한다. 결국 맨 밑의 사람은 눈덩이처럼 불어난 부정적 감정을 온몸으로 떠안는다. 이런 경험을 겪어봤거나 부정적 감정의 눈덩이 효과를 관찰해본 민감하고 공감 능력이 있는 리더일수록 자신의 감정을 통제하기 위해 노력한다. 그것은 고스란히 자기 안에 쌓이고 의외의 시간과 공간에서 폭발적으로 분출되고는 한다.

중간 직급에 있는 경우는 어떨까? 위아래 사이에 낀 터라 양방향에서 오는 압박을 모두 받아 2배의 스트레스를 경험한다. 리더의 지시를 따라야 하고, 부하 직원을 감독하면서 목표 달성을 위해 노력해야 한다. 책임도 중간, 보상도 중간인데, 위에서는 만족을 못 하고 아래에서는 요구 사항이 많다. 의사결정에 대한 권한도 자유롭기보다는 애매하다. 무엇 하나 확실한 것이 없다. 연차가 쌓여서 전체적인 흐름을 어느 정도 볼 수 있는 상태라 뭐가 문제인지 눈에 보이는데, 바꿀 수 있는 것은 별로 없고 주어진 권한 안에서만 일을 해야 한다.

이처럼 애매하게 중간에 끼었을 때 경험하는 스트레스도 상당하다. 특히 상위 직급의 리더가 비현실적인 목표 달성을 요구하고, 결정권은 없는데 그에 비해서 책임은 너무 클 때 스트레스가 더 커진다. 열심히 일해서 좋은 결과를 얻어도 그에 맞는 인정이나 칭찬, 보상이 없으면 서운함의 감정이 더해지며 지쳐간다. 또 하위 직급 사이에 갈등이 있거나, 이들 중에 저성과자가 있어서 이끌어가거나 해결해야 할 때도 스트레스다. 리더는 자신을 종처럼 부릴 뿐 어떤 권한도 주지 않고, 리더와 나 사이에 정서적으로 친밀한 느낌이 없으며, 하위 직급도 자기들끼리 뭉치고 중위 직급과 거리를 두고 있을 때 조직 전체에서 고립되어 겉도는 느낌을 강하게 받는다. 오래 지속되는 정서적 외로움은 스트레스를 더욱 악화시킬 위험이 있다.

이렇게 인간은 무리 안에서 지내는 존재다. 무리 안에 정해진 내 위치가 어디냐에 따라 경험하는 스트레스는 달라지고, 장기적으로는 건강상태에도 영향을 미친다. 인간은 환경의 영향에서 자유로울 수 없다. 그중에서도 특히 '집단 안의 지위'라는, 비교적 장기적으로 유지되는 이 요소는 일상에서 경험하는 스트레스의 주요 상수로 작용한다. 그래서 우리는 끝없이 권력투쟁을 하고, 지금의 위치에서 벗어나기 위해 그렇게나 애타게 노력하는 것이다.

어떤 사람은 조직에서 자유로운 영혼으로 해탈한 듯 살고 있는 것처럼 보이기도 한다. 그렇지만 그가 정말 스트레스에서 자유로울까? 스트레스에서 벗어나기 위한 회피 행동을 하고 있을 가능성이 있다. 그도 욕심 많고 두려움도 크며 다른 사람을 부러워하기도 하는 사람일 것이다 그렇지만 스트레스에 치여 살고 싶지는 않으니 조직 내의 지위 갈등이란 변수에서 아예 자신을 열외로 만들어버리고, 그로 인해 얻을 수 있는 이득마저 포기하는 선택을 한 것인지 모른다.

5

생존 본능이 불러온 소셜 미디어 스트레스

"나만 빼고 다 행복한 것 같아."

인스타그램이나 페이스북 같은 소셜 미디어가 일상에 들어온 이후 자주 듣는 푸념이다. 하루하루 쳐내야 할 일이 많아 매일 늦게 끝나니 퇴근하면 겨우 씻고 자기 바쁘다. 그러다 보면 주말에는 밀린 집안일을 하거나 늘어져서 쉰다. 기껏 해야 동네 가게에서 친구와 치킨에 맥주 한잔이 고작이다. 그런데 소셜 미디어를 보면 많은 사람들이 자신과는 다른 삶을 살고 있다. 모두가 여행을 하고 있고, 좋은 식당이나 노포에서 술잔을 기울인다. 도대체 무슨 돈과 시간으로 저럴 수 있는 것인지 의아할 뿐이다. 게시물을 볼 때는 시간 가는 줄 모르지만, 핸드폰을 내려놓고 주변을 둘러보면 자신을 둘러싼 현실에 한숨만 나온다.

그러다 보면 언제나 자신을 주변과 비교하면서 지내게 된다.

하늘이 꾸물한 날에는 비가 정말 오는 건지 하늘을 우러르기보다는, 길거리에서 우산 든 사람을 찾는 게 더 정확하다. 이제는 비교의 대상이 만난 적도 없는 사람, 아니 전 세계로 확장되었다. 보이지 않는 대상과의 비교는 점점 더 우리를 초라하게 만들고 있다.

한 연구에서 페이스북 사용자를 두 그룹으로 나눠 실험했다. 한 그룹은 게시물을 직접 쓰고 댓글도 다는 등 능동적으로 플랫폼을 사용했고, 다른 그룹은 주로 타인이 쓴 글을 보기만 하며 수동적으로 사용했다. 연구자들은 이들에게 감정 상태를 기록하게 했다. 플랫폼을 수동적으로 사용한 사람들은 감정적 평온함을 유지하지 못해 부정적인 방향으로 움직였다. 그에 반해 적극적으로 사용한 사람들은 안정적이고 긍정적이며 감정적 평온함을 유지했다.[12]

그것은 바로 비교 때문이었다. 부정적 비교를 하게 되면서 자신의 사회적 능력과 매력이 부정적으로 인식될 수밖에 없었다. 여기에 평소 자존감이 낮거나 행복하지 않다고 여기는 사람일수록 이런 비교는 더 큰 타격을 주었다. 소셜 미디어는 주로 타인의 긍정적 모습의 일면만 비추기 때문에, 좋은 점과 안 좋은 점을 모두 알고 있는 자기 자신에게서는 오직 부정적인 면만 더 두드러지게 보였던 것이다.[13]

이는 세계적인 현상으로, 특히 10~20대 청년들에게 상당히 부정적 영향을 많이 주었다. 하버드대학교 인간 번영 연구 프로그램과 베일러종교연구소는 22개국의 20만 명을 대상으로 5년간 긍정적 정서, 관계의 만족, 삶의 의미 등을 조사했다. 보통 청년기에는 삶에 만족하고, 중년기에 우울해지면서 가장 불만족스럽다가, 노년기가 되면 전체적으로 다시 삶의 만족도가 증가하는 U자형 커브를 그리는데, 세계적으로 청년들의 행복과 삶의 만족도가 낮은 것이 관찰되며 J자형 커브를 그렸다. 사회적 비교에 의해 경험하는 상대적 박탈감과 자존감 저하 현상이 소셜 미디어가 일반화된 세대에 영향을 미친 것으로 분석되었다.[14]

비교와 열등감

이런 비교는 올림픽 시상대에서도 관찰할 수 있다. 심리학자 빅토리아 메드벡Victoria Medvec과 연구진들이 메달을 받기 위해 시상대에 오른 세 사람의 표정을 분석해보니, 은메달리스트가 동메달리스트보다 덜 행복해 보인다는 것을 발견했다. 2000년 시드니 올림픽부터 2016년 리우 올림픽까지 수백 장의 시상식 사진을 인공지능으로 비교한 연구도 있는데, 역시 동메달리스트가 은메달리스트에 비해서 훨씬 편하고 밝게 웃고 있었다. '내가 금메달 딸 수 있었는데……'라는 비교의 아쉬움이 주는 부정적 감정과, '자칫 잘못했으면 시상대에도 못 올랐을 텐데, 여기 설 수 있다니 얼마나 다행이야!'라는 안도감이 주는 행복한 감정이 각기 관찰된 것이었다.[15]

감정이라는 것에는 절대적인 면도 있지만 이와 같이 상대적이기도 한데, 비교는 왜 이런 스트레스를 불러일으킬까?

무엇보다도 비교가 생존과 밀접하게 연관이 있기 때문이다. 자신이 가젤이라고 상상해보자. 평화롭게 풀을 뜯어 먹고 있는데 저 멀리서 사자가 맹렬한 속도로 달려오는 게 보인다. 고개를 들어 사자를 등지고 죽도록 뛰기 시작한다. 이때 생존 가능성을 높이는 두 가지 방법이 있다. 첫 번째는 남들이 뛰면 같이 뛰는 것이다. 왜 뛰는지 모르지만 일단 남과 비교해서 똑같이 하는 것이 생존확률을 높인다. '별것 아니겠지' 하는 마음으로 혼자서만 배를 채우다가는 사자의 주린 배를 채워주기 쉽다. 두 번째는 자신보다 딱 한 마리만 앞지르는 것이다. 사자는 한 번에 두 마리를 잡지 못한다. 한 마리만 잡을 수 있을 뿐이다. 그렇다면 다 같이 뛰기 시작했을 때 무리에서 비교해서 제일 속도가 늦은 가젤만 따라잡으면 안전은 확보된다.

비교는 생존을 위한 본능이다

이것이 바로 비교라는 본능적 시스템이 존재하는 이유다. 내가 남보다 여러 이유로 못하다고 여겨지거나, 다른 모두와 비교해서 나만 다르게 하고 있다고 생각된다면, 아무리 마음을 다잡고 괜찮다고 스스로를 달래려 해도 가슴이 두근거리고 머리가 쭈뼛 서는 수준의 스트레스 반응이 온다. 생존의 위협과 연관되어 있기 때문이다. 그에 반해서 내가 남들보다 낫다고 여기면, 허세를 부릴 수 있어서 신이 나는 행복감이 아니라 '최소한 나는 살아 있을 수 있다'는 안전감이 들어서 스트레스가 확 줄어든다. 그래서 소셜 미디어를 사용할 때 불행 배틀을 하기보다 '나는 잘 지내고 있다'는 걸 적극적으로 보여준다. '좋아요'를 많이 받을수록 안녕감이 증가하는 것이다. 이런 사람들이 늘어날 때의 문제는 그걸 보는 사람에게 영향을 미친다는 점이다.

소셜 미디어를 둘러보는 개인의 눈으로 돌아가보자. 내가 한 번에 볼 수 있는 소셜 미디어의 총량은 정해져 있다. 사람들이 자신의 안녕감을 확보하기 위해 어쩌다 한두 개 올린 게시글일 뿐이지만, 내 눈앞에는 수십, 수백 개의 게시글이 노출된다. 내용은 거의 모두 '행복하다', '나는 남보다 낫다'이다. 실은 그들도 자신의 안전감을 확보하기 위해 한 것인데, 그걸 보는 내 입장에서는 '나는 저들보다 못한, 별것 없는 인생을 살고 있구나'

라는 열등감에 빠지게 된다. 영리한 플랫폼은 내가 한 번 본 게시글과 비슷한 내용을 알고리즘으로 빼곡히 찾아내 펼쳐준다. 그러면 '몇몇 사람들이 경험하는 일상의 한 토막 정도겠지' 하는 반론이 무색해져버린다. 나만 빼고 모두들 재미있게 지내고 자랑할 일로 가득하다.

문제는 나도 실은 내 안녕감을 위해서 소셜 미디어에 게시물을 올리고 있다는 것이다. 수천수만 명의 사람들처럼 게시물을 올리며 자존감을 위해 노력하고 있다. 하지만 그럴 때마다 남의 소셜 미디어를 수없이 보게 되니, 애써 올린 자존감은 남의 것과 비교되면서 자연스레 제자리로 돌아오거나 바닥으로 꺼져버린다. 이상한 악순환이 끝나지 않는다. 나보다 부족해 보이는 사람과 나를 비교할 때는 안전감을, 나에 비해 뭔가 잘하는 사람과 비교할 때는 열등감을 느낀다. 소셜 미디어는 이 두 가지가 어우러져 서로를 증폭시키고 허상의 자존심과 열등감을 확대 발전시키면서 결국은 모두의 마음에서 안전감을 위태롭게 하고 있다.

실은 적당한 수준의 비교를 통한 열등감은 결코 나쁜 것이 아니다. 가젤이 자기보다 빨리 뛰는 가젤을 보면서 살아남기 위해 더 빨리 뛰게 되듯이, 자신이 맨 뒤일지 모른다는 마음은 비교를 통해 부러움으로, 부러움은 부드러운 자극제가 되어 열심히 해야겠다는 동기부여가 된다. 심리학자 알프레트 아들러

Alfred Adler는 누구나 열등감을 느끼는 경험이 존재하고, 그걸 극복하고자 하는 노력이 성장과 행동의 동력이라고 했다. 그것이 지나쳐 콤플렉스가 되지만 않는다면 말이다.

스트레스를 원동력으로 삼는 사람들은 열등감에 사로잡혀 자책하기보다는 더 열심히 노력해야겠다고 다짐한다. 바로 이 점이 다르다. 비록 비교와 열등감이 생존과 연결되어 깊은 울림의 스트레스를 주지만, 이를 해석하고 이용하기에 따라서는 꽤 쓸 만한 원동력이 되기도 한다. 그러나 잦은 비교는 옆만 보고 챙기느라 속도를 늦출 뿐이다. 그러다 보면 이 방향이 맞나 헷갈리기도 한다. 무엇이든 적당할 때가 좋다. 비교할 때 비교하더라도 자신의 중심이 흔들리지 않는 게 중요하다.

6부

불안 사회에서 나를 지키는 회복의 과학

스트레스와 회복탄력성

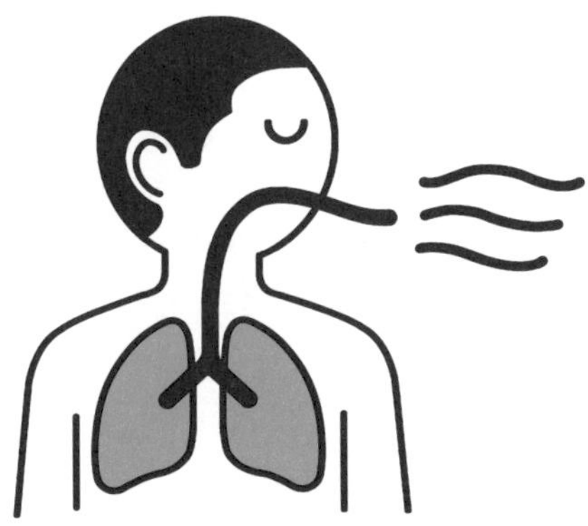

1

스트레스에
대응하는 4단계

스트레스는 집채만 한 파도처럼 모든 걸 휩쓸어버릴 듯한 규모일 때도 있고, 무시하고 걷다 보면 어느새 옷이 다 젖어버려 난처해지는 가랑비 같을 때도 있다. 또 혼자 감당하기 어려운 일을 맡게 되어 견디기 힘들 정도로 숨이 턱 막힐 때가 있는가 하면, 충분히 넘길 만한 일인데도 예기치 못했던 일이라 부담이 될 때도 있다. 사적인 영역에서는 가족 중에 크게 아픈 사람이 생겼거나 금전적인 사고가 생긴 것과 같이, 자신이 속해 있는 영역에서 공교롭게 일이 겹쳐서 무릎이 탁 꺾일 정도로 힘들어지는 경험을 포함한다.

이럴 때 우리는 이 모든 스트레스가 단번에 사라지기를 소망한다. 스트레스는 우리의 시야를 좁게 만들고, 감정적으로 조바심이 나게 만든다. 그러나 꼬인 매듭을 단번에 풀려고 하면 매듭이 더 단단해져 일이 복잡해진다. 스트레스가 몰려와서 받아치고 대응하며 문제를 해결해야 하는 상황을 만났을 때는, 일단 멈춰서 하나하나 쉽게 할 수 있는 것부터 큰 결심이 필요한 일에 이르기까지 단계별로 판단해 대응하는 것이 좋다.

이런 상황이라고 가정해보자.

미영은 이번 인사 발령이 나기만을 손꼽아 기다렸다. 미영과 사사건건 부딪치는 팀장이 부서 이동 되기를 바랐기 때문이다. 그 팀장이 오기 전까지는 일이 많아도 할 만했다. 같이 일하는 사람들도 좋았고, 업무가 전공과 맞아서 배운 것을 잘 활용할 수 있었다.

하지만 2년 전 팀장이 미영네 부서로 온 후로 상황이 완전히 바뀌었다. 팀장은 작은 일에도 꼬투리를 잡았고, "일하는 버릇이 잘못 들었다"면서 그냥 넘어가도 될 일도 중단시키고 다시 작업하게 했다. 미영이 디테일에 약한 면이 있어서 자잘한 구멍이 간혹 생기긴 했지만, 큰 줄기를 잡아나가는 점이 탁월해서 그간 동료들에게 인정도 받았고 같이 일을 하면서도 별 문제가 없었는데 말이다.

팀장은 오늘도 미영의 실수를 몇 개 잡아내서 회의 중에 면박을 주었다. 미영은 눈물이 핑 돌면서 '다 그만두고 쉬고 싶다'는 생각을 하루에도 몇 번씩 했다. 게다가 며칠 전에는 몇 달 병가를 낸 동료의 일을 고스란히 받을 수밖에 없었다. 여럿이 나뉘서 해도 될 일을 효율적이라는 이유로 혼자 다 하라고 하는데, 괜히 나서고 싶지 않아 가만히 있는 다른 사람들에게 더 야속한 마음마저 들었다. 그날 이후로는 사무실에 남아서 야근하는 날이 늘었다. 저녁을 거른 채 일하다 집에 가서 그에 대한 보상심리로 폭식을 하고 자는 날까지 늘어났다.

이럴 때 미영이 사직하거나 전환배치를 신청하는 게 문제해결의 방법일까? 머릿속에 이런 방법들이 한번 떠오르고 나면 다른 대안은 힘을 갖기 어렵다. 가장 강력하고 분명한 방법이니 그 외의 방법들은 '그런 걸 써봤자 소용없어. 어차피 퇴사하게 될 테니 시간낭비야'라고 생각하기 쉽다.

그래서 '대응의 4단계'를 하나씩 꺼내 쓰는 연습을 해봐야 하는 것이다.

스트레스 상황에 직면했을 때는 다음과 같이 단계적으로 접근해보는 것이 좋다. 첫 단계는 간단하고 쉬우며, 단기적인 효과를 기대할 수 있다. 다음 단계로 갈수록 실천하는 데 노력이 많이 들지만, 그 효과는 오래 지속된다.

1단계 주의 분산

"스트레스로 고민이 많으면 좋은 생각을 하려고 노력해봐. 다른 대안을 떠올리는 것도 좋지."

　좋은 조언이다. 그러나 실천하기란 참으로 어렵다. 왜냐하면 한번 떠오른 생각을 다른 생각으로 눌러 이기기는 쉽지 않기 때문이다. 우리는 한 가지 생각에 꽂히면 쉽게 벗어나기 힘들다. 내 눈앞에 놓인 스트레스 요인이 그 무엇보다 중요하고 시급한 일로 느껴진다. 이걸 해결하지 못한 채 다른 일을 하는 것은 의미가 없다고 생각하게 되고, 여기에서 벗어날 수도 없다고 여긴다. 생각이 떠오르면 그냥 흘러가게 두어야 한다. 억지로 누르려고 하면 생각은 더 강하고 또렷해질 뿐이다.

　만약 강해지지는 않는데 잘 사라지지도 않는다면? 이 역시 괴롭기는 마찬가지다.

　뇌는 한 번에 두 가지 일을 하지 못한다. 뇌의 활동은 가만히 있을 때 주변을 둘러보며 무엇을 할지 고민하는 '탐색 모드'와, 목표를 향해 움직이는 '동작 모드'로 나뉜다. 이 두 가지를 동시에 하지는 못한다. 그래서 생각이 주로 탐색 모드에 있을 때 이 모드를 강제로 종료하는 방법은 바로 동작 모드로 옮겨버리는 것이다.

　사자는 시야에 들어온 여러 동물 중에 어떤 걸 잡아먹을까 탐색하다가, 실행을 결심하면 일단 직진해서 그 타깃을 잡기 위해 전력 질주한다. 바로 그 순간 탐색 모드가 꺼지고 동작 모드만 작동한다.

이와 마찬가지로, 복잡한 고민이 많은 데다 한 가지 생각에 사로잡혀 쉽게 벗어나기 어렵다면, 일단 거기에 꽂혀버린 시야와 관심을 다른 곳으로 돌리는 것이 중요하다. 가장 쉬운 방법 중 하나는 몸을 움직이는 것이다. 내가 사람들에게 제일 많이 권하는 행동은 가볍게 산책하기나, 시간적으로 여유가 있다면 달리기를 해보라는 것이다. 제일 좋은 방법은 약간 힘을 들여야 하는, 노력이 필요한 수준의 운동이다. 계단을 오르고 내리는 것과 같이 다른 생각을 할 겨를이 없을 정도의 운동을 하는 것이 최선이다.

만일 그 정도를 할 상황이 아니라면 일단 사고의 분산을 위해 몸을 움직이는 것만으로도 도움이 된다. 이럴 때는 어느 곳에서 걷는지에 따라 그 효과에 차이가 있다. 영국 에든버러대학교의 연구진은 실험 참가자들에게 도심 쇼핑가와 공원의 산책로, 번화한 상업지구를 25분간 걷도록 하면서 이동식 뇌파측정기로 뇌파의 변화를 측정했다. 도심 쇼핑가에서 녹지로 들어가자 주의집중과 각성의 뇌파는 줄어들었고, 명상적 안정과 편안함을 나타내는 뇌파가 증가했다. 상업지구로 들어가자 이전의 안정감은 도심 쇼핑가 수준으로 돌아왔다.

일단 걷는 것만으로도 꼬리에 꼬리를 무는 생각에서 벗어나기는 충분하지만, 이왕이면 공원처럼 녹음이 우거지거나 붐비지 않는 곳을 걸을 때 짜증이 줄고 감정이 차분해질 수 있음을 실시간으로 확인한 연구이다. 쇼핑가에서는 음악 등 소음이 끊이지 않았고, 상업지구에는 사람이 많아서 일정 정도 이상의 주의를 지속적으로 유지하고 집중해야 하니 긴장을 늦추기 어려웠다.

또 다른 연구에서는 생각이 끊이지 않고 반추가 계속되는 참가자들에게 90분 정도 공원을 걷도록 하고 걷기 전과 후에 기능적자기공명영상을 찍어서 대뇌 전전두피질의 활성도를 측정했다. 반추로 과활성화되어 있던 전전두피질의 활성도가 공원을 산책한 후에 낮아진 것이 관찰되었다. 그에 반해 고속도로 옆의 거리를 걷도록 한 참가자들에서는 변화가 없었다.[1]

짜증이 솟구치고 생각이 머릿속을 빙빙 돌아서 도저히 다른 일을 할 수 없을 때는 일단 몸을 움직여서 지금 있는 곳에서 벗어나는 '주의 분산distraction'이 가장 효과적인 응급처치법이다. 여의치 않을 때는 지금 있는 곳 주변을 30분 정도 걸어도 좋다. 시간적으로 여유가 있을 경우에는 이왕이면 공원 같은 자연이 있는 곳을 찾아 1시간 정도 걸으면 주의 분산을 충분히 해낼 수 있다.

미영에게 필요한 첫 단계는 사무실에서 잠시 벗어나 10분 정도 계단을 걸어 내려가서 편의점에 갔다 오거나, 잠시 회사 근처 공원을 산책하는 것이다. 주의 분산만으로도 골몰해 있던 생각이 잠시 사라지고 스트레스가 옅어질 것이다.

2단계 인지적 평가

몸을 바쁘게 해서 일단 급한 불은 껐다. 몸의 긴장도는 떨어졌고 껌같이 달라붙은 생각에서도 거리를 둘 수 있게 되었다. 그렇다면 이제는 그동안 매우 시급하고 위험한 상황이라고 인식했던 그 스트레스가 정말 그럴 만한 일인지 점검해볼 필요가 있다. 그 과정이 '인지적 평가cognitive appraisal'다.

래저러스가 제안한 스트레스 이론이나 새폴스키가 인간의 특성에 대해 제시한 관점에서 보면, 인지적 해석은 인간만 하는 것이다. 일어난 일의 객관적 크기나 심각성, 시급성보다 더 크고 오래 영향을 미치는 것은 자신이 그 일을 받아들이고 해석하는 정도다.

기말시험을 앞둔 학생이 '이번 시험을 망치면 나는 평생 루저로 살 거야'라고 생각하는 것은 과도한 걱정에 해당된다. 이처럼 자기 앞의 모든 것을 생명에 위협이 되는 요인이나 돌이킬 수 없는 손실로 이해하고 믿는 버릇은 스트레스에 과도하게 반응하도록 유도한다.

이럴 때는 먼저 자신에게 일어난 상황을 객관적으로 평가해보는 것이 좋다. 감정이 영향을 미칠 수 있으므로 판단을 바로 내리지 말고 그 전에 먼저 종이 위에 글로 써본다. 친구가 이런 상황에 처해 있다면 어떻게 조언할지 생각해보는 것도 좋다.

그러고 나서 정말로 이 일이 그 정도로 막심한 손해나 위협 상황인지 평가한다. 극소수 경우를 제외하고는 그럴 만한 현실적 상황은 드물다. 그걸 이해하고 나면 한결 마음이 편안해진다. 이런 방법들이 자신이 처한 상황에 거리를 두고, 과도하게 부정적이거나 위험한 상황으로 판단하는 것을 막는 데 도움이 된다.

그다음에는 스트레스에 적극적으로 대처하기 위해 인지적 해석을 해본다. 스트레스를 위협이 아닌 도전으로 변환하는 것이다.

기말시험을 앞두고 있다면, '나는 이 시험을 잘 보기 위해 충분히 준비했어. 아직 시간도 많이 남았으니 더 노력하면 성적은 전보다 오를 거야'와 같이 생각을 전환해본다. 스트레스 관리에서 인지적 평가는 생각이 멈춰버렸을 때는 하기가 쉽지 않다. 주의 분산으로 일단 안정화한 후, 지금 자신이 습관적으로 이해하고 해석하고 판단하는 방식에 문제가 없는지 차근차근 바라보고 하나씩 점검해야 한다.

미영도 '팀장이 우리 팀에 있는 한 퇴사만이 답이야'라고 생각했다. 이럴 때는 당장의 상황을 인지적으로 평가하고 대안이 될 만한 생각을 해보도록 한다. 예를 들면, 이렇게 어쩔 수 없이 기울어진 운동장을 견디는 주문으로는 '설마 나를 내쫓기야 하겠어?' 같은 것이 있다. 즉, 제일 바닥이라고 생각한 것에서부터 시작해보면 신기하게도 숨통이 트이고 조금은 여유가 생긴다. 다음으로 해볼 만한 생각으로는 '내 일만 열심히 하자. 할 수 있는 만큼만 하고 도저히 안 되면 동료들에게 일을 나누자고 해봐야지' 같은 것이 있다. 누구를 비난하거나 자신의 처지를 비관하기보다는, 자신을 중심으로 생각하고, 자신이 이용할 수 있는 네트워크를 찾아보거나 다른 사람에게 도움을 청하는 등의 방법을 떠올려본다.

3단계 행동 수정

생각을 아무리 많이 해도 행동이 바뀌지 않으면 의미가 없다. 예를 들어 공황장애나 폐소공포 증상이 있는 사람이 이제는 무섭지 않다고 생각할 수는 있지만, 여전히 혼자 극장에 가지 못하거나 엘리베이터를 타지 못하면 스트레스는 여전히 삶에 영향을 강하게 미치고 있는 셈이다.

특히 오랜 시간 스트레스에 맞춰서 습관이 들어버린 사람이라면 인지적 교정만으로는 충분하지 않다. 관성대로 많은 에너지와 시간을 들이며 위험을 덜 느끼는 방식을 고수하느라 피곤하게 살고 있을 가능성이 높기 때문이다.

하루 종일 손님을 대하느라 지쳐버린 카페 사장이 있다고 생각해보자. 늦게까지 저녁 식사도 하지 못한 채 일하다 귀가했는데 막상 집에 도착하니 그제야 허기가 밀려온다. 배달 앱을 열어 치킨, 맥주, 떡볶이를 한 번에 시킨다. 혼자 먹기엔 많은 양이지만 최소 배달 금액을 맞춰야 한다고 합리화하고, 주문할 때만큼은 반씩 나눠 먹겠다고 결심한다. 그러나 음식을 기다리는 동안 허기가 더 몰려온다. 그는 '오늘은 하루 종일 너무 고생했으니 이 정도는 다 먹어도 돼'라고 자기 위로의 선언을 하고는 먹방 유튜브를 보면서 음식을 다 먹어버리고 바로 잠이 든다. 다음 날 아침, 얼굴은 퉁퉁 붓고 배는 더부룩한 채로 부랴부랴 출근 준비를 하고, 쓰레기를 치우면서 후회와 자책을 거듭한다. 아침부터 이미 스트레스가 40%쯤 차 있는 상태로 하루를 시작하는 것이다.

이처럼 스트레스를 야식으로 해소하는 사람의 경우에는 낮에 짜증이 솟구칠 일이 있을 때 주의 분산을 하면 야식을 예방하는 효과가 있다. '내 인생은 왜 이렇게 꼬였을까, 왜 진상 손님만 만나는 걸까'라는 인지적 평가 대신 '그래도 가게를 좋아하는 손님도 있고 고맙다고 하는 사람도 있으니 다행이지. 오늘 매출은 평소보다 좋았어'라는 식으로 다른 방향을 보게 하는 '해석의 재설정'도 도움이 된다. 그럼에도 치킨을 주문하는 행동을 억제하지 못할 때가 더 많을 것이다. 그래서 3단계가 필요하다.

이럴 때 '행동 수정behavior modification' 기법이 도움이 된다. 인간의 행동은 선행조건에 따르고 그 결과에 의해 피드백을 받는 순환구조 안에 있고, 그것이 학습되는 것이라 본다. 이 개념을 기반으로 어떤 행동을 하게 하는 조건을 조정하거나 행동 후 결괏값을 바꿔나가는 과정을 반복해서, 바람직하지 않은 행동 자체를 바꿀 수 있다. 이것을 행동 수정 기법이라고 한다.

예를 들어 너무 배고픈 상태로 귀가하면 저혈당에 빠진 뇌는 충동을 이기기 어렵다. 저혈당이라는 조건이 폭식 행동을 만드는 원인이므로 저혈당을 예방하는 것을 행동 수정의 방아쇠로 삼아본다. 바쁘더라도 저녁시간에 간식거리를 조금 먹거나 음료를 마심으로써 완전한 공복이나 저혈당 상태를 막는다. 귀가 중에 아예 식사를 하거나, 집에 도착해서 간단히 먹을 수 있는 저칼로리 음식을 미리 준비해놓는 것도 과한 야식 주문을 막는 방법 중 하나다. 그렇게 한다면 다음 날 후회하는 일이 없을 뿐 아니라 쌓여 있는 포장용기를 보면서 자책하는 일도 줄어든다. 이런 하루하루가 반복되면 전에 비해 야식 배달 주문 빈도를 줄일 수 있다.

이외에도 여러 가지 이론적 배경에 기반해서 다양한 종류의 행동 수정을 시도해볼 수 있다.

하기 싫은 아침 운동을 하고 난 다음에는 좋아하는 간식을 자신에게 상으로 준다(긍정강화). 정해둔 시간을 넘기고 오래 게임을 했다면 정해진 액수만큼 돈을 기부한다(처벌). 건강을 위해 하루에 한 끼는 탄수화물을 먹지 않고 샐러드와 단백질만 먹는다. 그럴 때마다 기록해두었다가 일주일을 채우고 나면 작은 상을 자신에게 준다(토큰 경제법). 화가 날 때마다 소리를 지르거나 남이 들을 만큼 한숨을 크게 쉬던 사람이라면, 주머니 안에 작은 고무공을 넣어두고 그것을 주무르는 것으로 긴장을 풀고 감정을 조절한다(대체행동).

행동 수정이 잘 작동하려면 먼저 자신이 어떤 바람직하지 않은 행동을 반복하는지 확인하고, 그것을 촉발하는 요인이 뭔지도 알아야 한다. 그다음에 이를 줄이거나 대체할 만한 다른 바람직한 행동을 찾아내서 그것을 시도하면서 반복할 수 있게 해야 한다. 나쁜 습관을 억제하기란 쉬운 일이 아니다. 그보다는 좋은 습관을 새로 만드는 것이 더 쉽다. 하던 일을 못하게 하는 것은 이미 굳어진 관성을 바꾸거나 멈춰야 하는 것이어서 훨씬 힘들기 때문이다.

미영의 경우 최근 늦게 퇴근하는 날이 많아지면서 야식이 늘었다면, 야근 전에 간단히 요기하는 습관을 들이는 것이 폭식 후의 후회를 줄이고 더 나아가 아침에 출근이 더 싫어지는 악순환을 막을 수 있다.

4단계 환경 변화

'환경 변화environmental change'의 핵심은 '회사가 싫으면 내가 떠나면 그만'이라는 마인드를 갖는 것이다. 또 실제로 떠나는 것만으로도 많은 문제가 해결된다. 하지만 이 방식은 자신이 그동안 지내온 환경을 바꾸는 구조적 변화를 가져온다. 쉽지 않은 결정일 뿐 아니라 100% 좋은 결과만 가져온다는 보장도 없다. 그러한 불확실성을 받아들일 수 있다면 한 번은 시도해볼 만하다.

학교에서 친구들과 잘 어울리지 못하고 또 그 문제를 가장 큰 스트레스로 여기며 등교를 거부해온 청소년이 나를 찾아온 적이 있다. 집에서 짜증을 내고, 학교에서도 자기 맘대로 되지 않으면 감정 조절을 잘 하지 못해서 그나마 있던 친구도 떨어져나갔다. "나는 평생 외톨이로 살다가 죽을 거야"라는 하소연을 하기 일쑤였다. 상황을 자세히 들여다보니 같은 반 학생 몇 명이 이 아이를 따돌리며 무시하고 있었다. 중고생의 경우에는 친구 문제에 부모가 개입하기 어려운 터라 사실을 알고도 난감해하는 상태였다.

이런 경우 한 번 정도는 '환경 변화'를 해보는 것도 방법이라고 권유하고는 한다. 전학을 하는 것이다. 규모가 큰 학교라면 학년이 바뀔 때 그 친구들과 다른 반으로 배정해달라고 학교에 요청해보는 것이 우선이지만, 그럴 만한 시기가 아니라면 학교

환경을 바꿔보는 것만으로도 문제가 해결되고는 한다.

하지만 이 방법은 4단계여야 한다. 그만큼 심사숙고해야 한다는 뜻이다. 많은 청소년들이 또래 관계가 잘 풀리지 않으면 바로 '전학', '자퇴 후 검정고시나 대안학교'를 생각하는데, 한번 그 방법이 머리에 떠오르면 1~3단계는 의미가 없다고 여기기 쉽다. 또, 전학을 간다고 해서 모두가 이 아이를 환영하거나 그곳에는 좋고 착한 애들만 있는 것이 아니다. 그러므로 기대치를 한껏 높이는 것은 좋지 않다. 그럼에도 1~3단계의 방법이 통하지 않는다면 한 번은 해볼 만한 일이다.

미영의 경우, 회사에 너무너무 다니기 싫은 데다 상사나 동료와도 관계가 틀어진 상태다. 그렇지만 여러 이유로 이직이나 퇴사를 선택할 형편은 아니다. 그럼에도 '까짓것 그만두고 쉬면 되지'라는 환경 변화의 가능성을 떠올리는 것은, 스트레스로 인한 압박감에 숨이 막혀 견딜 수 없던 마음에 한 뼘의 여유를 주는 효과가 있다. 환경 변화를 상상하는 것만으로도 스트레스를 견딜 만큼 꽤 유용한 여유 공간을 확보하게 된다. 그러다 보면 위기 순간을 넘어서면서 스트레스에 담대하게 대처할 수 있게 된다.

여행 가방에는 보통 확장용 지퍼가 달려 있다. 이 지퍼를 열면 5~10% 정도 부피가 늘어나 꽉 차서 터질 것 같던 가방에 더 넣을 여유가 생긴다. 4단계는 처음부터 꺼내기보다는 1~3단계를 거친 다음에 비로소 꺼내는 카드로 남겨두자. 그리고 이때는 '해야 해'가 아니라 '정 안 되면 하지, 뭐'라는 정도가 적당하다. 바로 이것이 4단계인 환경 변화의 힘이다. 그래서 많은 직장인이 책상 서랍에 '사표'를 고이 간직하는 것이다.

주의 분산,
생각의 방향을 돌려라

한 60대 여성이 금전 문제로 가족과 갈등이 생겨 잠을 못 자고 가슴이 두근거리며 마치 온몸이 두드려 맞은 듯 아프다는 증상을 호소하며 내 진료실을 찾아왔다. 식욕이 많이 떨어져 식사를 제대로 못 하니 체중도 몇 킬로그램 줄어 기운이 너무 없다고 하소연하였다.

혹시 다른 의학적 문제가 있는지 검사해볼 필요가 있어서 입원하게 한 후 지켜보았으나 다행히 별다른 이상은 없었다. 가족과 분리되어 병원 생활을 하다 보니 며칠 만에 상당히 호전되어 보였다. 상담 중에는 돈을 요구하는 자식에 대한 원망, 빌려준 돈을 갚지 않는 형제에 대한 분노, 그 돈을 받지 못하면 앞으로의 삶이 너무 곤궁해질 것이라는 두려움을 토로했다.

사실 이 여성은 사업으로 상당한 부를 일군 상태였다. 주변에서 돈을 요구하는 이들이 많았지만, 빌려준 돈을 떼인다고 해서 진짜로 삶이 곤궁해질 위기는 없었다. 회진하러 복도를 지나다 보면 병실 밖으로 새어 나오는 그녀의 큰 목소리에는 활기가 느껴졌다. 그런데 막상 내가 병실에 들어가면 목소리는 작아졌고, 어제는 목이 아팠고 오늘은 다리가 여기저기 아파서 제대로 못 잤다며 하소연했다. 가만히 들어보니, 그 환자의 건너편 침대에 있는 환자의 증상과 같았다. 집으로 돌아가 다시 가족과 지내면서 스트레스를 받는 것이 싫어서 '계속 아픔'의 공간에 머무르고 있는 것이었다.

그녀는 스트레스로 인해 자신이 결국 암이나 뇌졸중에 걸리고 말 것이고, 그래야 가족들이 잘못을 깨달을 것이라고 말하고는 했다. 스트레스 요인에 사로잡혀 헤어나지 못한 상태였다. 교감신경계가 상승된 상태로 지속되다 보니, 근육의 긴장으로 온몸이 아프고 식욕이 떨어진 데다 소화도 잘 못 해서 체중이 줄고 밤에 잠을 이루기 어려웠던 것이다. 입원해서 보살핌을 받고 큰 병은 아니라는 확인을 받으니 안심하게 되었으며, 스트레스 원인 중 하나인 가족과 분리되자 처음에는 증상이 나아졌다.

그렇지만 여전히 가족 문제에 몰두해 있었고, 자신이 피해자라는 생각에 하루 종일 갇혀 있었다. 더 나아가 몸의 신호에 민감해져 주변의 다른 사람에게 들은 증상이 어느 날부터는 자기 몸에서도 느껴지는 듯한 전이가 일어났다. 게다가 스트레스의 부정적 영향이 건강에 나쁜 영향을 줄 것이라 믿고 있었다.

주의 분산의 중요성

이 환자가 퇴원해서 일상으로 무리 없이 복귀하려면 무엇을 해야 할까?

먼저, 스트레스가 부정적 영향을 미칠 것이라는 믿음은 "사람이 어떤 믿음이나 기대를 가지면, 그 기대가 실제 행동을 변화시키고 결국 그 믿음이 현실로 나타나는 현상"인 '자기 충족적 예언self-fulfilling prophecy'의 실현이 될 가능성이 있다. 자신이 그럴 것이라고 믿고 기대하면 그건 어느덧 사실이어야 할 것 같다. 아니, 그래야 하는 '당연함' 혹은 '실체'가 되어버리기 쉽다. 이런 생각이 흔들리거나 사라지기 쉽지 않은 '믿음'으로 발전하면 그 일은 그에 준하는 만큼의 진짜 나쁜 일이 되어버릴 위험이 있다. 실제로 수명이나 건강에 안 좋은 영향을 미치기 때문에 여기에서 벗어나야 한다.

미국에서는 '국민 건강 인터뷰 조사'를 진행한다. 1998년에 2만 8753명을 대상으로 일상생활에 스트레스를 받는지 물어보았다. 이들 중 33.7%가 "스트레스는 건강을 해치는 요인이다"라고 대답했다. 8년이 지난 2006년에 인터뷰 대상자의 사망 자료를 받아서 분석해보았더니 스트레스가 건강에 나쁘다고 생각하는 사람이 그렇지 않다고 대답한 사람에 비해서 일찍 사망할 위험도가 43%나 높았다. 스트레스에 대한 인식이 실제 사망률을 높일 수 있다는 사실을 보여주는 연구였다.[2]

그러므로 '나는 가족에게서 받는 스트레스 때문에 큰 병에 걸릴지 몰라'라는 지속적인 믿음은 특정한 질병을 유발하지는 않더라도 전반적으로 건강에 나쁜 영향을 줄 가능성이 높으며, 집중력 저하 등으로 사고 위험을 높일 수 있다. 스트레스에 대한 생각을 바꾸는 것이 그만큼 단기적 대응력에 대한 부분뿐 아니라 장기적 수명이나 건강에도 중요한 문제다.

둘째, 자기 안에서 오는 신호에 너무 몰두하지 말고, 관심을 외부로 돌림으로써 그 신호를 무의미하게 만들어야 한다. 외부의 위협이 자기 근처에 있다고 여기는 스트레스 상황을 맞으면, 동굴에 숨어서 안전해질 때까지 웅크리고 있는 게 최선이다. 깊이 숨고 나면 외부의 위협으로부터 충분히 안전해졌다고 여길 만하기 때문에, 거꾸로 자기 몸 안에서 오는 신호나 마음속의 생각에 몰입하는 경향이 강해진다. 그래서 배에서 꼬르륵 소리가 나거나 무릎이 살짝 시큰하거나 등이 조금 뻐근한 것 같은 신체 신호를 잘 느낀다. 정상범위 안의 생리적 반응이라고 해도 전과 달리 뚜렷하게 느껴지니 분명히 문제가 있을 것이라 해석한다. 관련 질환에 대해 검색하고, 자가 진단을 해보거나 증상으로 확대해서 병원을 찾고는 한다. 병에 걸려 증상으로 느껴지는 것이라고 굳게 믿고 건강에 매우 나쁜 영향을 줄까 봐 불안해하는 '건강염려증hypochondriasis'이 생긴 것이다.

이 60대 여성의 경우에도 입원하고 나서는 눈앞에 보이던 갈등에서 벗어나 효과가 있었지만, 외부로부터 단절되었다는 점에서는 동굴 속으로 들어가 숨은 것과 같았다. 그래서 신체 신호에 더 민감해지고 생각에 골몰하게 된 것이었다. 영원히 입원해 있을 수는 없고 이제 일상으로 돌아가야 하므로, 이럴 때는 관심을 외부로 돌리고 적극적으로 활동성을 높이는 것이 거꾸로 신체 증상에 대한 믿음이 줄어들게 하는 데 매우 효과적이다. 그래서 이런 경우에는 여행이나 운동 등 다른 취미 활동을 하도록 권한다.

그런데 그보다 더 효과가 좋은 방법이 있다. 바로 이타적 행동을 하는 것이다. 남을 돕는 것은 그냥 혼자서 외부로 관심을 돌리는 것보다 스트레스를 줄이는 데 더 도움이 된다.

배우자를 잃은 것처럼 큰 상실의 스트레스를 경험한 사람들에게 봉사활동을 하게 하고 그 전과 후의 우울 증상을 측정한 연구가 있다. 그랬더니 봉사활동을 한 사람들은 안 한 사람에 비해서 우울 증상이 더 빠르게 줄어들었다.[3]

만성적 통증에 시달리던 사람도 자원봉사를 하니 환자로만 생활하던 시기에 비해 통증이 약 7에서 3.6으로 절반 정도 줄어들었고 우울감도 감소했으며, 반면 자아 효능감은 증가했다. 고립되어 환자로만 지내는 것이 아니라 어떠한 역할을 할 수 있고 다른 사람을 도울 수도 있음을 스스로 확인한 것이 그만큼 스트레스를 줄인 것이다. 그들은 목적의식이 있는 행동을 하면서 스트레스에 대처하는 능력을 향상시킬 수 있었다.

또 침에서 스트레스호르몬인 코르티솔을 측정해보았는데, 자원봉사를 한 날은 다른 날에 비해서 스트레스 요인이 있어도 코르티솔이 덜 분비되기도 한다는 것이 관찰되었다. 즉, 타인을 돕는 것은 스트레스로 인한 충격을 줄여주는 일종의 자동차 범퍼와 같은 기능을 해준다.[4]

생각을 되새김질하는 습관 멈추기

한 가지 고민이나 생각에 골몰하다 보면 답도 잘 안 나오고 지치기도 해서 이제 그만하자며 멈추려 해도 마음처럼 되지 않을 때가 많다. 친구와의 관계가 틀어졌을 때, 이사를 가야 하나 고민이 될 때, 이직이나 퇴사를 해야 할 시점이라고 여겨질 때 등이 그렇다. 마치 머리카락에 붙은 껌을 떼어내려고 하면 할수록 더 달라붙어서 결국 머리카락을 좀 잘라내야만 할 때와 같은 난감한 상황이 되는 것이다.

스트레스를 해결하려고 고민을 시작한 것인데, 어느 순간부터는 그 고민이 멈추지 않고 머릿속에 꽉 차서 끝나지 않는 것이 새로운 스트레스가 되어버리고는 한다. 이러한 현상을 '흰곰 효과'라고 한다. 심리학에서는 '핑크 코끼리를 생각하지 마라'로도 알려져 있는데, 원래 실험에서는 흰곰이었다.

1987년 사회심리학자 대니얼 웨그너Daniel Wegner는 실험실에 사람들을 모아놓고 이렇게 지시했다.

"아무것이나 생각해도 되지만 흰곰은 생각하지 마라. 만일 흰곰이 생각나면 종을 쳐라."

얼마 지나지 않아 실험실에서는 종소리가 지속적으로 울렸다. 흰곰을 의도적으로 생각하라고 한 집단보다 흰곰을 생각하지 않게 애쓰라고 한 집단에서 더 자주 흰곰을 떠올리는 역효과가 생겼다. 즉, 회피하려고 할수록 회피하려는 주제가 더 또렷해졌다.[5]

흰곰 효과는 '아이러니 과정 이론'으로 발전했다. 생각을 할 때는 두 가지 과정이 함께 이루어지는데, 하나는 생각을 하려고 하는 작동 과정operating이고 다른 하나는 그 생각이 제대로 떠올랐는지 확인하는 모니터링monitoring 과정이다. 억제하려고 하면 작동 과정이 약해지고 모니터링 과정만 주도적으로 활성화되면서 그 생각이 사라지지 않고 지속되는 역설적 현상이 벌어진다는 것이다. 특히 스트레스를 받고 있거나 피곤한 상태라면 억제를 실패할 확률이 더 올라간다.

이를 반추rumination로 설명하기도 한다. 감정적으로 해소되지 않는 것을 생각으로 전환해서 풀어보려는 노력이다. 뇌는 잘 풀리지 않거나 익숙하지 않은 일을 만났을 때 반복해서 연습하면 해결할 수 있다는 것을 경험으로 알고 있다. 파스타를 처음 만들 때는 어렵고 실수투성이지만 열 번쯤 같은 파스타를 만들고 나면 이전보다 더 잘 해낼 수 있는 것과 같은 이치다.

놀이공원 같은 곳에서 아르바이트를 하는 사람은 업무 관련 내용을 모두 외워서 사람들에게 안내해야 한다. 처음에는 보면서 읽어야 할 정도로 잘 외워지지 않지만, 일주일 정도 반복해서 일하다 보면 외워서 하는 게 아니라 그냥 편하게 말하듯이 하게 된다. 반복과 연습이 업무 내용을 익숙하게 만들어준 것이다. 무엇보다도 덜 당황하거나 놀라게 되어 긴장감이 줄어들면서 스트레스도 감소한다.

이와 같은 성공 경험은 다른 상황을 만났을 때 되살아난다. 고민되는 일이 있거나 스트레스가 될 만한 과제가 생겼는데 감당하기 어렵고 당장 해법도 떠오르지 않으면, '계속 생각해봐야 해, 그러면 답이 나올 거야'같이 이전의 성공 경험에 따른 판단을 할 수 있다. 그것이 반추다. 소가 소화하지 못한 풀을 위에서 끄집어내서 다시 질겅질겅 씹듯이 생각을 되새김질하는 것이다. 그러나 아쉽게도 그 생각은 사라지지 않고 더욱 단단하고 분명해질 뿐이다.

생각의 모드를 바꿔야 생각이 사라진다

이렇게 여러 이론을 길게 설명하는 이유는 '생각을 생각으로 떨쳐버리기 힘들다', '생각을 억제하거나 떨치려고 할수록 그 생각은 더 커진다'는 것을 받아들여야 하기 때문이다.

흔히 '의지로 극복해라', '강한 멘탈로 스트레스 상황을 돌파하라'는 조언을 하고, "슬픈 생각은 그만하고 좋은 생각만 하자"고 위로한다. 말은 멋지지만 현실에서 제대로 작동하기는 어렵다. 그런 조언을 하는 사람에게 "넌 잘하냐"고 되묻고 싶은 마음이 들게 할 뿐이다.

누가 "어떤 생각을 해야 지금 이 고민이 사라질 수 있을까요?"라고 묻는다면, "몸을 움직이세요. 그것도 살짝 집중해야 할 수 있는 행동으로요"라고 알려주는 것이 정답이다.

앞서 말한 바와 같이 뇌는 한 번에 한 가지만 할 수 있다. 사냥감이 무엇인지 주변을 둘러보는 탐색 모드로 뇌가 작동되다가, 쫓아가야 할 먹잇감을 찾고 나면 온 힘을 다해 집중적으로 달려가는 동작 모드로 전환된다. 탐색과 동작을 동시에 하면 둘 다 실패하기 쉽기 때문에 한 번에 한 가지로만 작동하도록 설계되어 있다. 생각에 골몰한 상태는 탐색 모드에 있을 때다. 탐색 모드에서 생각을 억제하는 것은 흰곰 효과 때문에 생각만 더 커지게 할 뿐이다. 마치 스위치를 켠다는 느낌으로 탐색 모드에서 동작 모드로 변환하는 것이 빠르고 효과적이다.

그러기 위해서는 산책하듯 슬슬 움직이는 것으로는 안 된다. 이때는 어중간하게 뇌가 두 가지 모드를 다 오간다. 계단 오르기, 스쾃 20회 하기, 편의점에 음료수 사러 가기, 물구나무서기, 설거지하기와 같이 적당히 주의를 기울여야 다치지 않거나 목표를 달성할 수 있는, 그런 수준의 행동을 해야 한다. 그러면 강제적으로 탐색 모드가 꺼지고 동작 모드로 뇌의 주도적 모드가 바뀌어서 이전에는 떼어내려고 해도 절대 사라지지 않던 고민과 생각이 신기하게 줄어들거나 없어진다.

만일 최대한 주의 분산을 시도해보지만 그럴 때마다 매번 움직일 수도 없는 데다, 잠깐은 생각이 사라지지만 얼마 지나지 않아 다시 그 고민거리가 떠올라서 멈춰지지 않는다면? 그때는 반추를 줄이는 단계적 시도를 해보기 바란다.

1단계: 알아차린다

어떤 생각이 떠오를 때 우선은 판단을 하지 않는다. 그냥 생각이 하나 들어왔다고만 여겨보자.

2단계: 그냥 생각일 뿐이라고 여긴다

불이 났다는 생각이 든다고 해서 바로 앞에서 불이 진짜 활활 타오르는 것은 아니다. 그냥 머릿속에서 생생하게 떠올랐을 뿐이다. 걱정이 된다고 해서 그 일이 실제로 벌어진 것은 아니다. 생각은 곧 사라질 뿐이다.

3단계: 받아들인다

생각을 밀어내려고 너무 애쓰지 않는다. 떠오른 생각을 그냥 받아들이고, 논리적으로 반박하려고 하지 않으며, 토론하려고 하지 않는다. 그냥 그 자리에 머무르도록 허용한다. 자신은 편의점 사장이고, 편의점 바깥 테이블에 생각이라는 손님이 잠시 앉은 것이라고 생각해보자. 불편한 생각의 크기는 그럴수록 줄어든다. 운전 중에 조금 열어둔 창문으로 파리가 한 마리 들어오면 무척 성가시다. 잡으려고 손을 휘젓다 보면 사고만 난다. 그럴 때는 파리가 들어온 걸 받아들이고, 창문을 더 많이 열어서 파리가 스스로 나가기를 기다리는 것이 최선이다.

4단계: 그냥 지금 느끼는 것으로 관심을 돌린다

지금 느끼고 있는 것에 집중해본다. 눈을 감고 에어컨이 돌아가는 소리, 밖에서 차가 지나가는 소리나 새가 우짖는 소리, 혹은 방향제의 냄새, 바지의 촉감을 느껴본다. 사라지지 않는 고민은 불쾌한 느낌과 위협감을 주지만, 주변에서 느껴지는 감각은 중립적이다. 서서히 그 감각에 주의력이 더 많이 쏠리면서 불쾌한 감정이나 머릿속 가득한 생각은 풍선에서 바람이 빠지듯 줄어들 것이다.

5단계: 시간을 낭비한다는 마음을 버린다

달라붙은 생각을 당장 없애야 한다고 조바심 내지 말자. 가장 큰 무기는 시간이라고 여기고, 그냥 시간을 보내보자. 빨리 없애야 한다는 마음은 불안한 감정과 위협이라는 생존 본능에 따르고 있는 결과다. 시간이 문제를 해결할 것이라 믿고 '하루 종일 머무르다 가라고 하지'처럼 넓고 관대한 마음을 가져보자. 스트레스는 조바심을 부른다. 이때 방향을 바꿔 나쁜 생각에 공간을 주려는 마음은 불편한 생각의 색을 옅어지게 한다.

6단계: 하던 걸 계속한다

불편한 생각이 머무르더라도 하던 일을 계속한다. 동네 건달이 내가 하는 작은 분식집에 들어와서 자리를 차지하고는 큰 소리로 라면을 주문했다고 생각해보자. 다른 손님들이 위협적으로 느낄까 봐 내보내고 싶지만, 그러면 결국 싸움만 날 뿐이다. 그럴 때는 그가 주문한 라면을 주고, 다른 손님이 주문한 음식을 만들면 된다. 성가시고 신경 쓰이지만 내 할 일을 하면 되는 것이다. 건달도 재미없으니 주문한 라면을 다 먹으면 곧 나갈 것이다. 마찬가지로, 지금 해야 할 일을 하다 보면 나쁜 생각도 문을 열고 내 마음에서 나간다.

자율신경계를 다스리는
호흡조절 원칙

스트레스를 받아서 씩씩거리고 있거나 놀라서 마음이 가라앉지 않을 때, "천천히 심호흡을 하세요"란 조언을 들어본 적 있을 것이다. 실제로 천천히 호흡에 집중해 "하나, 둘, 셋" 하면서 숨을 쉬다 보면 마음이 진정되고 쿵쾅대던 심장의 박동 소리도 작아진다. 신기한 경험이다.

어떤 마법이 일어난 것일까. 호흡을 통해 우리 몸의 자율신경계 조절 메커니즘을 활성화해서, 스트레스로 놀란 몸과 마음을 안정시킨 것이다.

스트레스를 느낄 때는 두 가지 신체 변화가 두드러지게 나타난다. 심장이 빨리 뛰고, 호흡수가 늘어난다. 호흡을 빠르게 해서 산소를 최대한 많이 혈액에 공급하고, 산소포화도가 올라간 혈액이 온몸을 돌게 만든다. 위협에 대응할 능력을 올리기 위한 자연스러운 반응이다.

그런데 위기 상황이 지나갔는데도 항진된 반응이 여전히 가라앉지 않는다면, 어떻게 해야 할까? 여전히 위험하고 긴장을 늦출 수 없는 상황이라고 뇌가 판단해 위기 태세를 오래 지속하면, 우리 몸은 산소가 부족하다고 느껴서 더 많이, 더 깊게 호흡해야 할 것 같은 압박감을 느끼고, 심장은 계속 강하게 펌프질을 하게 된다. 이처럼 스트레스 반응이 오작동해서 극대화된 것이, 터질 것 같은 심장과 과호흡을 동반하는 공황 증상이다.

문제는 심장은 전자동이라서 어떤 수를 써도 조절할 도리가 없다는 것이다. 심장이 느려지거나 빨라지는 것, 심장의 혈액 송출량은 100% 자동으로 조절된다.

이럴 때 유일하게 의식적으로 조절할 수 있는 것이 '호흡'이다. 그래서 호흡은 평소에는 의식하지 않고도 이루어지지만, 특별한 필요가 있을 때는 의도적으로 조절할 수 있게 짜여 있다. 심장은 전자동인 데 반해, 폐(호흡)는 반자동이다.

이렇게 심장과 폐의 기능을 전자동과 반자동으로 나눈 것은 최적의 효율을 위해서다. 생명을 유지하는 데 가장 중요한 심장은 전자동으로 움직이게 해서 어떤 일이 있어도(부정맥과 같은 병이 생기지 않는 한) 멈추지 않고 정확히 제 할 일을 하는 것이 안전하다. 그런데 둘 다 전자동이라면, 몸의 작동을 미세하게 조정해야 하는 경우에 어려움이 생긴다. 그냥 알아서 빨라지거나 느려질 때까지 기다리는 것은 위험하거나 적응에 어려울 수 있기 때문이다. 그래서 우리는 평소에는 의식하지 않고 자동으로 숨을 쉬지만, 필요한 경우 의식적으로 호흡을 조절한다. 그것이 자율신경계에 영향을 미치고, 간접적으로는 심박수도 바꿀 수 있다. 몸에 대해 알면 알수록 그 정교한 설계에 감탄할 수밖에 없다.

호흡조절의 4가지 원칙

스트레스를 느낄 때 호흡을 어떻게 조절하는 것이 좋을까? 다음의 몇 가지 원칙을 알고 있으면 도움이 된다.

첫 번째, 가슴으로 하는 흉식호흡이 아닌, 배를 이용한 복식호흡을 한다. 흉식호흡은 가슴과 늑간근을 주로 이용해 얕고 빠르게 하는 것으로, 빨리 걷거나 달리기를 할 때 주로 한다. 국민체조를 할 때 두 팔을 앞으로 올렸다가 위로 들면서 숨을 들이마시고 팔을 옆으로 내리면서 천천히 내쉬는 것이 대표적인 흉식호흡이다. 이때는 교감신경이 활성화되는데, 멍하고 졸린 몸과 뇌를 깨워주는 효과가 있다. 조깅 전에 준비운동으로 하는 것도 흉식호흡이다. 긴장도를 높이고 활동력이 좋아진다.

그와 달리 복식호흡은 배가 앞으로 나오도록 숨을 쉬는 것이다. 복부와 횡격막을 이용해서 천천히 호흡한다. 배를 늘리려고 노력하면 그와 함께 횡격막이 깊이 움직인다. 그로 인해 미주신경이 자극되어서 부교감신경이 활성화된다. 복식호흡을 반복하면, 그 영향으로 서서히 심박수가 내려가고 혈압이 떨어지며 긴장이 줄어들고 온몸이 이완된다. 명상, 요가, 참선과 같은 마음 수련을 할 때 복식호흡을 하는 이유다.

자신이 복식호흡을 제대로 하고 있는지 알고 싶다면, 누운 채로 무릎을 세워 등 전체가 바닥에 닿게 한 다음에 왼손은 가슴에, 오른손은 배에 두고 들숨과 날숨을 쉬면서 배가 올라오고 내려가는지 확인한다. 이처럼 의식적으로 숨을 쉬는 연습을 하는 것이 복식호흡을 연습하는 데 도움이 된다.

두 번째, 날숨에 신경 쓴다. 들숨inhalation은 교감신경계를 활성화해서 아드레날린을 내보내고 심박수를 증가시킴으로써 긴장하게 한다. 횡격막을 최대한 벌려서 흉강을 팽창시키고 폐로 공기를 최대한 유입하는 것으로 흉강이 확장되면, 미주신경과 부교감신경이 억제된다. 그러니 심박수가 증가한다. 그에 반해 날숨exhalation은 부교감신경계를 가동시키는데, 이 경우 미주신경계가 활성화되면서 심박수가 떨어지고 전신의 이완을 이루면서 긴장이 풀어지는 변화가 온다. 횡격막이 이완되면서 폐가 압축되며 공기가 배출되는 것이다.

호흡을 느리게 할 때에는 숨을 들이쉴 때보다 더 오랜 시간

스트레스를 줄이는 호흡법

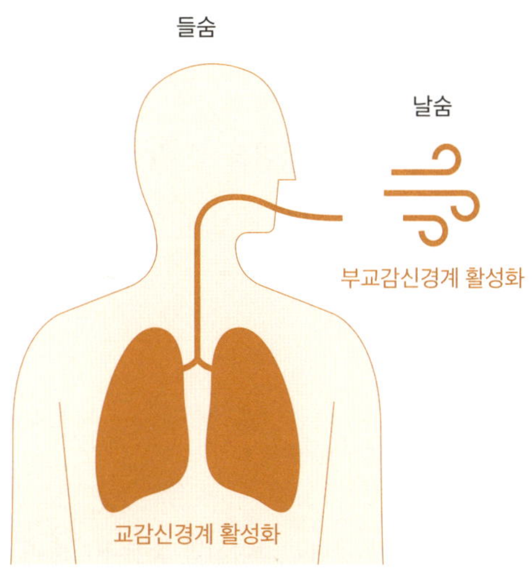

들숨 대 날숨을 1 대 2 정도로 한다.

을 들여 천천히 내쉴 것을 권한다. 들숨 대 날숨을 1 대 2 정도로 하는 것이 가장 기본적이다. 4초 정도 들이마시고, 8초에 걸쳐서 내쉰다. 나는 10을 기준으로 하여 1, 2, 3을 세면서 숨을 들이마시고 나머지 4부터 10까지 세면서 내쉬라고 설명하기도 한다. 이때는 대략 3 대 7 비율이 된다.[6]

셋째, 가능한 한 코로 숨 쉴 것을 권한다. 코로 호흡하면 아무래도 천천히 숨을 쉬게 되고, 뇌파를 호흡의 리듬에 동기화하는 데 도움이 된다. 코로 숨을 쉬면 천천히 깊게 쉬게 되면서 자연히 복식호흡으로 이어지기 쉽다. 그에 반해서 입으로 하는 호흡은 얕고 빠르고 불규칙하다.

넷째, 호흡수로 넘어가보자. 1분에 몇 번 정도 호흡하는 것이 적당할까?

이탈리아에서 이런 실험을 한 적이 있다. 건강한 성인 23명에게 다음의 행동을 모두 해보게 하면서 자율신경계의 변화를 관찰해보았다.

- 가만히 있기
- 자유롭게 말하기
- 라틴어로 '아베 마리아 그라치아 플레나(은총이 가득하신 마리아님 기뻐하소서)' 등 〈성모송〉 암송하기
- 티베트의 만트라인 '옴 마니 파드메 훔' 암송하기
- 메트로놈에 맞춰서 분당 6회의 빈도로 호흡하기

이 5가지 조건으로 실험해보니 일반적인 속도로 〈성모송〉을 암송할 때와 만트라를 외울 때, 그리고 메트로놈 속도에 맞춰 호흡을 했을 때, 모두 호흡이 분당 6회로 맞춰졌다. 동시에 심박수와 혈압도 호흡수인 분당 6회에 맞춰서 동기화하는 모습이 관찰되었다. 자율신경계를 측정해보니 부교감신경이 활성화되고 심혈관계의 스트레스가 줄어들어서 전체적으로 심리적 안정을 보이는 지표들이 증가했다.

여러 문화권에서 오랫동안 이어 내려온 기도나 만트라 암송 등은 분당 6회 정도의 빈도로 호흡을 유도하는 공통점이 있다. 동방정교회의 예수 기도인 "주 예수 그리스도 하느님의 아들이시여, 저를 불쌍히 여기소서"를 호흡에 맞추어 서서히 하면 1회에 10초 정도 걸린다. 그 외에도 힌두교의 '옴 나마 시바야'를 반복 낭송하는 시간, 사찰에서 염불을 외는 리듬도 모두 한 구절을 10초 정도로 구성해서 반복한다. 누가 시킨 것도 아닐 텐데, 신기하게도 오랫동안 전 세계의 종교인들은 같은 속도와 리듬으로 기도문을 암송하면서 마음을 차분하게 가라앉혀왔다.

여기서 핵심만 추려내면 10초에 한 번 정도의 속도로 숨을 쉬는 것이 부교감신경과 가장 잘 맞는 속도임을 알 수 있다. 그럴 경우 심박수의 변이도가 가장 안정적으로 극대화되면서 스트레스 완화에 효과적이다. 스트레스로 인한 긴장은 분당 6회 정도로 호흡하려고 노력하는 것만으로도 충분히 줄일 수 있다.[7]

한숨의 장점과 단점

이런 원칙들을 떠올릴 새도 없이 당장 머리가 복잡하고 가슴이 뛴다면? 제일 빠르고 쉬운 방법은 "휴우" 하고 깊게 한숨을 한 번 쉬어보는 것이다. 한숨은 호흡의 리셋 버튼과 같은 역할을 한다. 스트레스 상황에 처해져서 얕고 불규칙적인 호흡이 지속되고 있을 때 한숨을 쉬면, 숨 쉬는 리듬이 정상으로 돌아온다. 한숨에는 무작위적이고 흐트러진 호흡 패턴을 예측 가능하고 구조적인 패턴으로 복구하는 기능이 있다. 의도적으로 호흡을 통제하는 방법으로는 가장 효과적이다.

하지만 응급처치로 잠시 효과가 있을 뿐이다. 한숨만 계속 쉬고 있으면 도리어 힘이 빠지고 부정적 감정이 더 올라오는 역효과를 가져온다. 신기한 것은 부정적 정서의 성향이 강한 사람일수록 한숨의 효과가 더 좋다는 것이다. 그래서 힘들수록 한숨을 더 자주 쉬게 되는 것 같다.[8]

이와 같이 호흡은 반자동이며, 스트레스와 자율신경계의 변화는 들숨과 날숨, 흉식호흡과 복식호흡으로 나뉘어 밀접하게 연관되어 있다. 심장이 뛰는 것은 의도적으로 조절할 수 없지만, 숨 쉬는 것은 관찰하고 재조정하는 것만으로도 스트레스 정도를 잘 평가해 안정을 되찾게 한다.

뇌의 에너지는
10%만 채우면 회복된다

뇌는 무게가 1450그램 정도 되는 아주 작은 조직이다. 몸무게가 70킬로그램이라면 2%밖에 차지하지 않는다. 그런데 뇌가 하루에 필요로 하는 칼로리는 무척 많다. 성인은 하루 평균 2000~2400kcal를 섭취하는데, 뇌는 그중 20~25%를 필요로 한다. 자동차의 연비에 비유한다면 무척이나 고비용 저효율인, 말 그대로 '에너지를 잡아먹는 기계'다.

뇌가 사용하는 칼로리 중에서 가장 많은 비중을 차지하는 것은 의식을 깨어 있게 하거나 호흡과 체온을 유지하는 등 생리적 안정성을 확보하는 기본 소모 에너지다. 여기에 대략 80~90%를 쓴다. 뇌가 대단히 고차원적 일을 하는 데 에너지를 많이 쓸 것 같지만, 사실은 그저 숨을 쉬고 체온을 유지하며 가만히 있는 것에 거의 모든 에너지를 사용한다. 그리고 나머지

적은 부분이 기억, 판단, 집중 등 다소 난이도가 있는 인지 활동
에 쓰인다. 그렇기 때문에 스트레스로 인해서 뇌의 칼로리 소모
가 급격히 늘어나는 것은 아니다. 일시적인 스트레스 반응으로
칼로리 소모가 늘어나서 영향을 주지만, 뇌가 사용하는 에너지
의 총량에는 다행히도 큰 변화가 없다. 그만큼 기본 비용이 많
이 든다는 의미이기도 하다. 대부분의 에너지를 기본 활동에 쓰
니, 에너지 중 5~10%라도 모자라면 바로 티가 난다. 특히 의지
력이 필요한 일이나, 하지 않던 것을 새로 했을 때 확연히 차이
를 느끼게 된다.[9]

　피부에 차가운 온도의 압력을 가함으로써 스트레스를 준 실
험이 있다. 압력이 가해진 상태에서 뇌를 검사해보니 일시적으
로 작업기억 능력이 떨어졌고, 스트레스호르몬인 에피네프린
(아드레날린)과 코르티솔의 혈중 농도가 증가했다. 뇌 영상 검사
에서는 배외측 전전두엽피질의 기능 저하가 나타났고, 신경망
의 효율성이 떨어진 것도 확인되었다. 이런 변화는 의사결정능
력을 일시적으로 떨어트린다. 스트레스로 인한 부정적 감정 자
극에 맞춰 시야가 좁아지고, 위협을 감지하는 편도의 활성화로
인지 자원이 그곳으로 많이 분산되어 다른 일에 대한 집중도도
함께 낮아진다. 그저 얼음을 피부에 올려놓는 정도의 신체적
스트레스를 준 것뿐인데, 판단력과 의사결정능력이 떨어진 것
이다.[10]

결국 겨우 10%의 가용자원을 어떻게 관리하는지가 스트레스 대응 능력에 꽤 큰 영향을 미친다고 할 수 있다. 특히 현대인은 전전두엽을 활용하는 품이 드는 작업을 불시에 해야 하는 경우가 많다. 그러니 에너지가 10% 정도 더 소모되거나, 에너지가 모자라는 일이 벌어지면 주관적으로나 객관적으로 '힘들다', '잘 안 된다'는 느낌을 쉽게 갖게 된다.

월급이 300만 원인데 월세, 공과금, 식비, 대출금 등 매달 기본으로 나가는 돈이 270만 원이라면, 여윳돈은 30만 원 정도일 것이고, 그 금액을 예상 외의 경조사비나 가전제품 수리비, 의료비로 써버리면 그 달은 쩔쩔맬 것이다. 수입을 늘리는 것이 가장 좋겠지만, 현실적으로 그러지 못하는 경우가 더 많다. 그럴 때 가장 먼저 하는 것은 기본 비용을 덜 쓰는 '절약 모드'로 들어가는 것이다. 뇌도 그렇게 대응한다. 뇌의 능력을 강화하는 것이 해결책이라고 볼 수 있겠지만, 그것보다 빠른 방법은 뇌의 기능이 떨어질 만한 일을 막는 것이다. 에너지를 절약하거나 빨리 보충하는 방법이 여기에 해당된다.

뇌는 좋은 걸 추구하기보다는 에너지가 많이 드는 일을 피하는 것을 선택한다. 에너지에 여유가 있을 때는 이타적 행위나 선한 행동을 고를 수 있지만, 그렇지 않을 때에는 하던 대로, 편한 것으로, 효율이 높고 에너지가 덜 드는 것을 우선 선택한다. 그래서 편견을 갖고 이기적으로 행동하며, 치사해지고 불친절해진다. 경제적으로 궁핍해지면 보통 때 하던 기부나 동생에게 주던 용돈을 줄이는 것같이 말이다. 지갑이 얇아지면 예민해지듯, 뇌가 피곤한 상태가 되면 스트레스에 의연히 대처하지 못하고 짜증부터 내고, 관성대로 하다가 위험을 자초하며, 고치겠다고 마음먹은 버릇을 잘 참다가 다시 해버리고 만다. 만약 지금 그런 상태라면 뇌의 가용자원 10%가 떨어지지 않았는지 가능성을 점검해보고, 이를 해결할 방법을 찾을 필요가 있다. 마치 가계부를 써서 불필요한 지출이 있는지 점검하고 타이트하게 생활비를 관리하듯이 말이다.

뇌를 지치게 만드는 3가지 요인

나는 뇌의 에너지 10%를 줄여서 결정적으로 지치게 하고 스트레스 대처능력을 감소시키는 대표적인 요인으로 세 가지를 지목한다. 배고픈 것, 아픈 것, 피로한 것이다.

배고픈 것

배가 고프다는 것은 한마디로 '혈당이 떨어졌다는 것'이다. 손발이 덜덜 떨릴 정도로 저혈당 상태라는 의미가 아니라 출출해지는 정도의 저혈당이다. 혈당이 80~90mg/dl 정도가 되면 출출해지기 시작하고, 70~85mg/dl 정도까지 떨어지면 제대로 배가 고파지면서 뇌의 시상하부에서 '이제 먹을 게 들어와야 한다'는 신호를 보내 이와 관련한 호르몬이 분비되고 뇌의 우선순위가 바뀐다. 자동차의 연료 게이지에 빨간불이 들어온 것과 같다. 좋은 것에 대한 고민, 앞날에 대한 여유 있는 예측 같은 것은 후순위로 밀리고, 혈당이 더 떨어져서 먹이를 찾기 위해 움직일 힘조차 없는 상태가 되기 전에 뭐라도 먹어야 하는 상황이다. 그래야 먹잇감을 찾아 움직일 수 있기 때문이다. 생존의 관점에서는 지금까지 하던 고민이나 해야 할 일은 뒤로 밀리고, 혈당을 높여야 한다는 과제가 맨 앞자리로 나온다. 그러니 스트레스에 대처하기 위해 지혜로운 판단을 하는 것은 뒤로 밀린다. 뇌는 생존 가능성을 높이는 것을 언제나 최우선 순위로 둔다.

그러므로 중요한 결정을 앞두었을 때 배고픈 상태인 것은 좋지 않다. 스트레스 상황에서 짜증이 나거나 중요한 결정을 해야 할 때 압박감을 느끼면, 부정적으로 반응하기 전에 '출출해서 그런가?' 하고 되돌아보자.

만일 배가 고픈 것 같다면 우선 뭐라도 먹도록 하자. 이왕이면 바로 혈당을 올리거나 칼로리 전환이 되는 당분이 들어간 것이 좋다. 먹고 나서 10분 정도 지나면 훨씬 여유가 생겨서 그 전보다 자신 있고 여유 있게 판단할 수 있다.

아픈 것

신체에 통증이 있으면 그 부위에 신경을 집중하기 때문에 그것 자체가 최대의 스트레스 원인이 된다. 그럴 때는 먼저 내 몸의 생존 가능성을 높이는 것이 무엇보다 중요하다. 그러므로 통증을 경험하고 있을 때는 외부에서 벌어지는 일을 파악해서 대응하거나 적극적인 대응을 위해 여러 가지 경우의 수를 생각해 보는 데 에너지와 관심을 많이 배정하기 어려워진다.

아플 때는 멍하거나 집중이 안 되고, 딴 생각이 많이 든다. 냉소적인 감정이 생겨서 '이런 건 뭐 하러 하나' 같은 생각부터, '어차피 망할 거니까 열심해 해봐야 소용없어'라는 비관적인 생각까지 머릿속에 자리를 차지한다.

이때는 감정의 방향을 돌리기 위해 애쓰기보다는 먼저 '통증'을 해결하는 것이 좋다.

통증이 있다면 그것과 연관한 의학적 평가와 치료를 적극적으로 받는다. '좋아지겠지' 여기며 참는 것, 바쁘다는 핑계로 뒤로 미루는 것, 정말 큰 병일까 겁이 나서 상황을 부정하면서 사는 것은 모두 좋지 않다. 대한민국은 세계적으로 의료접근성이 가장 좋은 나라다. 잠깐의 시간을 내어 신체 건강을 우선순위에 두도록 하자.

만일 병원을 찾을 정도의 질병이 아니라면? 예를 들어 오슬오슬한 몸살기, 허리가 뻐근한 것, 생리통이나 치주염, 손목이

나 발목 관절의 통증 등이 신경 쓰인다면 그럴 때는 약국에서 쉽게 구할 수 있는 일반의약품 계열의 해열진통제를 활용한다. 신체의 통증을 줄이는 것만으로도 스트레스가 낮아지기 때문이다.

피로한 것

잠을 잘 못 자거나 피로한 상태가 유지되면 스트레스에 취약해진다. 뇌는 피곤한 상태일 때 기능이 떨어지는데, 특히 집중, 기억, 작업기억과 같이 고차원적 기능을 해내는 데 어려움을 겪는다. 그래서 직장인일수록 잠에 민감하다. 잠을 잘 못 잔 날이 이어지면 불안해지고, 다음 날 컨디션이 걱정되어 덜컥 겁이 난다. 만성 불면은 '불면에 대한 불안'으로 생기는 경우가 많다.

잠이 모자란 상황이 아니더라도, 신경이 곤두선 채 야근이나 잔업을 반복하다 보면 피로가 이어지기 쉽다. 이때는 짧은 낮잠인 파워 냅power nap이 피로 회복에 효과적이다.

비교적 짧은 시간인 15~30분 정도 낮잠을 자서 에너지를 보충하는 것이다. 그러면 집중력이나 작업 속도가 좋아지고, 스트레스가 완화되며, 감정이 안정된다. 또 기억력, 창의력, 문제해결능력이 좋아진다.

NASA 소속 비행사와 관제사에게 파워 냅을 시행했더니, 집중력이 34%, 작업 효율이 54% 증가했다는 연구가 있다. 낮잠

후 학습 능력과 기억력이 일시적으로 상승했다는 보고도 있다.[11]

일부 연구에서는 파워 냅 직전에 커피를 마시는 것을 권유한다. 자는 동안 카페인이 위장에서 흡수되어 뇌까지 도달하면 깨어난 다음에 카페인 효과가 바로 작동해서 더욱 활기 있고 집중력이 높은 시간을 보낼 수 있기 때문이다.[12]

만일 30분 정도 낮잠을 잘 형편이 안 된다면? 가만히 앉아서 10분 정도 눈을 감고 있어보자. 프랑스 신경과학자 미셸 르 방 키앵은《뇌를 위한 침묵 수업》에서 시각적 침묵을 통해 뇌를 쉬게 하는 방법을 제안한다. 깨어 있는 동안에는 뇌가 쉬지 못한다. 뇌는 눈, 코, 귀, 입, 손 등 5가지 감각기관으로 들어오는 시각, 후각, 청각, 미각, 촉각 같은 모든 정보를 모아서 처리한다. 잠시 숨을 돌릴 시간이 오면 우리는 버릇같이 휴대폰을 열어 문자메시지나 소셜 미디어, 뉴스 기사를 읽는다. 그것을 휴식이라고 여기지만, 뇌의 입장에서는 여전히 저강도의 디폴트 모드 네트워크default mode network가 작동하고 있는 것이다. 그것도 에너지가 소모되는 일이다.

뇌를 조금이라도 쉬게 해주기 위해서는 감각기관으로 들어오는 정보를 차단해야 한다. 이때 가장 효과적인 것이 눈을 감는 것이다. 뇌의 피질 중 85%가 눈으로 보는 것을 처리하는 데 사용되고, 청각은 고작 9%, 후각과 촉각은 다 합쳐도 6% 남짓이라고 한다. 그러므로 귀를 막는 것보다는 눈을 감는 것이 훨씬 강력한 감각 차단 기능이 있다. 자리에 앉아서 5~10분 정도 타이머를 맞추고 가만히 눈을 감고 있어보자. 시간이 지나면, 감각자극으로 한껏 긴장되어 있던 몸이 이완되면서 피로가 풀리는 걸 느낄 수 있다. 특별한 행동을 한 게 아니라 그저 들어오는 자극을 일시적으로 멈췄을 뿐인데 말이다.

3주의 고비를 넘기면
견딜 만해진다

"인간은 어떤 존재입니까?"라고 내게 묻는다면, "적응하는 존재입니다"라고 대답할 것이다. 어떤 환경에 던져놓아도, 처음에는 무척 힘들어하지만 어떻게든 살아남기 때문이다.

무인도에서 생존하는 주인공의 모습을 그린 〈로빈슨 크루소〉나 〈캐스트 어웨이〉, 화성에 혼자 남겨져도 결국 생존할 방법을 찾아내는 〈마션〉 같은 영화는 극단적인 환경을 배경으로 하는 것일 뿐, 거기서 주인공이 대응하는 과정이 허구나 환상인 것만은 아니다. 최소한 슈퍼히어로의 활약보다는 현실적이다.

우리에게 닥친 스트레스가 견디기 힘들 만큼 가혹해 보일지 모르지만, 그에 적응하면서 버티다 보면 처음보다는 훨씬 견딜 만해진다.

낯선 자극이 올 때 몸의 신경은 강하게 반응한다. 하지만 시간이 지나고 나면 처음보다 덜 반응하고, 이후에는 훨씬 적게 반응하거나 거의 반응하지 않는다. 이를 '적응' 또는 '습관화'라고 한다.

인간이 스트레스에 얼마나 잘 적응할 수 있는지, 또 적응하는 데 얼마나 걸리는지를 살펴본 오래된 실험이 있다.

1961년 3월, 한 연구에서 미국 군인들에게 옷을 벗은 채로 약 11.8도로 설정된 방에서 8시간을 보내게 했다. 당시 실내 온도가 20~25도인 것에 비하면 꽤 추운 환경에 의도적으로 머무르게 한 것이다. 처음에는 추위라는 강한 스트레스에 반응해서 소름이 돋거나 몸이 떨렸는데, 곧이어 그러한 근육의 움직임으로 열을 만들어서 체온을 유지했다. 시간이 지나면서 체온이 일정하게 유지되고 소름이 돋는 현상도 서서히 사라졌다.[13]

2014년에는 사람이 변화된 환경에 적응하는 데 며칠 정도 걸리는지 확인하는 실험을 해보았다. 건강한 성인 14명을 모집해서 20일간 총 17회에 걸쳐서 14도 정도의 찬물에 목까지 몸을 담그게 하고 체온을 측정해보았다. 처음 6일 동안은 차가운 물에 빠졌을 때 예상되는 몸의 변화와 스트레스 반응이 전형적으로 보였다. 심부온도(신체 내부 온도)가 급격히 떨어졌고, 피부온도도 같이 떨어졌다. 떨림으로 인한 열 생산은 초기에 많이 관찰되었고, 심박수와 호흡수도 늘어났다. 그러던 것이 실험을 반복할수록 서서히 줄어들어 마지막 17회차, 즉 20일째가 되자 실험 전과 큰 차이가 나지 않는 안정적 상태로 유지되었다. 주관적으로도 추위에 대한 불쾌감이 줄었다. 나중에는 '괜찮다', '견딜 만하다', '더는 춥지 않다'는 응답도 했다.

꽤 가혹해 보이는 환경에 노출된다고 해도 약 20회 정도, 혹은 20일 정도의 시간이 지나면 이전에 비해서 훨씬 잘 견뎌내게 된다는 것을 입증한 실험이다.[14]

초겨울에 갑자기 기온이 떨어지면 훨씬 춥게 느껴지지만, 2~3주가 지나고 나면 그리 춥다고 여기지 않는 것과 같다. 아주 추운 한겨울보다는 환절기에 감기에 걸리기 쉬운 것도 몸이 적응하지 못한 상태에서 감기 바이러스에 쉽게 방어력을 잃은 결과다.

한겨울에 바다에서 수영하는 사람들을 보면 '대체 왜 저러지?' 하며 내 몸이 오싹해지고는 한다. 사실 여러 번 반복해서 몸이 이미 적응된 사람들이라 굳이 걱정할 필요가 없는 것이다.

뇌의 습관화가 스트레스를 견디게 해준다

살면서 경험하게 되는 스트레스도 마찬가지다. 지진이나 폭우 등 재난이 일어나서 대피 시설에서 지내게 되었다면, 처음에는 무척 당황스럽고, 낯선 환경 때문에 잠도 못 자며, 앞날에 대한 걱정으로 제대로 생각조차 할 수 없을 것이다. 그런데 2~3주 지나고 나면 급식과 구호물품에 의지하는 것이나 체육관 같은 곳에서 단체로 지내는 것도 어느 정도 견딜 만해진다. 그래서 난민캠프에 사는 어린이들이 축구를 하는 모습도 볼 수 있는 것 같다.

뇌는 낯선 것에 대해서는 상대적으로 강하게 반응한다. 더 나쁜 것이 올지도 모르니 과잉해서 반응하는 것이 낫다고 여긴다. 그러나 비슷한 강도의 위협이 지속되는 환경이라는 것을 알게 되면, 뇌세포는 이제 더 이상 과잉 반응을 하지 않는다. 처음에는 뇌신경세포가 새로운 것에 강하게 반응하고, 위협에 대응하는 편도의 세포도 반응이 세지만, 신경세포의 억제가 일어나고 예측이 가능해질수록 처음 놀랐을 때와 같은 강한 반응은 일어나지 않는 '습관화habituation'가 이루어진 결과다.[15]

신경세포 뉴런의 억제에 의한 습관화와 안정화가 이루어지고 나면, 어느덧 꽤 가혹한 상황에 처해졌는데도 불구하고 버틸 수 있다. 그게 바로 스트레스에 대한 적응력의 요체다. 한겨울에 일부러 냉수마찰로 감기를 예방한다고 호기를 부리는 아저씨의 모습이 허세만은 아닌 이유다. 힘든 환경에 노출된 후 그 상황에 익숙해지고 나면, 그보다 낮은 수준의 스트레스를 견디는 것은 한결 수월하기 때문이다.

운동선수가 3주간 적응 훈련을 하는 이유

가혹한 환경에 적응하는 능력을 스포츠에 응용한 것 중 하나가 마라톤선수의 고산지대 훈련이다. 고산지대는 기압이 낮아서 산소의 농도가 낮다. 해발 2000미터에서는 평지의 75% 정도라고 알려져 있다. 그래서 조금만 달려도 금방 저산소 상태가 되어 달리기 능력이 떨어지고 호흡이 가빠진다. 마라톤선수들은 일부러 그런 가혹한 환경에서 전지훈련을 한다. 그러면 몸은 거기에 맞춰 적응한다. 산소를 운반하는 적혈구를 더 많이 만들어내고, 모세혈관을 더 많이 만들어서 조직 곳곳에 산소가 잘 전달되게 도로를 뚫는다. 산소분압이 낮아 혈액의 포화도가 떨어지면 저산소를 감지한 목동맥 소체가 숨을 더 깊고 자주 쉬게 만들어 산소의 흡입량을 늘리게 한다. 이를 '저산소 적응 훈련'이라고 한다. 고산지대에서 충분히 적응 훈련을 하고 평지로 돌아와서 경기에 나가면 몸은 고산지대에 맞춰 적응되어 있기 때문에 산소 활용이나 폐활량이 늘어나 기록 단축에 큰 도움이 된다. 그렇다면 얼마나 하는 게 좋을까? 일반적으로 약 2000미터 정도 고도에서 최소 2주, 또는 3~4주 정도 하는 것이 좋고, 평지로 내려온 후에는 2주 이내에 경기를 하는 것을 권한다. 역시나 최소 2주, 최적은 3주 정도의 시간을 지시하고 있다.

우주정거장에서 근무하다 복귀하는 우주인도 지구 재적응

훈련을 거쳐야 한다. 이들은 몇 달 동안 무중력 상태의 우주정거장에서 지내다가 지구로 귀환하는 것이므로 중력에 적응해야 한다. 둥둥 떠다니다 보니 근육을 쓸 일이 없었고 평형감각도 달라졌으며, 반사신경의 작동도 변했을 것이다. NASA는 보통 2~3주의 집중 재활훈련을 필수적으로 하고 있는데, 만일 우주에서 6개월 이상 체류했다면 2개월 동안 하는 경우도 있다고 한다. 스트레스 제로인 상태가 아마도 무중력에서 머무르는 것과 비슷하지 않을까. 지구에 있는 사람들은 의식조차 하지 않고 지내는 상태인데, 우주정거장에서 지내던 이들에게는 꽤 힘든 일상 압력이 되는 중력에 적응하는 과정이 필요한 것이다. 여기에도 약 3주 정도가 소요되는 셈이다.

우리는 낯선 상황에 처하면 강한 생리적 스트레스 반응을 한다. 이때 적응에 실패하고 힘들어하거나, 회피하고 도망갈 수도 있다. 그렇지만 여러 가지 사례나 연구를 보면, 평균 3주 정도의 시간이 지나면 생리 시스템이 다시 환경 변화에 맞춰 적응점을 찾아내어 안정화한다. 처음과 같은 강한 스트레스 반응을 더 이상 하지 않는 것이다. 어느새 환경에 맞춰져 기준점이 변한다. 시간이 지나면 견딜 만해질 것이라 믿고 버텨보자. 최소 3주 정도는 말이다.

잠깐의 스트레스와
인생의 숙제를 구분하라

날이 우중충하다가 갑자기 소나기가 내린다. 왜 하필 지금 비가 오나 싶다. 이때는 부리나케 우산을 펴고 빨리 걷거나, 잠깐 건물 안으로 들어가 빗줄기가 잦아들기를 기다리는 게 맞다. 길어야 30분 정도면 비가 지나갈 테니까.

그에 반해 장마철에는 비가 와도 그런가 보다 한다. 비가 오는 날이 안 오는 날보다 많기도 하다. 하루 종일 비가 오는 날은 마음도 어두침침하다. 가끔 날이 개면 오랜만에 이불을 말리고, 그 밝음을 즐긴다. 장마가 끝난 후에 찾아올 무더위를 걱정하기도 한다. 어떤 생각이든 장마 기간 내내 비라는 주제는 마음 안에서 사라지지 않는다. 그리고 한 번은 꽤 센 장대비나 폭우로 위험한 일이 생길 수도 있다.

소나기일까 장마일까

스트레스도 소나기와 장마로 나눠서 보면 대처하기가 더 좋다. 일상에서 잠깐 있는 스트레스는 소나기다. 세게 쏟아부어서 우산을 써도 옷이 젖을 때가 있지만, 오래 가지는 않는다. 시험을 앞뒀을 때나 갑자기 목돈이 필요할 때, 회사에서 계약 문제로 신경이 날카로워졌을 때, 프로젝트 마감 직전에 업무가 몰아칠 때 등이 소나기에 해당된다.

꽤 힘들게 느껴져도 '이건 소나기야'라고 생각하면 견딜 만하다. '이 소나기가 태풍으로 바뀌면 어쩌지' 같은 과도한 걱정만 하지 않는다면, 어차피 시간이 지나면 사그라든다는 걸 아는 것만으로 충분하다.

주목해야 할 것은 장마 같은 스트레스다. 1년에 한 번 찾아오는 장마는 긴 데다 피할 수 없는 터널과 같다. 이 기간에는 '왜 또 비가 와!'라고 짜증을 내봐야 나만 손해다.

우리 삶에도 장마와 같이 길게 지속되는 스트레스가 고비고비 등장한다. 나는 이것을 일종의 발달과제developmental task가 등장한 것이라고 설명한다. 하루나 이틀, 길어야 한두 달 만에 끝날 문제가 아니라 짧게는 1년, 길게는 4~5년간 지속되는 큰 고민이 생기는데, 그 시기가 인생의 전환점이 될 수도 있다. 그 고민은 마음 깊은 곳에 바위처럼 가라앉아 있다가 잊을 만하면

한 번씩 올라와 스트레스를 안겨준다. 이 바위의 영향력은 꽤 커서, 장마 중에 강한 소나기가 오는 것과 같다. 이것이 일상에서 불현듯 찾아오는 짜증, 우울, 불안의 중요한 원인이 된다는 것을 나중에 깨닫기도 한다.

그런 면에서 일생을 하나의 큰 주기로 보고, 장마처럼 길고 깊은 스트레스가 될 인생의 숙제가 무엇인지 알고 있는 게 좋다. 알고 맞닥뜨리는 것이 모르고 뒤통수 맞는 것보다 덜 아프고 더 견딜 만하니까 말이다.

다음의 내용은 에릭 에릭슨이 제안한 발달과제의 8단계 중에서 청소년기부터 노년기까지를 오늘날에 맞춰서 재구성한 것이다.

청소년기

이 시기에는 이유 없이 짜증이 나고 부모님이나 선생님, 학교에 화를 내며, 여러 감정들 중에서도 부정적 감정이 먼저 생긴다. 어떤 때는 기분이 좋아서 다 해낼 수 있을 것 같다가, 또 어떤 때는 하나도 제대로 해내지 못하는 사람이 된 것같이 무능하게 여겨진다. 이러한 생각은 일상의 스트레스와 별개로 일관되게 마음 깊숙한 곳에 깔려 있다. 이를 발달 관점에서는 10대 청소년기의 가장 큰 과제인 정체성 형성과 2차 분리-개별화로 설명한다.

자신이 누구이고 어디서 와서 어디로 가는지 이해하는 정체성identity 형성이 청소년기에 해야 할 중요한 숙제 중 하나다. 누구의 자식 아무개가 아닌, 이제는 "나는 이런 사람입니다"라고 설명할 수 있어야 한다는 욕구가 어느 때보다 강하다. 그러기 위해서 가장 먼저 해야 하는 일은 부모의 울타리에서 벗어나 자신만의 것을 챙기는 일이다. 그러려면 그동안 부모와 학교로부터 전달받아서 형성한 대부분의 가치관, 생각, 판단의 근거를 부정해야 한다. 그래야 온전히 자신만의 것을 만들 수 있다고 믿는다.

이럴 때는 청개구리 심리가 전면에 떠오른다. 부모가 옳은 제안을 해도 무조건 싫다고 대답한다. 모든 것에 부정적이고, 저항하고 싶은 마음부터 든다. 이 이슈가 모든 일에 우선한다. 그것이 자신에게 손해인 걸 알지만 그대로 따르면 부모의 손바닥 안에 있게 되니까 그냥 싫다. 그래서 손해를 선택한다.

그렇게 부모의 가치관을 강하게 부정하고 선 넘는 위험한 행동을 하면서 확보한 빈 공간을 혼자 채워 넣는 것은 쉽지 않은 일이다. 그 공간을 메우는 것이 친구다. 친구의 가치관이나 친구와 공유하는 생각들로 빈 공간을 채워 넣는다. 그래서 부모보다는 친구가 말하는 것을 더 옳다고 생각하고, 친구와 함께 있을 때 안전하다고 여기며 불안해하지 않는다.

이 시기의 좌충우돌, 친구에 대한 강한 의존, 권위에 대한 비

합리적인 저항, 혼란이나 우울, 자존감 저하는 많은 경우 청소
년기의 발달과제와 연관되어 있다.

현대사회에서 청소년기는 일찍 시작하고 늦게 끝나는 추세
다. 대략 12세경에 시작해 20대 중반까지 이어진다. 보통 앞 시
기와 다음 시기는 딱 잘라서 구분되지 않고 중첩되는 기간이
있다.

청년기

이 시기의 가장 큰 과제는 프로이트가 제시한 '일과 사랑'이
다. 일은 사회적 정체성이다. 성인이 되어 독립적 존재로 사회
에서 기능하기 위해서는 일이 중요하다. 이전에는 자신을 "저
는 누구의 자식인 아무개입니다"로 소개했다면, 이 시기부터는
"○○ 일을 하는 ○○사에 속한 사원 아무개입니다"로 바뀐다.
일이라는 것에 속하기 위해 준비하고, 애쓰고 노력하며, 그 판
에 들어가냐 못 들어가냐가 이 시기의 첫 번째 과제다. 일에 들
어가기 위해 노력하는 과정에서 스트레스가 있고, 들어간 다음
에 그 안에서 생존하며 1인분 몫으로 인정받기 위한 과정도 스
트레스다.

물론 취업하지 못해서, 혹은 일은 하고 있지만 원하는 일이
아니기 때문에 경험하는 좌절감과 불만족도 중요한 스트레스
다. 몇 년이 지나면 '평생 이 일을 하는 게 맞을까?'라는 사회적

정체성에 의문이 드는 '직업 사춘기'의 갈등과 불안, 망설임도 중요한 이슈다. 10년차 정도가 되면, 조직에서 일을 하는 것과 독립적으로 일을 하는 것 사이의 갈등, 조직과 나 사이의 관계 설정이 대두되기도 한다.

다음은 사랑이다. 이 시기에는 가족 간의 애착관계에서 벗어나서 가족 아닌 누군가와 깊은 관계를 맺는 기회가 늘어난다. 우정이 아닌 사랑을 경험하고, 이것이 가족과의 갈등이나 긴장의 원인이 된다. 진짜 성인이 되려면 심리적 독립이 필요한데, 이때 중요한 터닝 포인트가 사랑이 될 때가 많다. 학업적, 직업적 성취는 나 혼자 잘 하면 되는 것이나, 사랑이라는 것은 관계를 기본적으로 내재하고 있다. 사랑은 내가 아닌 남과 아주 깊고 친밀한 관계를 형성하고 유지하는 능력을 요구한다. 나보다 남에게 맞추고 견디고 기다리고 실망하기도 하면서 그 안에서 기쁨을 느끼는 감정적 요동을 견뎌내는 것이 한편으로는 괴롭지만, 실은 무엇과도 비교하기 힘든 만족을 주는 일이라는 걸 알아간다.

이어서 두 번째 사랑이 등장한다. 바로 누군가를 키우고 보살피는 것이다. 아이를 낳고 보호하고 양육하는 사랑을 경험한다. 아이를 낳지 않는다 해도, 사회생활에서 후배들을 가르치고 품어주고 이끌게 된다. 이 과정도 같은 맥락에서 일어나는 중요한 과제다. 이 시기에는 이렇게 일과 사랑이 장기적 스트레스의 중요한 요인이다.

중년기

청년기가 생물학적인 에너지가 가장 높고 생산력과 성취도가 최고로 올라가는 시기라면, 이제 고점을 지나기 시작한 것을 실감하는 때가 중년기다. 예전과 달리 힘과 끈기만으로 문제상황을 돌파하기는 어려워서 요령과 경험으로 해결해야 할 때가 더 많아진다. 회복이 전같이 빠르지 않고 쉽게 지치는 걸 경험한다. 청년기에는 실패하면 '다음에 잘하면 되지'라고 생각하며 금방 희망을 갖고 앞으로 나아갈 수 있었지만, 중년기에는 실패가 쓰고 아파서 결정타가 되었다고 여기기 쉽다. 청년기에는 자신의 삶에 대한 목표치, '나는 이 정도는 되고 싶다'고 정해놓은 이상적 기대와 현실을 비교하면서 그 격차를 메울 희망이 있었지만, 중년기에는 지금은 불가능하다는 현실 인식을 할 정도의 성숙함을 갖게 된다.

그 차이만큼 깊은 우울을 경험하기도 한다. 국가별로 비교해보아도 '40~50대 사이에 인생의 만족도가 가장 낮은 골짜기'를 경험하는 것을 관찰할 수 있었다. 청년기에는 희망이 있어서 만족도가 높고, 노년기에는 삶을 수용하면서 다시 올라가지만, 중년기에는 기대를 충족하지 못한 자기 삶의 현재를 맞닥뜨린다. 그러다 보면 자신에 대한 실망을 온몸으로 직면하며 몇 년을 보낸다. 그래서 인생의 만족도가 최하로 떨어진다.

이전에는 자기가 잘하는 것으로 성취감을 느꼈지만, 어느덧 자신이 잘하는 것보다 후배들이 잘하는 것이 중요해진다. 후배들을 이끌어가면서 그들이 내게 감사를 표하는 것이 가장 중요한 성취감의 포인트가 된다. 그걸 얻지 못한다는 것은 그동안 남에게 물려줄 만한 것을 해낸 것이 없다는 의미가 되는데, 그러면 더 큰 절망에 빠지고는 한다.

그렇다고 이 시기가 나쁘기만 한 것은 아니다. 인생에서 경험치가 쌓인 덕분에 나쁜 일이 생겨도 전보다 덜 놀라거나 적게 좌절한다. 인생의 쓴맛에 대한 민감도가 떨어지는 셈이다. 덕분에 스트레스에 대한 맷집이 좋다. 목표의 우선순위도 바뀐다. 더 나은 성취와 성장에서 정서적 만족이 한결 중요해진다.

다가올 노년기에 대한 걱정, 조금씩 쇠약해지는 신체, 아직 독립하지 못한 자식에 대한 걱정, 하고 싶은 것을 다 해보지 못할 것 같다는 아쉬움 등이 이 시기에 중요하고 오래가는 스트레스다.

노년기

노년기는 둘로 나눠볼 수 있다. 먼저 65~74세 사이의 비교적 활동적이고 건강한 고령자로, 흔히 욜드YOLD, young and old라 불린다. 여전히 활동적이며, 건강하게 독립적으로 산다. 이들에게 중요한 과제는 은퇴의 시기나 경제적·신체적 독립의 유지다. 은퇴했으나 사회적으로는 아직 경제활동을 하고 있고, 혹은 은퇴 후에도 독립적인 삶을 살아가기 위해 각자의 삶에서 필요한 생활수준을 유지할 수 있을 정도의 활동을 한다. 버킷 리스트를 시도하는 것도 이 시기다. 이 시기에는 삶에 대한 에너지도 여전하고, 자식에 대한 통제를 지속하고 있으며, 사회적 영향력을 유지하고 싶어한다. 그러나 세상일이 마음대로 되는 것은 아니기에 갈등이 생긴다.

노년기의 후반기에는 노쇠와 건강 유지가 중요한 스트레스 원인이 된다. 이 시기에는 자신의 삶을 돌아보고 정리하는 과정이 꼭 필요하다. 살면서 만족스럽지 못하고 후회스러우며 자책할 만한 것들이 여러 가지 있지만, 그럼에도 불구하고 만족스러운 것이 더 많았으며 불행보다 다행이라고 여길 것이 더 많았다고 이해하게 되는 과정을 거쳐야 한다. 이런 정리의 시간을 잘 갖지 못하면 혼란, 괴로움, 절망이 마음 가득 차올라 비통의 정서가 삶의 가운데를 차지한다. 무엇보다 죽음이라는 삶의 끝을 바라보기 위한 건강한 시선을 갖는 것이 이 시기의 중요한 일이다.

이와 같이 인생에는 장마처럼 꽤 길게 이어지는 스트레스가 존재한다. 이건 문제가 보인다고 당장 해결할 수 있는 것이 아니다. 시간이 지나야 서서히 풀리거나 그냥 안고 가야 하는 것들이 대부분이다. 무엇보다 이 문제들은 나에게만 던져진 숙제가 아니다. 그러니 억울해하지 않는 게 좋다. 모두가 태어나서 나이를 먹다 보면 받게 되는 미션 봉투 같은 것이다. 사람마다 조금씩 시기에 차이가 있고, 해당 시기 안에서도 약간씩 순서에 차이가 나지만, 누구나 예외 없이 받는 미션이다.

당장 해결하겠다며 조바심을 내기보다는, 각 단계를 마치기 전에 봉투 안에 담긴 내용을 하나하나 풀어가겠다는 마음을 갖는 것으로 충분하다. 경우에 따라서는 특별히 뭘 하지도 않았는데 저절로 해결되어 없어지기도 한다. 얼마나 다행한 일인가?

8

상황을 객관적으로 바라보는
관점 변환법

스트레스 상황에 빠져서 고통스러울 때 제일 먼저 드는 생각은 '왜 내게 이런 일이 일어난 거지?'가 아닐까. 예상치 못한 일로 하루하루 피가 마르고 신경이 곤두선 채 지내는데, 친구들의 SNS를 보면 맛있는 것을 먹거나 즐겁게 웃고 있다. 도무지 이해가 안 가고, 억울하고 분하다. 지금 자신이 처한 곤경이 누군가 일부러 짜서 만든 것 같은 피해의식이 생기기도 한다. 감정은 요동치고, 해결책은 떠오르지 않으며, 분노가 현재의 사건에 기름을 부어서 나중에 후회할 행동을 해버리기도 한다.

같은 사건을 맞닥뜨려도 어떻게 이해하고 받아들이느냐에 따라 스트레스를 느끼는 정도가 달라진다. 결국 자신이 보는 관점이 스트레스의 강도나 함량, 지속시간, 자신에게 미치는 영향 모두를 좌우한다.

결국 마음가짐의 문제다. 이럴 때 필요한 관점 변환법을 소개하겠다. 상황이 바뀌는 것은 아니지만, 생각을 바꾸는 것만으로도 의외로 스트레스가 견딜 만하고 버텨볼 만하다는 쪽으로 방향 전환이 된다. 상황에 대한 인지적 평가를 구체적으로 바꾸려면 하나하나 다룰 수밖에 없는 데 반해, 다음의 두 가지 관점 변환법은 보편적으로 적용해볼 수 있다는 장점이 있다.

개인의 서사를 보편성으로 전환한다

많은 이들이 나를 찾아와서 "선생님, 저같이 기구한 환자는 처음이시죠?"라고 묻는다. 말한 이에게는 미안하지만, 처음 볼 정도로 정말 기구한 사례는 1년에 한두 명 정도다. 보편성의 시각에서 보면 수많은 인생의 굴곡들이 일어날 타이밍에 일어난 것으로 보일 때가 더 많다.

그럼에도 사람들은 스스로를 '비극의 주인공'이라고 여긴다. 그래야 그나마 마음이 안정되기 때문이다. 신기한 일이지만 그렇다. 자신에게 일어난 일들은 다른 사람에게는 찾아볼 수 없는 엄청나고도 드문 사건들의 연속이라 여긴다. 자신의 이야기에 남들이 동정해야 하고, 또 고개를 끄덕이며 "아, 정말 힘들 수밖에 없겠네요. 어떻게 그런 일들이 연이어 덮쳤을까요?"라고 말할 만하다고 생각한다.

문제는 그런 믿음으로 과거와 현재를 설명한다면, 내일과 먼 미래도 마땅히 그런 서사의 연속선에서 이어질 것이라 예측하게 된다는 것이다. 이미 일어난 일 또한 비극의 서사 안에서 이해하게 된다. 그동안 생긴 일이 앞으로 벌어질 일을 예언하는 것이다. 그래야 일관성이 있으니까. 비극의 서사라면 모름지기 비극의 줄거리로 이어져야 마땅하다. 그런 마음이면 스트레스가 줄기는커녕 갈수록 커질 수밖에 없다. 비극이 갑자기 희극이나 로맨틱 코미디로 변주되지는 않으니까 말이다.

프로이트는 정신분석의 목적을 "비극의 주인공에서 평범한 불행"으로 서사를 변화시키는 것이라 했다. 자신이 만든 비극적 서사의 주인공이 되어 삶을 고통 속에서 이어가는 것을 멈추게 하려는 것이다. 정신분석을 통해 내면을 성찰하고 무의식이 추동하는 갈등을 의식에서 이해하게 되면서, 자신이 비극적 서사의 정점에 서 있는 것만은 아니라고 서서히 받아들일 수 있게 되기를 기대한다.

아주 기이하고 괴상한 불운들이 연거푸 벌어진 것이 아님을 이해하는 것이 중요하다. 보통의 평범한 불행이 일어났을 뿐이며, 그렇다고 자신이 망가지거나 동정의 대상이 될 필요는 없다는 것이다. 남들도 비슷한 일을 겪고 있고, 자신보다 더 힘든 사람들도 있을 수 있음을 깨닫는 것은 스트레스의 굴레에서 벗어나 숨통을 틔우는 데 큰 도움이 된다.

　세상에서 자기만 혼자 이런 일에 처해 있다고 여기는 고립감은 우울을 심화할 뿐이다. 이는 관점을 협소하게 만들어서 스트레스 상황에 적극적으로 대처하기 어렵게 만든다. 그러면 남에게 상황을 털어놓으면서 도움을 청하기도 어렵고, 남이 도움을 주려고 손을 내밀어도 '나같이 재수 없고 운 없는 사람에게는 누가 도움을 준다고 해도 그때뿐이야. 계속 안 좋은 일이 일어날 거야. 결국 민폐만 끼칠 거라서 도와주겠다는 사람도 지쳐서 떠나버리고 말 거야. 애초에 시작하지 않는 게 나아'라고 여기고 그 손을 거절하기 일쑤다.

　거절당한 사람이 떠나고 나면 '역시 그럴 줄 알았어. 아무도 나를 진정으로 이해하고 도와주는 사람이 없어. 이 어려움은 그 누구도 해결할 수 없을 정도로 전무후무한 일이라서 저 사람이 도울 수도 없는 거였어. 난 이런 상태로 지내야 할 운명인 거야'라고 믿으며 비극의 주인공 서사에 더욱 강한 확신을 가진다.

　건강검진에서 암 진단을 받으면 마음이 무척 힘들어서 별별 생각이 다 든다. '난 종교도 신실하고, 술을 좋아하는 것도 아닌데다 운동도 열심히 했어. 그런데 왜 암에 걸린 거지? 스트레스가 그렇게 컸나?'라는 식으로 수많은 상념에 빠지고는 한다. 이럴 때 큰 도움을 주는 곳 중 하나가 암환자들이 참여하는 인터넷 커뮤니티다. 그곳에는 암에 관한 정보가 많을 뿐 아니라, 같은 병을 진단받고 치료 중인 환자들도 많다. 환자들의 투병 과정을 읽고 댓글로 소통하다 보면 고립감에서 벗어나고, 또 자신만의 문제가 아닌 꽤 많은 이들에게 일어난 일이라는 걸 수용하게 된다. 암에 걸렸다는 사실이 사라진 것은 아니지만, 그로 인해 머릿속에 가득 찼던 '왜 나만?'이라는 물음이 한결 줄어들며 마음에 여유가 생기고, 일상을 회복하고 유지하는 힘을 얻는다.

'나만 유독 스트레스를 많이 받아서 이 병이 생긴 것도 아니고, 이런 일이 아주 희귀하고 비극적인 것도 아니야. 많이 힘들고 괴롭지만 다른 암환자들도 씩씩하게 버텨내고 있는걸. 다들 치료받고 일상으로 돌아가서 잘 지내고 있어. 나처럼 처음 진단받은 사람에게 도움을 주려는 사람들이 대부분이야.'

스트레스 상황이 사라지는 것은 아니지만, 그렇다고 그게 자신을 무너뜨리지는 않는다는 사실을 알게 된다. 그저 견디면서 안고 갈 짐이 하나 더 생겼을 뿐임을 깨닫는 것이다. 꽤 많은 사람들이 같은 무게의 짐을 안고 가는 걸 보았으니 자신만 힘들다는 비극적 서사에서 벗어날 수 있다. 힘든 자갈길이나 산길도 혼자 갈 때보다 여럿이 같이 가면 덜 힘든 것처럼 말이다.[16]

내가 가진 자산을 점검한다

힘든 상황에 처하면, 지금 이 일이 상대적으로 크고 강하며 뚜렷해 보인다. 사실은 큰 사건이 아니지만 자신의 눈에는 커 보이는 것이다. 이때 '자산을 점검하는 태도'도 도움이 된다.

당뇨가 있는 10대 청소년들에게 자신의 강점을 평가해보도록 한 연구가 있다.

"난 키가 커."

"난 운동을 잘해."

"난 친구들에게 친절해."

"난 그림을 좋아해."

"나는 동아리 회장이야."

10대 청소년이 당뇨에 걸린 경우, 대개 췌장이 약해서 종종 만성질환이 되곤 한다. 먹고 싶은 것도 한창 많은 나이인데 매일 인슐린 주사를 맞아야 하는 데다, 해서는 안 되는 것들이 많아 가족과 갈등도 많이 생겨 이 모든 일이 상당한 스트레스로 작용한다. 그렇지만 이때 강점을 잘 찾아낼 줄 아는 청소년일수록 당뇨 관리를 스스로 잘했다. 그 결과, 당화혈색소 수치도 낮았다. 만성질환이 있지만 그보다 더 중요한 자산이 많음을 점검하게 해줌으로써 스트레스를 줄이고 일상에서도 잘 지내게 할 수 있었다.[17]

힘든 일이 벌어지거나 인생에 생채기가 날 일이 일어나면, 자꾸 그것만 눈에 보이고 그것 때문에 살아가는 데 결함이 생겼다고 믿게 된다. 또 모두가 그 결함을 알고 지켜보고 있다고 생각한다. 그걸 콤플렉스라고 하기도 한다. 얼굴에 뾰루지가 나면 거울을 볼 때마다 신경이 쓰인다. 별로 두드러지지도 않는데 사람들이 다 알아챌 것만 같아서 자꾸 손을 대다가 도리어 남들이 알아볼 만큼 상처가 커지는 것과 비슷하다.

결함이 될 일이 있다고 해서 이미 내가 가지고 있던 자산이 사라지지는 않는다. 가족이 나를 지켜주는 것, 학교에서 좋은 성적을 받고 있는 것, 얼마 전 회사에서 승진한 것, 좋은 보험을 들어놓은 덕분에 의료비 부담이 줄어든 것, 종교가 있어 삶의 가치관을 형성하는 데 중요한 기둥이 되어주는 것, 오랜 기간 좋은 관계에 있는 친구들이 있어서 힘들 때 달려와줄 수 있는 것, 이런 것들이 자산의 사례들이다.

이런 식으로 자산을 점검해보면 어느덧 마음이 든든해진다. 콤플렉스라고 여긴 것의 가중치 때문에 한쪽으로 기울어져 있던 마음이 비로소 균형을 찾는다. 내게 벌어진 일로 인한 손해나 그 때문에 상처받은 마음이 처음에는 치명적이어서 절대 감출 수 없는 너무나 뚜렷한 손상으로 여겨졌지만, 점차 작아져 어느덧 사소한 흠집으로 보인다.

'나는 생각보다 강하다. 나를 지탱하는 벽돌 하나가 빠져서

살짝 흔들리거나 구멍이 날 수는 있지만, 절대 와르르 무너지지는 않는다. 구멍 난 것은 메우면 된다.'

이런 마음이 필요하다. 힘든 일을 겪으면 왜 자신에게 이런 일이 일어났는지, 왜 그걸 대처할 능력이 없는지 같은 결함이 더 눈에 들어오기 마련이다. 이때는 자기 자산, 즉 이미 가지고 있지만 눈에 띄거나 의식되지 않던 장점들을 꺼내서 점검해봐야 한다. 예상 못 했던 스트레스로 자칫 잘못하면 한쪽으로 확 기울어질 수도 있었던 마음의 균형을 다시 잡아줄 것이다.

9

수용의 창을 넓혀라

중년 여성 중에는 갑자기 열감을 느낀다거나 얼굴이 화끈 달아오르는 등 체온조절이 어려울 때가 있다는 사람이 종종 있다. 특히 밤에 자다가 땀이 많이 나서 옷이 다 젖는 바람에 깨는 경우도 많다. 중년 이후 에스트로겐이 감소해 체온을 자동으로 조절해주는 시스템에서 '안정 구간'이 축소된 결과로, 이는 전형적인 갱년기 증상이다.

땀이 나는 것은 올라간 체온을 낮추기 위해 스프링클러를 튼 것이고, 소름이 돋는 것은 피부의 모공을 좁혀 열손실을 줄이고 몸을 떨리게 해서 열을 만들어내는 것이다. 만일 36.5도를 정상 체온으로 보고 1도 정도 위아래까지를 정상으로 보는 수준이라면, 37.2도로 체온이 올라도 땀이 나지 않는다. 그런데 에스트로겐이 급격히 감소하면 열을 조절하는 시상하부의 조절 구간이 좁아져서, 예를 들면 그 구간이 0.5도 위아래가 된다. 그러면 정상적인 체온 변화라 할 수 있는 37.2도 정도로 일시적으로 열이 올라가도 체온이 확 올라갔다고 인식해 위험할 수 있다고 보고, 바로 대응해 땀을 흘리고 피부 근처의 혈관을 확장해 열을 발산한다. 그 결과 얼굴이 붉어진다.

수용의 창이란

이런 변화는 스트레스와 관련해서도 존재한다.

미국의 정신과 전문의이자 뇌과학자인 대니얼 시걸Daniel J. Siegel은 스트레스를 견디는 수용의 창window of tolerance이 존재한다고 제안했다. 앞서 말한 것처럼 체온조절의 창이 있듯이, 개인이 스트레스나 감정의 자극을 받았을 때 무던하게 넘어가기도 하고 그렇게 하지 못할 때도 있다는 것이다. 수용의 창이 충분히 넓을 때는 잘 넘어가던 일도 수용의 창이 좁아지면 민감하게 반응하고 위협으로 느끼거나 위축되어버리는 일이 생기는 것이다.

전체적으로 볼 때 수용 가능한 창 안에서 일이 벌어지면, 적당히 스트레스에 대처하고 감정적으로 강하게 반응하지 않으며 합리적으로 판단하고 유연하게 행동한다. 그런데 그 창을 넘

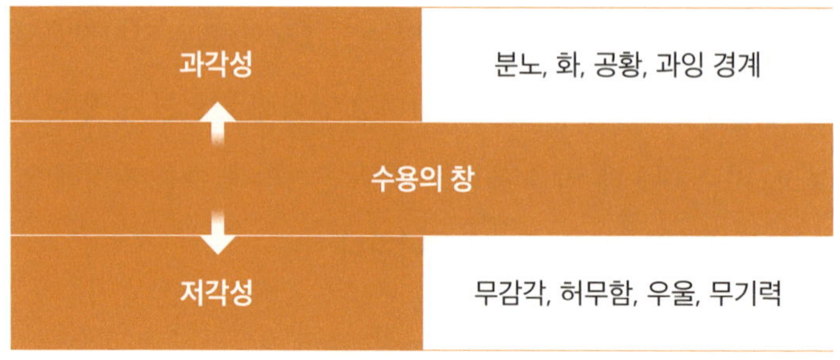

어가면 과각성hyperarousal 상태가 된다. '싸움-도망' 시스템의 스위치가 켜져서 불안해하고 분노하며 과잉 반응해서 어떻게든 그 상황에서 벗어나려고 애쓴다. 거꾸로 그 창 밑으로 내려가는 저각성hypoarousal 상태가 되면 모든 걸 포기하고 '마비-도피' 반응을 하며 위축된다. 무감각해지고 우울해하며, 웅크리고 멍하고 무기력한 상태로 셧다운을 해버린다. 과각성은 교감신경계, 저각성은 부교감신경계가 각각 과잉 작동된 것이다.

시걸은 트라우마 경험을 한 피해자들을 치료하면서 이 개념을 생각하게 되었다. 트라우마 피해자들은 사건 이후 쉽게 놀라거나 악몽을 항상 꾸는데, 반대로 일상생활에서는 무기력하고 감정을 잘 느끼지 못하는 상태가 지속되었다. 이런 상황을 자율신경계에서 수용의 창이 좁아진 것으로 설명하니 이해하는 데 무척 유용했다.

이 개념을 트라우마가 아니라 일상의 스트레스에 대한 대응으로 이해해보자. 누구든 각자 안전하다고 여길 만큼 수용 가능한 수준의 창을 가지고 있다. 나는 이걸 '수비 범위 안에 있다'고 비유적으로 말한다. 적당히 견딜 만하고, 해보거나 감당할 만하다고 여기는 일들이 벌어지고 있는 것이다. 그래서 어떤 일의 초보들은 쉽게 놀라고 긴장하거나 금방 무력감을 느끼지만, 그 영역에서 오래 활동한 전문가 수준의 고수들은 일이 많거나 돌발 상황이 벌어져도 크게 놀라지 않으며, 잘 지치지 않는다.

이렇게 수용의 창 안에 있는 것은 자신이 안전하다고 느끼고 잘 해낼 수 있다고 보는 최적의 기능이나 반응 영역에 있다는 것을 의미한다. 이 안에 있을 때에는 돌발 상황이 생기거나 일이 갑자기 쏟아져 들어온다 해도 남의 도움 없이 혼자서 몸과 마음을 잘 조절해서 대처할 수 있다.

만일 수용의 창이 좁아지거나, 감당 범위 밖의 일이 벌어진다면 어떻게 될까? 그러면 그동안 다뤄온 스트레스 반응이 쏟아져 나오기 시작한다. 과각성이 생겨서 불안, 초조, 공포, 피해의식의 종합 선물 세트가 폭탄처럼 쏟아지거나, 저각성이 되어 '이런 건 해서 뭐 하나' 하는 무기력, 냉소가 나타나고 작은 일에 쉽게 지치거나 외부 일에 대한 흥미가 줄어든다. 맹수가 다가오면 전원이 나간 것처럼 생리 반응이 다 꺼져버리는 동결 반응freezing을 일으키는 동물을 떠올려보기 바란다.

수용의 창이 좁아진 상태라면 다시 이전처럼 넓히기 위해 노력할 필요가 있다.

오디오 애호가들이 사용하는 '에이징'이라는 말이 있다. 새 스피커를 들이고 나면 약 100시간 정도를 일정한 볼륨 이상으로 꾸준히 틀어야 스피커 안의 진동판이나 진동을 제어하는 내부 서라운더 등의 부품이 자리를 잡아서 움직임이 부드러워진다. 앰프로부터 넘어오는 소리를 잘 받아들이고 원래 스피커가 지향하는 소리가 나오는 것이다. 그 정도 시간을 들여야 전체적으로 시스템이 안정화된다.

수용의 창을 넓히는 것도 바로 이런 에이징의 개념과 비슷하다. 우리가 스트레스 없는 조용한 상황에서만 살 수 있는 게 아니다. 수용의 창이 좁아진 상태에서 위축되어 지내는 시기도 있겠지만, 그런 아주 나쁜 시기를 지나고 난 다음에는 수용의 창을 넓히려는 노력을 스스로 해야 한다.

지금 자신이 과각성이나 저각성 상태라면, 어떻게든 수용의 창 안으로 되돌아가서 안전감을 느끼는 영역에 있는 것이 우선이다. 그러고 난 다음에 조금씩 수용의 창의 경계를 넓히도록 시도해본다.

쉽게 과각성이 되던 사람, 즉 작은 일에도 잘 놀라고 금방 호흡이 가빠오며 몸에 힘이 들어가던 사람이라면, 놀란 상태로 있기보다는 잠시 안전 영역 밖으로 나간 것뿐이라고 인식해본다.

그리고 자신이 어느 순간에 쉽게 각성되는지 알아차리고 그럴 때는 조용한 곳에 앉아 눈을 감고 복식호흡을 하는 등 안정화 기법을 시도하는 것이 도움이 된다. 오래지 않아 수용의 창 안으로 돌아오는 걸 경험해보면, 그다음에는 비슷한 상황에서도 같은 반응이 오지 않고 안전감 안에 있을 가능성이 높다.

쉽게 무기력감을 느낀다면 저각성으로 금방 넘어가는 상태인 것이다. 무시당하거나 위협적이라고 여기는 상황에 처했는데 화가 나거나 흥분되기보다는 힘이 빠지고 어찌할 바 없이 아무것도 못할 것 같다고 여긴다. 이럴 때는 각성도를 수용의 창 안으로 올라오게 끌어들이는 시도를 한다. 안전한 공간에서 가볍게 운동이나 산책을 하거나, 친구와 편하게 대화하는 것같이 각성이 되고 즐거움을 주는 활동을 한다.

관대한 심판이 되어라

과각성이나 저각성 모두 위협적이라고 여길 때의 반응이다. 만일 수용의 창을 야구의 스트라이크존이라고 한다면, 나는 스트라이크존을 너무 좁게 잡지 말 것을 제안하고 싶다. 스트레스가 있다고 해도 심각한 위협의 수준으로 여길 만한 상황은 그렇게 많지 않다. 수용의 창이 좁으면, 즉 스트라이크존이 너무 좁으면 포수의 미트 정중앙으로 아주 정확하게 공이 들어오지 않을 경우 다 볼로 판정하고 잘못한 것이라고 해석한다. 그보다는 훨씬 관대한 심판이 되기를 바란다. 스트라이크존은 타자의 어깨부터 무릎 아래 사이의 공간 중에서 홈플레이트 위를 통과하는 공의 범위를 말한다. 심판에 따라 차이가 있기는 하지만, 그 공간은 꽤 넓다. 여기서 공 한 개의 여유만 줘도 스트라이크존은 훨씬 여유 있어진다. 그러면 볼이라고 여길 만한 일이 줄어든다. 야구가 아닌 현실에서 스트라이크존을 넉넉하게 잡아주려고 하는 마음이 스트레스에 대한 수용의 창을 넓힌다.

10

결국 제자리로 돌아온다,
평균회귀 법칙

교통사고로 다리에 복합골절상을 입은 환자가 불면과 우울감을 호소해서 상담을 하게 되었다. 장거리달리기를 좋아해서 마라톤대회를 앞두고 있던 중 큰 사고를 당한 탓에 환자는 상심이 더 컸다. 여러 가지 운동을 두루 좋아하고, 건강하게 긍정적으로 살던 사람이라서 죽지 않은 것만도 다행이라며 마음을 다잡으려고 했지만, 실망스럽고 우울한 마음은 쉽게 사라지지 않았다. 이런 환자를 만날 때 내가 자주 인용하는 연구가 있다.

"척추 부상으로 하반신마비가 된 사람들과, 복권에 당첨된 운이 진짜 좋은 사람들을 모아서 진행한 연구가 있어요. 이들을 1년 후에 다시 보니 두 그룹이 느끼는 기분은 큰 차이가 없었대요."

언젠가는 제자리로 돌아온다

1978년 미국 노스웨스턴대학교 심리학과 연구진은 복권 당첨자 22명, 하반신마비 환자 29명, 그리고 정상인 22명을 대상으로 삶의 만족도와 일상에서 즐거움을 느끼는 정도를 측정하고 1년 후에 다시 측정값을 비교해보았다. 그랬더니 복권 당첨이라는 엄청난 행운을 경험한 사람이라 해도 1년이 지나고 나니 아무런 사건 사고가 없던 사람과 비슷한 수준의 즐거움을 느끼고 있었다. 한편 척추 손상을 입은 사람은 처음에는 힘들어했지만 시간이 지나니 사고를 당하지 않은 사람의 기분 수준으로 돌아왔다. 좋은 일이건 나쁜 일이건 어떤 일이 일어나면 그로 인한 스트레스로 일시적으로 행복이나 불행의 감정에 빠질 수는 있지만, 시간이 지나면서 원래 수준으로 회복하는 수순을 밟는다는 걸 보여준 실험이었다. 왜냐하면 각자 오랫동안 마음의 평균으로 유지하고 있던 곳으로 돌아가려는 힘이 더 강하기 때문이다. 이를 스트레스에 대한 적응 이론이라고 한다.[18]

이를 집단에 적용해보면, 스트레스가 좋은 것이건 나쁜 것이건 평형을 흔들기는 마찬가지이고, 한 번 흔들린 적이 있다고 해도 시간이 지나면 결국 평균을 유지하는 힘에 의해서 기준점으로 돌아오게 되어 있음을 알 수 있다. 그래서 사람 사는 것은 다 거기서 거기라고 하는가 보다.

스포츠와 같은 영역에서도 비슷한 맥락을 관찰할 수 있다. 예를 들어 전체 평균 타율이 3할 정도인 10년차 프로야구 선수가 있다고 해보자. 이 선수가 올해는 방망이에 불을 뿜었는지 두 달 동안 엄청난 안타와 홈런을 쳐서 타율이 4할이 되었다. 그러나 이후에 다시 부침을 겪더니 결국 시즌이 끝날 무렵에는 자신의 평균 타율에 근접한 3할 2푼 정도로 마쳤다. 이를 '평균으로의 회귀regression toward the mean'라고 한다. 일시적으로 비정상적으로 높거나 낮은 결과가 나온다고 해도 시간이 지나면 결국 축적된 평균 수준에 가까워지는 경향을 설명한다. 그러므로 평균이 10점 정도인 사람이 한 번 6점을 맞았다고 해서 너무 실망하거나 두려워할 필요가 없다. 15점을 받았다고 실력이 부쩍 늘었다며 자신감을 갖는 것에도 신중해야 한다. 평균은 단번에 올라가거나 내려가지 않기 때문이다.

나쁜 일이든 좋은 일이든 어떤 일을 겪는 것은 인생의 평균선에서 일시적으로 크게 벗어나는 일이라고 볼 수 있다. 가보지 못한 영역으로 가면 무섭거나 놀라기 쉽다. 하지만 시간이 지나거나, 비슷한 일을 여러 번 겪으면 '평균회귀의 법칙'에 따라서 이전과 같이 보통의 수준으로 돌아온다는 것이 개인의 행동과 집단의 상태를 오랜 시간 관찰한 결과다.

한동안 이러한 믿음이 주도적인 위치를 차지해 아무리 달려도 제자리인 트레드밀 위에 있는 것과 비슷하다는 의미에서 '헤

도닉 트레드밀hedonic treadmill'이라고도 불렸다. 승진이나 결혼, 큰 집으로의 이사도 그 기쁨이 아주 오래 유지되지는 않고, 또 실직이나 이혼, 사고 또는 질병에 걸려도 얼마 지나지 않아 이전 수준으로 기분이 안정된다는 이론이다.

그러므로 큰 사건을 한 번 겪어도 너무 크게 실망하지는 말자. 우리는 누구나 '이제 내리막이 시작이구나', '나는 참 운이 없구나. 이제 이런 일이 반복되겠지'라고 여기며 비관적으로 전망하면서 더 움츠러들기 쉽다. 하지만 지금까지의 관찰 결과를 볼 때 거의 모든 경우 시간이 지나면 이제껏 살아온 일상의 감정과 안정적인 수준으로 돌아온다. 오래 쌓아온 평균의 힘을 믿는 게 필요하다.

빠른 회귀를 결정하는 2가지 요인

하지만 여전히 의문이 들 것이다. 아무리 봐도 사람마다 각자 갖고 있는 행복, 안전감, 웰빙의 기준점이 다를 수밖에 없기 때문이다. 삶의 경험이나 성격, 기질에 따라 또는 개인의 민감도에 따라 사건에 대한 반응도 다르다. 어떤 사람은 이혼이 너무나 큰 실망과 좌절을 불러오는 데 반해, 이혼이 인생의 패배라기보다는 일시적 후퇴라고 여기는 사람도 있다. 또 누군가는 이

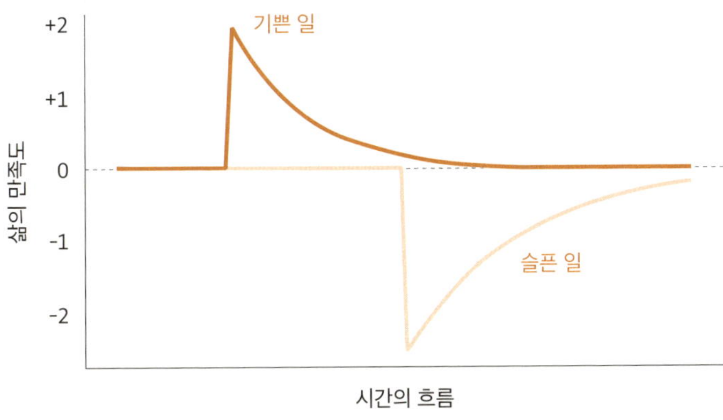

혼이 아닌 실직을 더 큰 좌절로 여길 수도 있다.

이는 실제 연구에서도 확인할 수 있다. 15년 동안 2만 4000여 명을 대상으로 결혼, 이혼 등 관계의 상태 변화와 삶의 만족도를 장기간 추적했다. 집단 전체로 보면 사건 직후에는 행복이나 불행을 경험하지만, 시간이 지나면 기준선으로 돌아오는 적응 이론을 확인했다. 그러나 분명한 것은 개인차가 있어서 일부는 이혼을 경험하고 다시 이전으로 돌아오는 데 오래 걸리거나 잘 돌아오지 못했고, 어떤 이는 이혼 후에 삶이 더 행복해지는 궤적을 걷는 등 사람마다 예외가 무척 많았다. 평균으로만 보면 큰 흐름은 적응 이론이 맞지만, 사건에 따라서는 꽤 많은 이들의 궤적이 다르게 움직인다는 것이 입증되었다. 그렇다면 그 차이는 어디서 오는 것일까?

이후의 연구에서는 무려 188개의 관련 연구에 포함된 6만

5000여 명의 대상자에게 일어난 사건 사고와 이후 삶의 만족도, 긍정적·부정적 감정 정도를 메타분석해보았다. 그랬더니 감정적인 면은 그래도 꽤 빨리 안정이 되는 경향이 있었다. 그러나 이것이 불행한 것인지 행복한 것인지 스스로 평가하는 인지적 판단은 각각의 사건이 미치는 영향이 꽤 오래 갔다. 또 사건에 따라 이전 수준으로 돌아오는 회복의 시간이 달랐다.[19]

예를 들어 결혼 초기에는 행복감이 빨리 상승하지만, 하락도 빠른 편이었다. 그에 반해 이혼은 스트레스로 받아들여서 하락한 감정이 다시 회복되는 데 시간이 걸렸고, 일부는 완전 회복이 되지 못했다. 여기에 더해서 파트너와의 사별은 부정적 영향이 매우 컸고, 이후 삶에 대한 적응도 오래 걸렸으며, 장기적 후유증도 컸다. 실직은 일시적으로 하락하고 오래 지속될 가능성이 있고, 재취업으로 인한 행복감은 오래 지속되지 않고 곧 이전으로 복귀했다. 사건에 따라 달랐고, 사건 이전의 경험이 어땠는지에 따라 비슷한 사건이라도 평균으로 회귀하는 데 걸리는 시간에는 차이가 있었다.[20]

그래도 감정은 오래지 않아 자기 자리로 돌아왔다. 그러나 사건을 개인적으로 해석하고 이해하는 정도에 따라 궤적이 달라지는 사람들이 있었다. 감정보다 생각이 회복의 속도를 결정하는 데 더 영향을 미쳤다.

또 다른 요인은 기대다. 우리는 가족을 포함한 타인의 기대에 맞춰 살아가는 면이 있다. 주관이 아무리 강한 사람이라고 해도 주변의 기대를 조금은 의식하고 영향을 받는다. 좋은 일이건 나쁜 일이건 사건이 일어나고 나면, 주변에서 우리를 보는 기대가 달라진다. 큰돈을 벌었으니 좋은 집을 사서 이사를 갈 것이라거나, 가족들에게도 한턱내며 베풀 것이라는 기대가 있다. 나쁜 일이 있었으니 무척 우울할 것이 당연하고, 사람들을 만나 웃으면서 이야기하거나 식사하는 것은 어울리지 않는다고 여긴다. 우리는 부지불식간에 주변의 기대를 인식하고 거기에 부응하려고 한다. 그러다 보니 사건이 생기고 시간이 지나면 평균으로 돌아가는 것이 자연스럽지만, 기대와 불일치가 일어난다는 것은 그 과정을 더디게 하는 데 영향을 준다. 가치관이 확고한 사람과 그렇지 못한 사람에 따라 기대가 주는 영향 역시 차이가 있다.

"일희일비하지 마라"는 말은 위로가 될까, 아니면 그로 인해 오히려 풀이 죽게 될까? 또, "김칫국부터 마시지 마라"나 "샴페인을 일찍 터뜨리지 마라"에는 어떤 의미가 담겨 있을까?

스트레스는 우리가 애써 유지하고 있는 항상성을 일시적으로 흔들리게 한다. 좋은 일일 때도 있고 나쁜 일일 때도 있다. 두 경우 모두 항상성을 흔든다. 평형이 흔들리면 위로 솟구쳐 흥분이나 쾌감을 느끼거나, 아래로 곤두박질쳐서 불안 또는 공포를 경험한다.

스트레스 상황이 오래 지속되어 계속 긴장한 상태이거나 좌절감을 느끼고, 또 하루하루가 버겁게 느껴질 때는 일단 '집단의 경험'을 믿자. 이와 유사한 일을 경험한 사람들 대부분은 어떤 궤적으로든 결국 적응하고 회복하는 과정을 거친다는 걸 말이다.

하지만 사건에 따라 각자가 받아들이고 반응하는 궤적은 다를 수밖에 없다. 어떤 사람은 1~2주 안에 회복되지만, 어떤 사람은 몇 달이 지나도 여전히 허덕이고 있을 수 있다. 회복력의 차이일 수도 있고, 과거의 경험이 영향을 미쳤을 수도 있으며, 감정적으로 무의식적 콤플렉스를 건드려서 잘 소화가 안 되는 상황일 수도 있다. 이런 개인차가 있다는 것은 그가 약한 존재라서 그런 게 아니라, 그에게 약하고 민감한 부분이 있는 대신 거꾸로 남보다 강하고 무던하게 잘 넘어가는 부분도 있다는 것을 의미한다. 그냥 그런 것이라 받아들여야 할 때도 있다. 그게 인생 아니겠는가.

11

스포츠 선수에게 배우는
스트레스 관리법

장거리달리기의 상징인 마라톤은 페르시아제국과의 전투에서 이긴 아테네의 병사 페이디피데스가 그 소식을 시민들에게 알리기 위해 마라토나스에서 아테네까지 약 40킬로미터를 쉬지 않고 뛰어와서 "우리가 승리했다"고 한마디한 후 숨을 거두었다는 일화에서 유래했다. 그만큼 '죽도록 힘든 거리'라는 뜻이다. 다이빙을 할 때 가장 공포를 많이 느끼는 높이가 약 10미터라고 하는데, 여기에 맞춰서 10미터 플랫폼 다이빙 종목이 있다. 선수들은 1.4초라는 짧은 순간에 회전과 비틀기 기술을 보이고 말끔하게 착수까지 해야 한다.

구기 종목을 보자. 축구는 손을 쓰지 못하고 발로만 공을 다루는 운동이고, 농구는 높은 곳에 있는 작은 바구니에 공을 던져 넣어 점수를 내는 운동이다.

거의 모든 스포츠 종목이 이렇게 어려운 목표를 정해놓고 그 안에서 경쟁하게 한다. 그냥 경쟁하는 것만도 힘든데, 여기에 지키기 어려운 제한점까지 둔다. 그러니 스포츠가 주는 스트레스는 무척 크다. 그 스트레스를 잘 다루는 사람, 특히 잘하는 선수들이 어떻게 스트레스를 이해하고 대처하는지 살펴보는 것은 일반인에게 배울 점을 많이 시사한다.

스포츠심리학이라는 학문은 꽤 오래 전에 생겼다. 이제는 국가대표단이나 프로구단에 부상을 치료하는 팀닥터뿐 아니라 심리코칭을 하는 전문가가 기본이다. 스트레스 관리가 성적에 직결되기 때문이다.

세계 최고의 선수가 기권한 이유

코로나19 대유행으로 연기되어 2021년에 개최된 '2020도쿄올림픽'에서 있었던 일이다. 미국 여자 체조선수단에는 2016년 브라질 리우 올림픽에서 금메달 4개와 동메달 1개를 딴 역사적인 체조선수 시몬 바일스가 출전해 큰 기대를 받고 있었다. 단체전 결선 종목에 참가한 바일스는 첫 번째 종목인 도마에서 연기를 마친 후 갑자기 경기를 중단하고 나머지 종목은 기권했다. 시청자들은 바일스가 크게 부상을 입은 줄 알았다. 하지만 실제로 다친 곳은 없었다. 스트레스로 인한 압박감으로 이후의 경기를 감당할 수 없는 상태였던 것이다.

체조선수들은 전속력으로 달려서 손발을 이용해 턴을 한 후 공중에서 여러 바퀴 회전하고 나서 착지해야 한다. 공중에 뜬 순간 몸의 방향감각과 위치감각을 일시적으로 잃는 현상을 '트위스티즈twisties'라고 한다. 이 현상이 일어나면 자칫 착지를 잘못하거나 다른 곳에 부딪혀서 크게 다칠 위험이 있다. 체조선수들은 수천 번 연습해 뇌를 훈련시켜서 위치감각을 유지하는데, 바일스야말로 그 부분에서 세계 최고 수준의 능력치를 가진 선수였다. 그런 바일스가 이전 올림픽의 성적을 넘어서야 한다는 부담감, 전 세계 체조 팬들의 기대 등으로 생긴 스트레스를 더 이상 견디기 힘들었던 것이다.

자진해서 경기를 중단한 바일스의 선택에 수영선수 마이클 펠프스, 테니스선수 나오미 오사카 등도 공감을 표현하며 응원했다. 이 사례로 인해 운동선수의 멘탈과 스트레스 관리의 필요성이 중요한 주제로 부각되었다.

이전의 올림픽에서 이미 여러 개의 메달을 딴 20대 초반의 바일스가 왜 갑자기 그 경기에서 공포를 느끼고 기권했는지를 뇌와 정신의 발달로 설명한 학자가 있다. 바로 미국 덴버대학교의 심리학자 마크 아오야기Mark Aoyagi이다. 그는 뇌의 발달과정에 주목했다.

1997년생인 바일스는 2016년 리우 올림픽 때는 19세였고, 2021년에는 24세로 20대 중반으로 다가가고 있었다. 뇌는 20대 중반까지 발달하는데, 특히 전전두엽의 발달이 가장 늦다. 바일스는 10대 중반까지 한마디로 '겁 없이' 운동했다. 아주 위험한 동작에도 과감히 도전하면서 운동수행능력을 극대화할 수 있었다. 위협이 될 만한 스트레스를 스트레스로 인식하지 않았던 것이다. 덕분에 자칫 부상에 이를 수 있는 동작도 성공해 내며 올림픽에서 좋은 성적을 냈다.

그런데 이제는 20대가 되어 전전두엽이 상당히 발달한 상태였다. 앞으로 일어날 좋은 일과 나쁜 일을 미리 상상할 수 있는 능력이 충분히 자라났던 것이다. 스트레스가 될 위험을 더 현실적으로 인식하고 신중해졌다. 좋은 방향이라면 훈련을 더 체계적으로 하고 미래를 그리며 자기 몸을 잘 관리하는 것이겠지만, 바일스의 경우는 자신에게 일어날 미래의 위험이 이전 올림픽에서와 달리 갑자기 현실로 엄습했던 것이다. 거기에 주변의 기대와 팬들의 시선, 메달에 대한 중압감까지 더해지면서 기권하게 된 것이라고 아오야기는 해석했다.

지금까지 스트레스를 자율신경계의 반응과 전두엽의 조절로 나눠서 설명했는데, 바일스의 사례는 어느덧 갑자기 철이 들어 현실적인 판단을 하고 미래를 시뮬레이션하게 되면서 스트레스 상황에서 현실적 포기를 선언한 일이 되었다. 이후 그녀는 더 이상 체조를 하지 못했을까?

2024년 파리 올림픽에서도 우리는 바일스를 볼 수 있었다. 그녀는 단체전을 포함해 개인종합, 주 종목인 도마에서까지 모두 3개의 금메달을 목에 걸었다. 발달의 관점에서 보면 리우 올림픽에서는 겁 없는 10대의 무모한 도전이 성공을 거머쥐게 했고, 도쿄 올림픽에서는 갑자기 자라난 전두엽이 훼방을 놓아 겁이 용기를 이겨버렸다. 그렇지만 이후 충분히 자라난 전두엽이 체조선수로서의 정체성을, 또 자기확신감을 강화시키는 것을 도왔다. 그리하여 더 풍부하고 성숙한 조절능력을 갖추고, 여전히 대단한 실력으로 다져진 상태가 되어, 4년 후 파리 올림픽에서는 체조선수로는 상당히 늦은 나이라 할 수 있는 20대 후반에 금메달을 딸 수 있었다. 이제 더 자란 전두엽이 앞날에 대한 걱정을 잠잠하게 하고, 그보다는 도전정신과 성취에 대한 희망을 더 강하게 하면서 스트레스를 도전으로 받아들이고 나아가게 한 것이다. 일종의 정반합이라고나 할까?

바일스의 사례는 스트레스를 바라보는 우리의 마음에도 중요한 시사점을 준다. 처음엔 멋모르고 달려든다. 그래서 스트레스가 스트레스인 줄 모른다. 초보자의 행운beginner's luck도 이때 함께한다. 어느 정도 경지에 이르면 갑자기 겁이 나고 무섭다. 이전만큼 잘할 자신이 없고, 다음에도 계속 잘 해낼 수 있을지 알 수 없다. 두 번째 단계다. 이때 처음만큼의 성과를 이루지 못하면 큰 좌절을 경험한다. 이를 '소포모어 신드롬sophomore jinx'이라 하기도 한다. 실패에 대한 두려움이 전에 비해 커지면서, 미리 걱정하고 두려움에 위축되는 시기가 함께 오는 것이다. 바일스의 두 번째 올림픽같이 말이다. 그다음 단계로 나아가야 하는데, 실은 그렇지 못하는 사람들이 더 많다.

세 번째 단계는 즐기는 시기다. 잘하는 날도 있고, 기대보다 못한 날도 있다. 그냥 하는 것이다. 매번 스트레스는 있지만 특별한 것은 아니다. 다만, 오늘이 예선대회 날일 때도 있고 올림픽 결선이라는 타이틀이 걸린 날일 때도 있다. 경기하는 것은 어느 날이나 똑같다. 어제만큼의 퍼포먼스를 해내면 그것으로 충분하다고 여기는 경지가 된다. 자신이 가야 할 목표가 무척 높아진 상태라는 것, 그것이 스트레스가 된다는 것은 인정한다. 하지만 스트레스는 삶의 한 요소일 뿐, 이제는 그동안 준비한 만큼 해내는 데 집중하는 것으로 충분하다고 여긴다. 이런 경지까지 갈 수 있는 사람은 많지 않다. 여기에 다다른 사람은 어떤 업을 하든 오랫동안 꾸준히 높은 수준의 일을 해낼 수 있다. 나는 〈생활의 달인〉이나 〈극한 직업〉 같은 방송 프로그램에서 수십 년간 자기 업을 해온 사람들을 보면서 그 경지에 다다른 이들을 만난다.

프로선수들이 슬럼프를 극복하는 법

정신건강의학과 전문의로서 스포츠심리학을 전공하고 국가대표선수와 프로구단의 팀닥터로 활동하는 한덕현 교수는, 슬럼프라는 벽에 부딪혀 스트레스를 경험하는 야구선수들과 상담할 때 "당신은 어떤 선수입니까?"라는 질문을 자주 한다.

이때 "저는 야구를 오래 하고 싶습니다"라거나 "저는 A급 선수입니다"라고 대답하는 선수보다, "발이 빠릅니다"라거나 "홈런을 잘 치는 타자입니다", "빠른 공을 던집니다"라는 선수의 대답을 선호한다고 한다. 보편적이고 모호한 대답보다는 자신의 장단점이 무엇인지 구체적으로 설명할 수 있고, 이미지를 디테일하게 그릴 수 있는 사람이 문제해결도 한결 수월하게 하기 때문이다.

프로선수들에게는 모든 기능을 다 잘하는 것보다 분명한 장점이 한 가지 있는 것이 중요하다고 한다. 발은 느려도 장타력이 분명하다거나, 변화구의 종류는 적지만 확실히 빠른 공을 던지는 것같이 말이다.

스포츠심리학을 우리 삶에 대입해보면, 삶이 벽에 부딪혔을 때 자신이 어떤 사람인지 자문해보는 데 도움이 된다.

"나는 일을 빨리 하는 편이야."

"나는 사람들과의 갈등을 중재하는 걸 잘해."

"나는 성실하고 끈기가 있어."

남들이 나를 떠올릴 때의 이미지와 내가 생각하는 이미지에서 가장 중요한 모습을 그려본다. 그러고 나면 그중에서 어떤 부분을 수정해야 하고, 무엇이 자신을 힘들게 하고 있으며, 잘 못 하는 것 말고 잘하는 것에 집중하기 위해 뭘 노력해야 할지 그림이 그려진다. 막연하게 '좋은 사람', '친절한 사람', '착한 사람'과 같은 자기평가보다 분명한 이미지를 그려보는 것이 효과적이다.

살다 보면 슬럼프를 피할 수 없는 시기가 있다. 운동선수들도 마찬가지다. 많은 사람들의 기대 속에서 높은 연봉을 받으며 매일의 성적이 뉴스로 알려지는 프로선수들이 슬럼프에 빠졌을 때 경험하는 스트레스는 상상 그 이상이다. 이때 그들은 어떤 과정을 거쳐 극복해낼까?

처음에는 수많은 원인을 찾아내려 노력한다. 그러나 애써 찾아낸 원인이 실은 핵심이 아닐 때가 더 많다. 진짜 원인을 받아들이기 힘들어서, 폼이 달라졌다거나 코치가 바뀌었다거나 하며 다른 이유를 찾아내려 한 것이다. 그것이 원인이라고 여기고 당장 그것만 고치면 달라질 것이라 믿는다. 그러다 시즌 중에 폼을 바꾸는 위험한 시도를 하거나, 코치와 언쟁을 하다가 관계만 나빠져서 슬럼프가 더 길어지고는 한다. 빨리 벗어나겠다는 조바심에 경기가 끝난 후 무리하게 연습하다가 컨디션이 더 나

빠지기도 하고, 부상을 입기도 한다.

한덕현 교수는《마음속에는 괴물이 산다》에서 이런 시도들이 대부분 효과가 없고 위험하다고 경고하면서, 운동선수들에게는 최고의 스트레스인 슬럼프에서 벗어나는 방법을 조언했다.

한 교수에 의하면, 단번에 벙커에서 빠져나오듯 단시간에 좋아지는 것은 없다. 가장 먼저 필요한 것은 슬럼프에 빠진 것을 인정하고, 단계적으로 극복하려는 마음가짐을 갖는 것이다. "나는 이제 끝장이다", "내 선수생명은 끝났다"는 극단적 결론을 미리 내려서는 안 된다. 그동안 뒤처지는 것을 빨리 회복하려는 욕심보다 하나하나 계단을 밟듯이 앞으로 나아가겠다는 마음, 그 과정을 다시 해보겠다는 결심이 가장 중요하다. 앞으로의 과정 중에 생기는 실패는 또 다른 슬럼프의 확인이 아니라, 지금은 나아지고 있다는 회복과 재활과정의 실패일 뿐이다. 야구선수라면 이제는 삼진을 당해도 왜, 어디서, 무슨 실수를 했고, 어떻게 하다 놓쳤는지, 어디까지가 실수인지 구별하려 애쓰게 된다.

이때는 '시간을 느리게 재현하기'가 도움이 된다. 슬로모션을 하듯이 타석에서 배트를 휘두르는 스윙을 아주 천천히 재현해보는 것이다. 그러면 전에는 미처 몰랐던 실수나 미세하게 달라진 폼을 알아차릴 수 있다.

두 번째는 '홈런을 쳐야지'라는 기대와 각오보다 현재의 목표를 달성 가능한 작은 목표로 나누는 것이다. 한 교수는 슬럼프에 빠진 선수에게 목표를 나눠서 '아웃코스로 들어오는 직구만 1루 쪽으로 친다'라는 목표를 세워보게 했다. 구체적이고 분명한 목표를 주고 무조건 하게 했더니 5타석 만에 1안타를 쳤다. 다음번은 인코스 공을 무조건 3루로 치게 했다. 역시 4타석 만에 안타를 쳤다. 이런 성공을 거치면서 '할 수 있다'는 자신감이 생기고 슬럼프로 심해진 불안이 줄어들었다. '성공을 나눈 것'이다. 작은 성공을 통해 '나도 할 수 있다'는 마인드컨트롤이 시작된다.

이런 과정을 반복하면 서서히 슬럼프에서 벗어날 수 있다. 선수 생활을 오래한다면 슬럼프는 피할 수 없다. 무엇보다도 인정하는 것이 우선이다. 길게 선수 생활을 한 선수와 그렇지 못한 선수의 차이는 슬럼프의 시기를 얼마나 짧게, 그리고 큰 손상 없이 넘어갔는가에 달려 있다.

우리도 수렁에 빠진 듯 실수가 많아지고, 하던 일이 잘 안 풀리며, 관계가 꼬일 때가 있다. 그럴 때는 운동선수들의 슬럼프 극복법이 도움이 된다.

통제할 수 있는 일을 만들어라

오랫동안 좋은 성적을 유지하는 선수들의 공통점 중 하나는 스트레스 관리를 잘하는 것이다. 그중 하나로는 루틴을 만들어서 지키는 것이 있다.

일본의 야구선수 스즈키 이치로는 일본과 미국의 메이저리그에서 45세까지 현역으로 활동하면서 수많은 기록을 남겼다. 그의 기록만큼 유명한 것은 생활 방식이다.

그는 매일 같은 시간에 일어나서 경기 시작 4~5시간 전에 구장에 도착했는데, 항상 같은 위치에 주차하고 같은 경로로 클럽하우스에 들어갔다. 메이저리그 시절엔 늘 카레라이스를 먹었다. 같은 방식으로 스트레칭을 하고 타석에 들어가서 같은 방식으로 배트를 움직여 공을 기다렸다. 이치로는 "나는 루틴이 없으면 불안하다. 루틴은 나에게 평온함을 준다"고 할 정도로 루틴 신봉자였다.

반복되는 루틴은 지겨울 수 있지만, 예측할 수 없는 경기 상황에 매일 던져지는 톱 레벨의 선수가 마음의 평온함을 유지하는 최적의 방법이었다. 여러 명이 함께 운동하는 경기에서 벌어지는 일은 통제할 수 없지만, 자신의 하루 일과만은 온전히 스스로 통제할 수 있기 때문이다. 또, 자잘한 선택의 순간에 고민으로 에너지를 낭비하지 않는 심리적 자동화는, 적은 양이더라도 스트레스를 줄여준다. 스즈키 이치로는 이런 말을 남겼다.

"나는 천재가 아니다. 단지 매일 똑같이 훈련할 수 있는 재능이 있을 뿐이다."

"하루하루 쌓인 작은 노력이 나중에 큰 차이를 만든다."

그다음에는 자신이 통제할 수 있는 것에만 집중하는 것이다. 통제하지 못할 것에 대해서는 스트레스의 요인으로 생각하지 않으려고 하고, 통제할 수 있는 것에만 과감히 집중하겠다는 선택 방법은 운동선수들이 일반적으로 채택하는 방식이다.

대한민국 양궁 국가대표팀은 올림픽 10연패를 달성할 정도로 불가사의한 성적을 내왔다. 그 비결에 대해 모두들 궁금해했는데, 파리 올림픽에서 있었던 한 선수의 인터뷰를 보고 고개를 끄덕일 수 있었다.

"날씨나 관객의 함성은 제가 통제할 수 없잖아요. 그건 저뿐 아니라 다른 나라 선수들도 마찬가지니까요. 그건 신경 쓰지 않으려고 합니다. 그보다 저는 제 호흡을 잘 조절하는 것에 집중해요. 그리고 바람이 어디서 불어오고 있는지 느끼고 거기에 따라서 과녁을 조준하는 것을 미세하게 바꿉니다. 이 두 가지는 온전히 제가 통제할 수 있는 것이니까요."

통제할 수 있는 것과 그럴 수 없는 것으로 나누는 것은 스트레스가 여기저기서 나에게 던져질 때 매우 유용한 팁이다. 예를 들어 중요한 거래를 해야 할 때, 전쟁이나 원-달러 환율, 날씨 같은 것은 내가 통제할 수 없는 요소다. 그에 반해 거래 상대와의 관계, 내가 할 수 있는 생산량이나 거래처 확보의 제한과 같은 것은 내가 통제할 수 있는 요소이고 당장 조정해볼 수 있는 영역이다. 이 둘을 나누면 생각보다 스트레스의 양이 줄어드는 것을 경험해볼 수 있다.

이와 같이 스포츠 선수들의 마음과 그들의 멋진 경기력 이면에 담긴 스트레스 관리 방법을 들여다보는 것은, 지금 우리 앞에 놓인 스트레스를 이해하고 조절하는 데에도 현실적인 도움을 준다.

12

가장 유연하고 현실적인
스트레스 대처 전략

힘이 들어 허덕일 때도 우리는 어떻게든 혼자 해결하고 싶어한다. 그게 당연하다. 가급적 남에게 민폐를 끼치고 싶지 않기 때문이다. 그렇지만 스트레스 상황에서 혼자 다 해결하려고 끙끙대면서 고생하는 것보다는, 상황을 빨리 파악해서 적절한 타이밍에 주변에 도움을 청하는 사람이 훨씬 건강하고 회복 능력도 뛰어나다.

도움의 손을 거부하는 원인에는 여러 가지가 있다. 무엇보다도 자신이 약한 사람으로 주변에 알려지는 것이 부끄러워서다. 그동안 지켜온 자존감이 위협을 받는 상황이 싫은 것이다. 긍정적 자아개념 유지가 도움을 요청하는 것보다 우선할 때가 있다. 이는 자기통제에 대한 욕구로서 여성보다 남성에게 더 흔한데, 청년기보다 초기 노년기에 의외로 높다. 통제와 자립심을 유지해야 한다는 생각이 강해지는 연령대이기 때문이다. 도움을 받으면 그 대신 위협받을지 모른다는 불안이 도와주겠다는 제안을 거절하게 한다. 이런 것 하나 제대로 못 하는 사람으로 알려질까 봐 걱정한다. 체면을 세우기 위해 손해를 감수하는 경우다. 두 번째는 한 번 도움을 청하고 나면 도움을 준 사람에게 휘둘리게 되거나 그의 제안을 거절하지 못해 손바닥 안에 머무르게 될 것이라는 걱정이다.[21]

이런 걱정을 하는 것이 충분히 이해되지만, 그보다는 도움을 받아 어려운 상황에서 빨리 벗어나는 것이 낫다.

도움 요청만으로도 교감신경이 안정된다

자존감을 유지하고, 자율성을 지키는 것은 무척 중요하다. 그래서 자존감이 높은 사람일수록 도움 요청을 덜하는 경향이 있다. 하지만 건강한 자존감을 갖고 있고, 도움을 요청하는 것이 자기 정체성을 흔드는 것이 아닌 꼭 필요한 일이라고 받아들인다면, 이때는 도리어 흔쾌히 도움을 청하는 경향이 있다. 필요할 때 도움을 받는 것은 유연하고 현실적인 스트레스 대처 전략이다.[22]

혼자서만 고민하고 어떻게든 스스로 해결하려고 노력하다 보면 그만큼 시야가 좁아진다. 그 사안에 매몰되어 넓은 시각에서 바라보지 못한다. 문제를 부정적으로 과장하거나, 주요한 핵심이 아닌 지엽적 사안을 더 중요시한다. 실제보다 문제를 확대해서 보거나, 그 문제에 빠져 핵심을 놓침으로써 나중에 더 큰 문제로 확대될 가능성이 커진다.

타인의 도움을 받을 경우, 당사자가 아닌 사람의 객관적 시각을 통해 현실적인 해결책을 얻을 수 있다. 무엇보다 '아, 이 문제가 망할 만큼 심각하고 위협적인 일은 아니었구나'라는 안전감을 확보할 수 있다.

이해당사자가 아닌 사람은 감정에 치우치지 않고 문제를 볼 수 있다. 그의 말을 따르지 않는다고 해도, 최소한 그의 분석과 판단을 듣는 것은 도움이 된다. 냉정하고 이성적인 분석에 따끔하게 아플 수도 있지만, 현실적 깨달음을 얻을 확률은 높다.

스트레스의 생리반응 측면에서 보면, 이제는 누군가 나를 돕고 있고 내가 빠져나갈 가능성이 생겼다는 안도감이 한껏 긴장되어 있던 교감신경계를 누그러뜨려준다. 타인의 존재만으로도 안심이 된다. 일단 도움을 받기 시작하면 혈압과 심박수가 떨어지고, 코르티솔 분비도 줄어든다.

감정적 측면에서는 나만 최악의 상황에 빠져 있다는 외통수 심리가 줄어든다. 고립감이나 무력감, 왜 이런 상황에 오게 되었나 돌아보면서 과거의 선택을 자책하는 심리가 다소 줄어든다. 나는 혼자가 아니고 타인과 연결되어 있다는 생각은 애착과 친밀의 호르몬인 옥시토신과 연관되면서 정서적 친밀감과 연결감을 느끼게 하고 고통을 감소시킨다. 옥시토신은 공포나 위협에 대해 반응하는 편도체의 활성을 억제해줘서 심리적 안정을 돕는다.

무엇보다도 '세상에 내 편이 있다'는 생각은 위로가 되고 자신감을 갖게 해준다. 불안을 줄여주고, 위축되었던 자신을 앞으로 나아가게 하는 힘이 된다. 현실적인 도움이 되지 못한다고 해도 "네 곁에 있어줄게"라는 말을 듣는 것만으로도 안심이 된다. 다른 문제가 생겨서 스트레스 상황이 발생해도, 이전에 도움을 받았던 경험은 내 안에 내재화되어 있다가 떠올라서 나를 지켜준다. 마음의 '안전기지', '방어막'과 같은 기능을 하는 것이다.

생존과 진화의 비밀

도움을 받은 기억만큼 힘이 되는 것은 '과거에 좋았던 기억들'이다. 이런 이야기를 하는 사람을 만났다.

"어릴 때를 돌이켜 보면 좋은 기억이 참 많아요. 기분 좋은 기억들이요."

이렇게 좋은데도 불구하고 우리는 타인에게 쉽게 도움을 청하지 못한다. 거절당할까 봐 겁이 나기 때문이다. 겨우 결심해서 도움을 청했는데, 매몰차게 거절당하면 무릎이 탁 꺾일 만큼 타격을 받은 것같이 여긴다.

문을 열어주는 것, 물건을 옮겨달라고 부탁하는 것, 설문 작성을 요청하는 것과 같이 일상에서 할 법한 소소한 부탁에 '몇 명이나 도와줄 것 같은가'를 예측하게 한 후, 실제로 얼마나 도움을 주었는지를 확인해서 비교해본 실험이 있다. 다양한 방식으로 여러 번 실행했는데, 참가자들은 최대 50% 정도의 사람들이 도움을 주지 않을 것이라 예측했다. 예를 들어 10명에게 물어보았을 때 2~3명만 도움을 줄 것이라 예측했으나, 실제로는 4~6명이 도움을 주었다.

일반적으로 사람들은 자신의 부탁이 타인에게 부담이 될 것이라고 과대평가해 부탁하기를 꺼리는 경향이 있었다. 동시에 자신의 부탁에 남이 도와줄 확률은 과소평가했다. 같은 연구에서 이번에는 실험자가 도와줄 사람의 역할을 했을 때는 더 높은 수락률을 보였다. 즉, 도움을 청할 때는 상대가 도와줄 때 사용하는 시간과 에너지의 비용에만 초점을 두는 것이다. 신세 지는 것, 부담 주는 것을 훨씬 힘들어하며, 동시에 거절에 대한 두려움이 컸다. 그러나 실제로 사람들은 타인을 돕는 데 인색하지 않았다.[23]

우리는 모두 공동체 안에서 서로 도움을 주고받으며 살아간다. 그렇게 인류는 생존했고 진화했다. 내가 도움을 주면, 언젠가는 나도 도움을 받을 때가 있을 것이라는 믿음과 기대가 공동체를 유지한다. 하나를 주고 바로 하나를 돌려받는 일대일 교환이 아니라, 언젠가는 나도 도움의 대상이 될 수 있을 것이라는 막연한 기대로 지금 조금 있는 에너지 여유분을 사용하는 것이다. 그것이 사회를 유지하는 힘이기도 하다. 그러므로 스트레스 상황에서 도움을 청하는 것을 꺼릴 이유는 없다. 예상보다 사람들은 타인을 잘 도와준다. 특히나 그동안 좋은 관계에 있는 사람들이라면 더 그렇다. 민폐 걱정은 뒤로하고 필요할 때 도움을 청하는 걸 너무 두려워하지 말았으면 한다. 나중에 배로 갚으면 된다. 게다가 누군가를 돕는 것은 무엇보다 큰 기쁨과 만족을 주는 일이다.

주

1부 스트레스 바로 알기

1   Cannon, W., "Homeostasis is the tendency of an organism or a cell to regulate its internal conditions, such as temperature or pH, to maintain health and functioning, regardless of outside changing conditions." *The Wisdom of the Body*, New York: W. W. Norton & Company, Inc., 1932.

2   Selye, H., "A Syndrome Produced by Diverse Nocuous Agents", *Nature*, 1936, 138, 32.

3   Selye, H., "The General Adaptation Syndrome and the Diseases of Adaptation", *Journal of Clinical Endocrinology*, 1946, 6(2), 117-230.

4   Weiss, J. M., Pohorecky, L. A., Salmon, S., Gruenthal, M., "Attenuation of gastric lesions by psychological aspects of aggression in rats", *Journal of Comparative and Physiological Psychology*, 1976, 90(3), 252-259.

5   Clubb R., Rowcliffe M., Lee P., Mar K. U., Moss C., Mason G. J., "Compromised survivorship in zoo elephants", *Science*, 2008 Dec 12, 322(5908), 1649.

6   Yerkes, R. M., Dodson, J. D., "The Relation of Strength of Stimulus to Rapidity of Habit-Formation", *Journal of Comparative Neurology and Psychology*, 1908, 18, 459-482.

2부 스트레스는 뇌와 몸을 어떻게 변화시킬까

1   Kosfeld, M., Heinrichs, M., Zak, P. J., Fischbacher, U., Fehr, E., "Oxytocin increases trust in humans", *Nature*, 2005, 435(7042), 673-676.

2   Taylor, S. E., Klein, L. C., Lewis, B. P., Gruenewald, T. L., Gurung, R. A. R., Updegraff, J. A., "Biobehavioral responses to stress in females: Tend-and-befriend, not fight-or-flight", *Psychological Review*, 2000 Jul, 107(3), 411-429.

3   Crum, A. J., Langer, E. J., "Mind-set matters: exercise and the placebo effect", *Psychol Sci*, 2007 Feb, 18(2), 165-171.

4 Kerr, M., Siegle, G. J., Orsini, J., "Voluntary arousing negative experiences (VANE): Why we like to be scared", *Emotion*, 2019 Jun, 19(4), 682-698.

5 Heim, C., Binder, E. B., "Current research trends in early life stress and depression: review of human studies on sensitive periods, gene-environment interactions, and epigenetics", *Exp Neurol*, 2012 Jan, 233(1), 102-111.
McGowan, P. O., Sasaki, A., D'Alessio, A. C., Dymov, S., Labonté, B., Szyf, M., Turecki, G., Meaney, M. J., "Epigenetic regulation of the glucocorticoid receptor in human brain associates with childhood abuse", *Nature Neuroscience*, 2009 Mar. 12(3), 342-348.

6 King, S., Dancause, K., Turcotte-Tremblay, A. M. et al, "Using natural disasters to study the effects of prenatal maternal stress on child health and development", *Birth Defects Research Part C: Embryo Today*, 2012, 96(4), 273-288.
Cao-Lei L., Massart R., Suderman M. J., Machnes Z., Elgbeili G., Laplante D. P., Szyf M., King S., "DNA methylation signatures triggered by prenatal maternal stress exposure to a natural disaster: Project Ice Storm", *PLoS ONE*, 2014 Sep 19, 9(9), e107653.

3부 스트레스에 휘둘리는 사람 vs 스트레스 안 받는 사람

1 Stoeber, J., Rennert, D., "Perfectionism in school teachers: relations with stress appraisals, coping styles, and burnout", *Anxiety, Stress & Coping*, 2008 Jan, 21(1), 37-53.

2 Mani, A., Mullainathan, S., Shafir, E., Zhao, J., "Poverty impedes cognitive function", *Science*, 2013, 341(6149), 976-980.

3 Basu, R., *Lapse of Long-Term Care Insurance Coverage in the US*, Working paper / AEA Annual Meeting preliminary paper, 2016, Nov.

4 Jachimowicz, J. M., Chafik, S., Munrat, S., Prabhu, J. C., Weber, E. U., "Community trust reduces myopic decisions of low-income individuals", *Proc Natl Acad Sci U S A*, 2017 May 23, 114(21), 5401-5406.

5 Schkade, D. A., & Kahneman, D., "Does living in California make people happy? A focusing illusion in judgments of life satisfaction", *Psychological Science*, 1998, 9(5), 340-346.

6 Werner, E. E., Smith, R. S., *Vulnerable but invincible: A longitudinal study of resilient children and youth*, McGraw-Hill, 1982.

7   Werner, E. E., Smith, R. S., *Overcoming the Odds: High Risk Children from Birth to Adulthood*, NY: Cornell University Press, 1992.

8   Masten, A. S., "Ordinary magic: Resilience processes in development", *American Psychologist*, 2001, 56(3), 227-238.

9   Seery, M. D., Holman, E. A., Silver, R. C., "Whatever does not kill us: Cumulative lifetime adversity, vulnerability, and resilience", *Journal of Personality and Social Psychology*, 2010, 99(6), 1025-1041.

10 Stout, J. G., Dasgupta, N., "Mastering one's destiny: Mastery goals promote challenge and success despite social identity threat", *Personality and Social Psychology Bulletin*, 2013, 39(6), 748-762.

11 Dienstbier, R. A., "Arousal and physiological toughness: implications for mental and physical health", *Psychol Rev*, 1989 Jan, 96(1), 84-100.

12 Morgan, C. A., Wang, S., Rasmusson, A. M., Hazlett, G. A., Anderson, G. M. Charney, D. S., "Relationship Among Plasma Cortisol, Catecholamines, Neuropeptide Y, and Human Performance During Exposure to Uncontrollable Stress", *Psychosomatic Medicine*, 2001, 63, 412-422.

13 Strack, J., Esteves, F., "Exams? Why worry? Interpreting anxiety as facilitative and stress appraisals", *Anxiety Stress Coping*, 2015, 28(2), 205-214.

14 McKay, B., Lewthwaite, R., Wulf, G., "Enhanced expectancies improve performance under pressure", *Front Psychol*, 2012 Jan 25, 3:8.

15 Beilock, S. L., "Math performance in stressful situations", *Current Directions in Psychological Science*, 2008, 17(5), 339-343.

4부   스트레스가 나를 위협할 때

1   Alexander, F., *Psychosomatic Medicine: Its Principles and Applications*. New York: Norton, 1950.

2   Marucha, P. T., Kiecolt-Glaser, J. K., Favagehi, M., "Mucosal wound healing is impaired by examination stress", *Psychosomatic Medicine*, 1998 May-Jun, 60(3), 362-365.

3   Kiecolt-Glaser, J. K., Marucha, P. T., Malarkey, W. B., Mercado, A. M., Glaser, R., "Slowing of wound healing by psychological stress", *Lancet*, 1995 Nov 4, 346(8984), 1194-1196.

4   Broadbent, E., Petrie, K. J., Alley, P. G., Booth, R. J., "Psychological stress impairs early wound repair following surgery", *Psychosom Med*, 2003 Sep-Oct,

65(5), 865-869.

5   Hanna, K., Cross, J., Nicholls, A., Gallegos, D., "The association between loneliness or social isolation and food and eating behaviours: A scoping review", *Appetite*, 2023 Dec, 191, 107051.

6   Dallman, M. F., Pecoraro, N., Akana, S. F., La Fleur, S. E., Gomez, F., Houshyar, H., Bell, M. E., Bhatnagar, S., Laugero, K. D., Manalo, S., "Chronic stress and obesity: a new view of 'comfort food'", *Proc Natl Acad Sci USA*, 2003 Sep 30, 100(20), 11696-11701.

7   Nikolic, A., Fahlbusch, P., Riffelmann, N. K., Wahlers, N., Jacob, S., Hartwig, S., Kettel, U., Schiller, M., Dille, M., Al-Hasani, H., Kotzka, J., Knebel, B., "Chronic stress alters hepatic metabolism and thermodynamic respiratory efficiency affecting epigenetics in C57BL/6 mice", *iScience*, 2024 Feb 20, 27(3), 109276.
van der Kooij, M. A., "The impact of chronic stress on energy metabolism", *Mol Cell Neurosci*, 2020 Sep, 107, 103525.

8   Vandekerckhove, M., Cluydts, R., "The emotional brain and sleep: an intimate relationship", *Sleep Med Rev*, 2010 Aug, 14(4), 219-226.

9   Drake, C. L., Pillai, V., Roth, T., "Stress and sleep reactivity: a prospective investigation of the stress-diathesis model of insomnia", *Sleep*, 2014 Aug 1, 37(8), 1295-1304.

10   Duncko, R., Johnson L., Merikangas, K., Grillon, C., "Working memory performance after acute exposure to the cold pressor stress", *Neurobiology of Learning and Memory*, 2009, 91(4), 377-381.

11   Lupien, S., McEwen, B., Gunnar, M. et al., "Effects of stress throughout the lifespan on the brain, behaviour and cognition", *Nat Rev Neurosci*, 2009, 10, 434-445.

12   Zhao, W., Zhao, L., Chang, X., Lu, X., Tu, Y., "Elevated dementia risk, cognitive decline, and hippocampal atrophy in multisite chronic pain", *Proc Natl Acad Sci USA*, 2023 Feb 28, 120(9), e2215192120.

13   Franks, K. H., Bransby, L., Saling, M. M., Pase, M. P., "Association of Stress with Risk of Dementia and Mild Cognitive Impairment: A Systematic Review and Meta-Analysis", *J Alzheimers Dis*, 2021, 82(4), 1573-1590.

14   조나단 말레식 저, 송섬별 역, 《번아웃의 종말》, 메디치미디어, 2023.

15   Glise, K., Wiegner, L., Jonsdottir, I. H., "Long-term follow-up of residual symptoms in patients treated for stress-related exhaustion", *BMC Psychol*, 2020, 8:26.

5부 혼자여서 힘들고, 함께여서 지친다

1   Williams, K. D., Cheung, C. K. T., Choi, W., "Cyberostracism: Effects of being ignored over the Internet", *Journal of Personality and Social Psychology*, 2000, 79(5), 748-762.

이 연구를 하게 된 일화가 있는 곳은 다음과 같다. Williams, K. D., "The Pain of Exclusion", *Scientific American Mind*, 2011 1/2, 3037, 30-37.

2   Eisenberger, N. I., Lieberman, M. D., Williams, K. D., "Does rejection hurt?", *Science*, 2003, 302(5643), 290-292.

Dewall C. N., Macdonald G., Webster G. D., Masten C. L., Baumeister R. F., Powell C., Combs D., Schurtz D. R., Stillman T. F., Tice D. M., Eisenberger N. I., "Acetaminophen reduces social pain: behavioral and neural evidence", *Psychol Sci*, 2010 Jul, 21(7), 931-937.

3   Boomsma, D. I., Cacioppo, J. T., Muthén, B., Asparouhov, T., Clark, S., "Longitudinal genetic analysis for loneliness in Dutch twins", *Twin Research and Human Genetics*, 2007, 10(2), 267-273.

4   Arnow, B., Kenardy, J., Agras, W. S., "The Emotional Eating Scale: the development of a measure to assess coping with negative affect by eating". *Int J Eat Disord*, 1995 Jul, 18(1), 79-90.

5   de Maio Nascimento, M., Lampraki, C., Marques, A. et al., "Longitudinal cross-lagged analysis of depression, loneliness, and quality of life in 12 European countries", *BMC Public Health*, 2024, 24, 1986.

6   Donovan N. J., Okereke O. I., Vannini P., Amariglio R. E., Rentz D. M., Marshall G. A., Johnson K. A., Sperling R. A., "Association of Higher Cortical Amyloid Burden With Loneliness in Cognitively Normal Older Adults", *JAMA Psychiatry*, 2016 Dec 1, 73(12), 1230-1237.

7   Finley, A. J., Schaefer, S. M., "Affective Neuroscience of Loneliness: Potential Mechanisms underlying the Association between Perceived Social Isolation, Health, and Well-Being", *J Psychiatr Brain Sci*, 2022, 7(6), e220011.

8   Kim, JH, Lee, SJ, "Reliability and Validity of the Korean Version of the Empathy Quotient Scale", *Korean Neuropsychiatric Association*, 2010, 27.

9   STEBNICKI, M. A., "Empathy Fatigue: Healing the Mind, Body, and Spirit of Professional Counselors", *American Journal of Psychiatric Rehabilitation*, 2007, 10(4), 317-338.

10 Sapolsky, R. M., "The Influence of Social Hierarchy on Primate Health", *Science*, 2005, 308(5722), 648-652.

11 Marmot M. G., Smith G. D., Stansfeld S., Patel C., North F., Head J., White I., Brunner E., Feeney A., "Health inequalities among British civil servants: the Whitehall II study", *Lancet*, 1991 Jun 8, 337(8754), 1387-1393.

12 Verduyn, P., Lee, D. S., Park, J., Shablack, H., Orvell, A., Bayer, J., Ybarra, O., Jonides, J., Kross, E., "Passive Facebook usage undermines affective well-being: Experimental and longitudinal evidence", *Journal of Experimental Psychology: General*, 2015, 144(2), 480-488.

13 de Vries, D. A., Kühne, R., "Facebook and Self-Perception: Individual Susceptibility to Negative Social Comparison on Facebook", *Personality and Individual Differences*, 2015, 86, 217-221.

14 https://www.vox.com/even-better/414509/gen-z-young-adults-flourishing-wellbeing?utm_source=chatgpt.com
https://hfh.fas.harvard.edu/global-flourishing-study

15 Hedgcock, W. M., Luangrath, A. W., Webster, R., "Counterfactual thinking and facial expressions among Olympic medalists: A conceptual replication of Medvec, Madey, and Gilovich's (1995) findings", *J Exp Psychol Gen*, 2021 Jun, 150(6), e13-e21.

6부 불안사회에서 나를 지키는 회복의 과학

1 Aspinall, P., Mavros, P., Coyne, R., Roe, J., "The urban brain: analysing outdoor physical activity with mobile EEG", *Br J Sports Med*, 2015 Feb, 49(4), 272-276.
Bratman, G. N., Hamilton, J. P., Hahn, K. S., Daily, G. C., Gross, J. J., "Nature experience reduces rumination and subgenual prefrontal cortex activation", *Proc Natl Acad Sci USA*, 2015 Jul 14, 112(28), 8567-8572.

2 Keller A., Litzelman K., Wisk L. E., Maddox T., Cheng E. R., Creswell P. D., Witt W. P., "Does the perception that stress affects health matter? The association with health and mortality", *Health Psychol*, 2012 Sep, 31(5), 677-684.

3 Brown, S. L., Brown, R. M., House, J. S., Smith, D. M., "Coping With Spousal Loss: Potential Buffering Effects of Self-Reported Helping Behavior", *Personality and Social Psychology Bulletin*, 2008, 34(6), 849-861.

4 Arnstein, P., Vidal, M., Wells-Federman, C., Morgan, B., Caudill, M., "From Chronic Pain Patient to Peer: Benefits and Risks of Volunteering", *Pain Management Nursing*, 2002 Sep, 3(3), 94-103.
Han, S. H., Kim, K., Burr, J. A., "Stress-buffering effects of volunteering on

salivary cortisol: Results from a daily diary study", *soc Sci Med*, 2018 Mar, 201, 120-126.

5   Wegner D. M., Schneider D. J., Carter S. R. 3rd, White T. L., "Paradoxical effects of thought suppression", *J Pers Soc Psychol*, 1987 Jul, 53(1), 5-13.

Wegner, D. M., "Ironic processes of mental control", *Psychological Review*, 1994, 101(1), 34-52.

6   Lehrer, P., Kaur, K., Sharma, A., Shah, K., Huseby, R., Bhavsar, J., Sgobba, P., Zhang, Y., "Heart Rate Variability Biofeedback Improves Emotional and Physical Health and Performance: A Systematic Review and Meta Analysis", *Appl Psychophysiol Biofeedback*, 2020 Sep, 45(3), 109-129.

7   Zaccaro, A., Piarulli, A., Laurino, M., Garbella, E., Menicucci, D., Neri, B., Gemignani, A., "How Breath-Control Can Change Your Life: A Systematic Review on Psycho-Physiological Correlates of Slow Breathing", *Front Hum Neurosci*, 2018 Sep 7, 12, 353.

Bernardi, L., Sleight, P., Bandinelli, G., Cencetti, S., Fattorini, L., Wdowczyc-Szulc, J., Lagi, A., "Effect of rosary prayer and yoga mantras on autonomic cardiovascular rhythms: comparative study", *BMJ*, 2001 Dec 22-29, 323(7327), 1446-1449.

8   Vlemincx, E., van Diest, I., Lehrer, P. M., Aubert, A. E., van den Bergh, O., "Respiratory variability preceding and following sighs: a resetter hypothesis", *Biol Psychol*, 2010 Apr, 84(1), 82-87.

Wuyts, R., Vlemincx, E., Bogaerts, K., van Diest, I., van den Bergh, O., "Sigh rate and respiratory variability during normal breathing and the role of negative affectivity", *Int J Psychophysiol*, 2011 Nov, 82(2), 175-179.

9   Lupien, S. J., McEwen, B. S., Gunnar, M. R., Heim, C., "Effects of stress throughout the lifespan on the brain, behaviour and cognition", *Nat Rev Neurosci*, 2009 Jun, 10(6), 434-445.

10   Arnsten, A. F., "Stress signalling pathways that impair prefrontal cortex structure and function", *Nat Rev Neurosci*, 2009 Jun, 10(6), 410-422.

11   Rosekind, M. R., Graeber, R. C., Dinges, D. F., Connell, L. J., Rountree, M. S., Spinweber, C. L., Gillen, K. A., "Crew factors in flight operations 9: Effects of planned cockpit rest on crew performance and alertness in long-haul operations", *NASA Technical Memorandum 108839*, 1995.

Mednick, S., Nakayama, K., Stickgold, R., "Sleep-dependent learning: a nap is as good as a night", *Nat Neurosci*, 2003 Jul, 6(7), 697-698.

12   Centofanti, S., Banks, S., Coussens, S., Gray, D., Munro, E., Nielsen, J., Dorrian, J., "A pilot study investigating the impact of a caffeine-nap on alertness during a simulated night shift", *Chronobiol Int*, 2020 Sep-Oct, 37(9-10), 1469-1473.

13   Davis, T. R., "Chamber Cold acclimatization in Man", *Journal of Applied Physiology*, 1961, 16(6), 1011-1015.

14   Brazaitis, M., Eimantas, N., Daniuseviciute, L., Baranauskiene, N., Skrodeniene, E., Skurvydas, A., "Time course of physiological and psychological responses in humans during a 20-day severe-cold-acclimation programme", *PLoS One*, 2014 Apr 10, 9(4), e94698.

15   Benda, J., "Neural adaptation", *Curr Biol*, 2021 Feb 8, 31(3), R110-R116.

16   Winzelberg, A. J., Classen, C., Alpers, G. W., Roberts, H., Koopman, C., Adams, R. E., Ernst, H., Dev, P., Taylor, C. B., "Evaluation of an internet support group for women with primary breast cancer", *Cancer*, 2003 Mar 1, 97(5), 1164-1173. Houlihan, M. C., Tariman, J. D., "Comparison of Outcome Measures for Traditional and Online Support Groups for Breast Cancer Patients: An Integrative Literature Review", *J Adv Pract Oncol*, 2017 May-Jun, 8(4), 348-359.

17   Hilliard, M. E., Iturralde, E., Weissberg-Benchell, J., Hood, K. K., "The Diabetes Strengths and Resilience Measure for Adolescents With Type 1 Diabetes (DSTAR-Teen): Validation of a New, Brief Self-Report Measure", *Journal of Pediatric Psychology*, 2017 Oct, 42(9), 995-1005.

18   Brickman, P., Coates, D., Janoff-Bulman, R., "Lottery winners and accident victims: Is happiness relative?", *Journal of Personality and Social Psychology*, 1978, 36(8), 917-927.

19   Lucas, R. E., Clark, A. E., Georgellis, Y., Diener, E., "Reexamining adaptation and the set point model of happiness: Reactions to changes in marital status", *Journal of Personality and Social Psychology*, 2003, 84(3), 527-539.

20   Luhmann, M., Hofmann, W., Eid, M., Lucas, R. E., "Subjective well-being and adaptation to life events: a meta-analysis", *J Pers Soc Psychol*, 2012 Mar, 102(3), 592-615.

21   Möller-Leimkühler, A., "Barriers to help-seeking by men: a review of sociocultural and clinical literature", *Journal of Affective Disorders*, 2002, 71(1-3), 1-9.
      Brown, B. B., "Social and psychological correlates of help-seeking behavior among urban adults", *Am J Community Psychol*, 1978 Oct, 6(5), 425-439.

22   Ishikawa, A., Rickwood, D., Bariola, E., Bhullar, N., "Autonomy versus support:

self-reliance and help-seeking for mental health problems in young people", *Soc Psychiatry Psychiatr Epidemiol*, 2023 Mar, 58(3), 489-499.

Al Omari, O., Al Sawafi, A., Al-Adawi, S. et al., "Assessing attitudes toward seeking psychological professional help among adolescents: the roles of demographics and self-esteem", *BMC Psychol*, 2024, 12, 772.

23　Flynn, F. J., Lake, V. B., "If you need help, just ask: Underestimating compliance with direct requests for help", *Journal of Personality and Social Psychology*, 2008, 95(1), 128-143.

스트레스는 어떻게 나를 바꾸는가

초판 1쇄 발행 2026년 3월 30일
초판 2쇄 발행 2026년 4월 30일

지은이 하지현
발행인 김형보
편집 최윤경, 강태영, 임재희, 홍민기, 강민영, 김아영, 권유정
마케팅 이연실, 김보미, 김민경, 고가빈 **디자인** 김지은, 박현민 **경영지원** 최윤영, 유현

발행처 어크로스출판그룹(주)
출판신고 2018년 12월 20일 제 2018-000339호
주소 서울시 마포구 동교로 109-6
전화 070-5080-4037(편집) 070-8724-5877(영업) **팩스** 02-6085-7676
이메일 across@acrossbook.com **홈페이지** www.acrossbook.com

ⓒ 하지현 2026

ISBN 979-11-6774-280-3 03400

만든 사람들
편집 최윤경 **교정** 이진숙 **표지디자인** [★] 규 **본문디자인** 박현민
조판 박은진 **일러스트** 최광렬